単位に付随する乗数

桁の単位	読み方		記号
10^{12}	tera	(テラ)	T
10^9	giga	(ギガ)	G
10^6	mega	(メガ)	M
10^3	kilo	(キロ)	k
10^2	hecto	(ヘクト)	h
10^1	deka	(デカ)	da
10^{-1}	deci	(デシ)	d
10^{-2}	centi	(センチ)	c
10^{-3}	milli	(ミリ)	m
10^{-6}	micro	(マイクロ)	μ
10^{-9}	nano	(ナノ)	n
10^{-12}	pico	(ピコ)	p
10^{-15}	femto	(フェムト)	f
10^{-18}	atto	(アト)	a

〔例〕

1 [ns] = 10^{-9} [s]

1 [μs] = 10^{-6} [s]

1 [Gc/s] = 10^9 [c/s]

1 [km] = 10^3 [m]

大学講義

最新電気機器学

改訂増補

宮入庄太 著

丸善出版

は　し　が　き

　本書は大学で電気機器を4単位(≒100分×30回)程度で履修しようとする場合のテキストとして執筆したものである．著者は永年電気機器教育の実際に携わり，この間すでに出版されている名著何冊かを教科書としてみたが，詳しすぎてひろい読みすると前後のつながりがうまくなかったり，現場的，実際的事項が多い反面その基礎的理論が不充分であったり，ハンドブック的な羅列であったり，あるいは最近の技術の進歩に伴い内容の重点がずれてしまったりしているように感じられた．そこでここ数年はプリントで講義を行なってきた．本書はこれらを整理し，最近の技術の動向，大学における機器教育の立場と使命を洞察して書き上げたものである．著者は先に"エネルギー変換工学入門"上巻・下巻を公にしたが，これらは内容的にも，また程度においても本書につながるものである．

　執筆にあたってはつぎのような点に留意した．

（ⅰ）　教科書用　　教科書は限られた時間内に学び得る程度に教材を選択し，これを理解しやすいように配列して，電気機器学の要点(back bone)を会得させるものでなければならない．その程度も学生の理解にふさわしいものでなくてはならないし，同時にまた知識欲を喚起するようなものでなくてはならない．これがために過去の郷愁をふりすてて，大胆にあれも割愛，これも割愛して学ぶべき内容を制限して効率的な学習をはかった．

（ⅱ）　教材の選択の基準　　本書の成功，不成功はこの教材の選択にかかっていると考え，これについては最も注意をはらった．選択の基準としては

(1) 個々の現場的事項よりも基礎的で創造力の培養に役立つような事項.
(2) 最近の技術の進歩と将来の動向を洞察した内容.
(3) 末永く有益な知識であるために，断片的より系統的知識を重視する.

(iii) 叙述の程度と方法　電気機器についての予備知識のないものが，電磁気学と交流回路の初歩の知識だけで充分理解できるように，その程度と順序に注意した.

(iv) 例題　いったん取り上げた教材は充分に理解し，応用力として身につくように各所に例題を入れた.

さて，上述のような執筆の趣旨に対しては大方の賛成は得られるものと確信するが，果してその趣旨が具現されているか否かは人により異なるところである．また浅学非才のいたすところ，種々不備の点，独善の点も多いことと思われる．そこで読者諸賢の忌憚のない御批判を戴き，版を改める際にそのような点の改善ができれば望外の幸と考える.

昭和42年9月

著者しるす

改訂増補の趣旨とその要点

　本書は初版以来，多くの大学や工専で教科書あるいは参考書として活用して戴き，しかも年々増加の傾向をたどってきている．これは著者の本書に託した電気機器教育の考え方が，大方の賛同を得，しかもこれが漸次浸透していることの現われで，著者としては感謝に堪えないところである．

　しかしながら，本書も初版以来すでに11年の歳月を経ている．この間電気機器の技術も，またこれを取り巻く教育的環境もかなり変わっている．したがってこのへんで本書の内容を見直して，常に書名の「最新」にふさわしいものにしておくことは著者たる者の責務と考え，ここに改訂増補に踏切った次第である．

　改訂増補に当っては

1. 最近の半導体工学の教育の普及徹底に鑑み，この部分の予備的，導入的の解説を一切削除した．
2. サイリスタとその応用の部では，最近の技術の傾向にマッチするように，大幅に書き改めた．
3. 電動力応用に関連した一章を新設した．従来電動力応用は別の科目として，設けられている大学もかなりある．だが情報工学などの新しい分野に時間をさかなければならないようになりつつある今日，早晩これらは電気機器に吸収整理されるべきであると考える．そこで，前後の章とは若干異質のものではあるが，13章に「電動機の利用とその選択」を新設した．
4. 変圧器の三相結線はさけて通れない重要な事項であろう．従来これは，電気機器あるいは送電工学で取り扱われてきたが，送電工学は系統工学的取扱いにその重点が移ってきている今日，ややもするとどちらからも忘れられてしまうおそれがでてきた．そこで旧書では付録であったものを，本文に入れ，さらに若干の補足をした．
5. 三相誘導電動機の円線図法を付録にとり上げた．依然として実験でこれ

を取り扱っている大学が多いので，この場合の参考になればと考えた．などなどを始め，約1/3の紙面にわたって手を加えた．

　だが，旧書を知らない大方の読者には，このようなことを言っても何が何だかわからない筈である．したがって一般の読者は，そのプロセスなどは抜きにして，唯々本書の内容のいかんによってのみ，御批判，御叱正を賜われば幸甚である．

　　　昭和54年2月

　　　　　　　　　　　　　　　　　　　　　　　　宮　入　庄　太

目　　次

1. 直流機の基礎

    1.1　基　礎　原　理··· 1
    1.2　一般電気機械の回転子巻線と分布巻係数·············· 6
    1.3　直流機の構造··· 9
    1.4　直流機の誘導起電力とトルク······································10
    1.5　電気-機械エネルギー変換··20
    1.6　励　磁　方　式··25
    演　習　問　題 ··28

2. 直流発電機

    2.1　他　励　発　電　機··31
    2.2　分　巻　発　電　機··32
    2.3　直　巻　発　電　機··35
    2.4　複　巻　発　電　機··36
    演　習　問　題 ··37

3. 直流電動機

    3.1　他　励　電　動　機··39
    3.2　分　巻　電　動　機··45
    3.3　直　巻　電　動　機··45

3.4　複巻電動機 …… 47
　　3.5　ユニバーサルモータ …… 48
　　演習問題 …… 51

4.　変圧器の基礎
　　4.1　自然現象の共通性とファラデーの法則 …… 53
　　4.2　印加電圧と磁束 …… 55
　　4.3　磁化曲線 …… 58
　　4.4　インダクタンス …… 62
　　4.5　鉄心磁束の飽和 …… 66
　　演習問題 …… 70

5.　理想変圧器
　　5.1　極性の表示(・表示) …… 72
　　5.2　理想変圧器の動作 …… 73
　　5.3　等価回路 …… 74
　　演習問題 …… 81

6.　実際の変圧器
　　6.1　概説 …… 82
　　6.2　2つの巻線の磁気結合 …… 89
　　6.3　実際の変圧器の等価回路 …… 91
　　6.4　電圧変動率 …… 95
　　6.5　効率と鉄損 …… 98
　　6.6　変圧器の三相結線 …… 102
　　6.7　励磁電流中に含まれる高調波成分とその影響 …… 106
　　演習問題 …… 111

7. リアクトル

- 7.1 概　　説 …………………………………………………………… 114
- 7.2 電磁エネルギー ………………………………………………… 115
- 7.3 リアクトルの容量 ……………………………………………… 119
- 7.4 鉄と銅の分配 …………………………………………………… 121
- 7.5 非線形リアクトルの応用——並列鉄共振 ………………… 123
- 演 習 問 題 ………………………………………………………… 125

8. 電　磁　石

- 8.1 電磁力の計算 …………………………………………………… 126
- 8.2 電磁石の性能 …………………………………………………… 132
- 8.3 ステップモータ ………………………………………………… 133
- 8.4 2巻線によるトルク …………………………………………… 135
- 演 習 問 題 ………………………………………………………… 137

9. 交流機の基礎

- 9.1 回転磁界と交番磁界 …………………………………………… 139
- 9.2 三相起電力——三相同期発電機の起電力 ………………… 142
- 9.3 回転磁界によるトルクの発生 ………………………………… 145
- 9.4 回転磁界の発生 ………………………………………………… 151
- 9.5 対 称 座 標 法 …………………………………………………… 160
- 演 習 問 題 ………………………………………………………… 163

10. 三相誘導電動機

- 10.1 誘導電動機の種類 ……………………………………………… 165
- 10.2 等 価 回 路 ……………………………………………………… 167
- 10.3 三相誘導電動機の運転特性 …………………………………… 174

目次

10.4 2次抵抗の影響……………………………………………… 176
演習問題……………………………………………………… 181

11. 単相誘導電動機

11.1 概説………………………………………………………… 183
11.2 二相誘導電動機のトルク…………………………………… 183
11.3 純単相誘導電動機…………………………………………… 186
11.4 コンデンサモータ…………………………………………… 188
11.5 二相サーボモータ…………………………………………… 190
演習問題……………………………………………………… 192

12. 三相同期機

12.1 回転界磁形と回転電機子形………………………………… 194
12.2 三相同期発電機の等価回路………………………………… 195
12.3 電機子反作用………………………………………………… 199
12.4 同期発電機の並列運転時の界磁電流の調整……………… 201
12.5 発電機の出力………………………………………………… 202
12.6 同期機と直流機との類似点………………………………… 203
12.7 同期発電機の特性…………………………………………… 205
12.8 始動とダンパー巻線………………………………………… 210
演習問題……………………………………………………… 211

13. 電動機の利用と選択

13.1 電動機の利点と欠点………………………………………… 213
13.2 速度特性からみた電動機の分類…………………………… 214
13.3 選定にあたっての電動機の仕様…………………………… 217
13.4 規格について………………………………………………… 218
13.5 使用と定格…………………………………………………… 219

13.6 保護方式と設置場所 ………………………………………… 222
演 習 問 題 ………………………………………………………… 223

14. 順変換装置の基礎

14.1 整流の必要性 ………………………………………………… 224
14.2 整流機器の進歩 ……………………………………………… 225
14.3 主な整流回路と純抵抗負荷時の直流電圧 ………………… 228
14.4 インダクタンス（平滑用リアクトル）の作用 …………… 232
14.5 環流ダイオードの作用 ……………………………………… 235
14.6 交流条件と直流偏磁 ………………………………………… 237
14.7 電流の重なり ………………………………………………… 240
14.8 相間リアクトル ……………………………………………… 243
演 習 問 題 ………………………………………………………… 246

15. サイリスタ

15.1 SCR の構造と基本的機能 …………………………………… 250
15.2 SCR の2トランジスタによる等価回路 …………………… 254
15.3 SCR の点弧特性 ……………………………………………… 255
15.4 SCR の消弧特性 ……………………………………………… 257
15.5 ゲート回路 …………………………………………………… 260
15.6 サイリスタとは ……………………………………………… 264
演 習 問 題 ………………………………………………………… 265

16. サイリスタの応用

16.1 概説——パワーエレクトロニクス ………………………… 267
16.2 点弧角による直流電圧制御 ………………………………… 269
16.3 他励式インバータ …………………………………………… 276
16.4 TRC による直流電圧制御 …………………………………… 280

16.5 並列形方形波インバータ……………………………………… 286
演 習 問 題……………………………………………………………… 294

付録 1 液体金属集電子を用いた単極機……………………… 298

付録 2 円線図法の基礎と三相誘導電動機の円線図 …………… 301

索 引……………………………………………………………… 309

1. 直流機の基礎

1.1 基礎原理

a. iBl 則

図1.1(a)に示すように，磁束密度 B [T]** の磁界に直交する長さ l [m] の導体に i [A] の電流が流れるとき，その導体に働く電磁力 f は

$$f = iBl \quad [\text{N}] \quad (1.1)^*$$

f, B, i のそれぞれの方向は，図1.1(b)に示す**フレミングの左手法則**による.

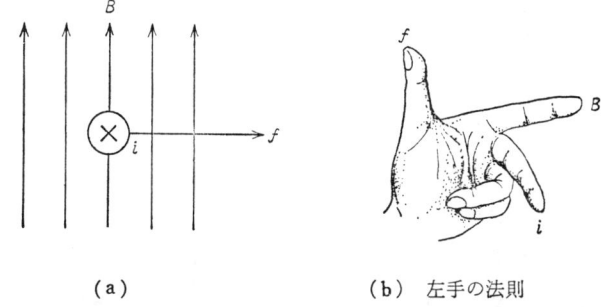

(a)　　　　　　　　(b) 左手の法則

図1.1　iBl 則

〔**例題1.1**〕運動電荷に働く力

磁束密度 B [T] の方向と直角に，電子が v [m/s] の速度で運動するとき，その電子に働く力 f を求めよ．

---
* ベクトル積で示すと $f = (i \times B) l$
** T はテスラと読み，Wb/m² と同じ.

〔解〕 電子の負電荷を $q(=1.601\times 10^{-19}$ クーロン$)$ とし，Δt 〔s〕間に Δl〔m〕移動するとすれば

$$i=-\frac{q}{\Delta t} \quad \text{〔A〕}$$

$$\Delta l=v\cdot \Delta t \quad \text{〔m〕}$$

したがって，電子に働く力 f〔N〕は，

$$f=i\cdot B\cdot \Delta l=\left(-\frac{q}{\Delta t}\right)\cdot B\cdot v\Delta t=-vBq \quad \text{〔N〕} \tag{1.1}*$$

で，その方向は図1.2に示すようになる．

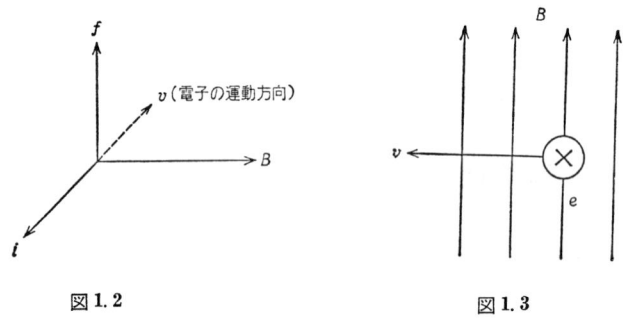

図1.2　　　　　　　　　　図1.3

b.　vBl 則

磁束密度 B〔Wb/m²〕の磁界中を，長さ l〔m〕の導体が磁界に直角の方向に v〔m/s〕の速度で運動したときに，この導体に誘導される起電力 e は

$$e=vBl \quad \text{〔V〕} \tag{1.2}**$$

で，その方向は**フレミングの右手法則**による．すなわち右手の人差し指を磁界 B の方向に，親指を導体の運動 v の方向に向けたとき，中指の示す方向が起電力 e の方向になり図1.3のようになる．したがってこの起電力 e によって電流 i が流れれば，図1.1(a)から明らかなようにこの電流によるフレミングの左手法則による電磁力は，電流 i の原因になった運動 v を阻止する方向に働く．

〔例題 1.2〕　図1.4で，半径 R〔m〕の銅の円板を磁界 B〔T〕中で，n〔rps〕

---

* ベクトル積で示すと　$\boldsymbol{f}=-(\boldsymbol{v}\times\boldsymbol{B})q$
** ベクトル積で示すと　$\boldsymbol{e}=(\boldsymbol{v}\times\boldsymbol{B})l$

で回転させるとき，ブラシ B_1, B_2 間に現われる起電力を計算せよ．

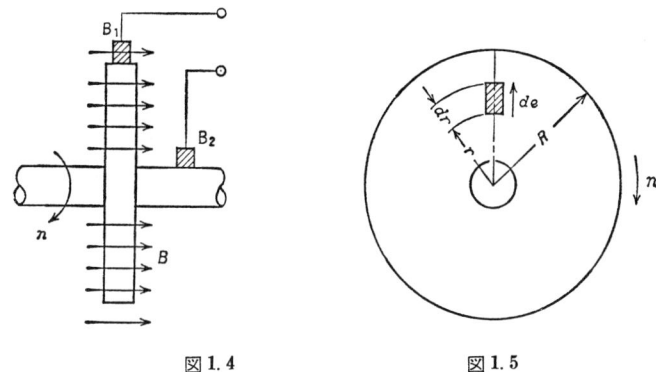

図 1.4　　　　　　　図 1.5

〔解〕　図 1.5 で dr 部分には半径方向に向かう起電力 de が誘導される．その大きさは vBl 則において $l=dr$, $v=2\pi nr$ であるから

$$de = B \cdot dr \cdot 2\pi nr$$

$$\therefore \ e = \int_{r=0}^{r=R} de = 2\pi nB \int_0^R r\,dr = \pi nBR^2 \ \text{[V]} \ \cdots\cdots\cdots \text{答}$$

数値例

　　$B=0.8$ [T], $n=50$ [rps], $R=0.1$ [m] ならば

$$e = \pi \times 0.8 \times 50 \times 0.1^2 = 1.256 \ \text{[V]}$$

このような原理と構造を用いたものが**単極発電機** (homopolar generator) で集電方法の工夫をすれば，低電圧，大電流の直流発電機として有望である*．

〔**例題 1.3**〕　図 1.6 でギャップの磁束分布は正弦波とし，1 極の有効全磁束数を $\varPhi$ [Wb] とする．回転子巻線の巻数は N [回]，導体の軸方向有効長は l [m]，極間隔は τ [m] で，巻線の両端はスリップリングをとおして端子 1, 2 に接続されている．回転子が時計方向に n [rps] で回転しているときの，巻線の電圧 e_0 の波形とその大きさを求めよ．

〔解〕　導体の速度 v は　　$v = 2\tau n$ [m/s]

位置角 θ の原点を極軸にとると，磁束密度は $\theta=0$ で最大で，この磁束密度を

---

* 付録 1. 参照の事.

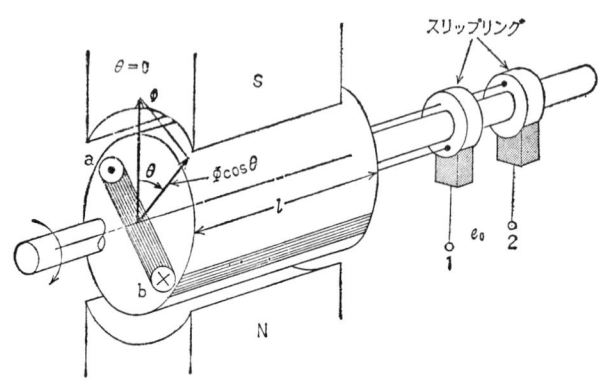

図1.6

B_m〔Wb/m²〕とする．したがって位置 θ における磁束密度 B_θ は

$$B_\theta = B_m \cos\theta$$

で表わされる．したがって巻線軸の位置を θ とするときは，巻線を構成する導体群 a の位置の磁束密度は $B_m \cos(\theta - \pi/2)$ で，a 群の導体による全起電力 e_{0a} は vBl 則より

$$e_{0a} = N \cdot v \cdot B_m \cos(\theta - \pi/2) \cdot l$$
$$= 2Nl\tau nB_m \sin\theta$$

で，その方向はフレミングの右手法則より ⊙ の方向になる．

群 b の起電力 e_{0b} は e_{0a} と大きさ等しく方向は ⊗ になるが，これは e_{0a} と加わり合うようになっているから，巻線全体の起電力 e_0 は e_{0a} の 2 倍になり，

$$e_0 = 4Nl\tau nB_m \sin\theta \tag{1.3}$$

磁束密度の分布が正弦波の場合には，最大磁束密度 B_m は平均磁束密度 $\Phi/\tau l$ の $\pi/2$ 倍であるから，

$$B_m = \frac{\pi}{2} \cdot \frac{\Phi}{\tau l}$$

上式を式(1.3)に代入し，かつ $\theta = 2\pi nt = \omega_m t$ とすると

$$e_0 = \omega_m N\Phi \sin\omega_m t \tag{1.3}'$$

よって e_0 は実効値が $\omega_m N\Phi/\sqrt{2}$ の正弦波交流起電力で，巻線軸と極軸が一致した $\theta=0$ の瞬時では 0，$\theta=\pi/2$ の瞬時では最大値 $\omega_m N\Phi$ になる．

c. ファラデーの法則

図 1.7 でコイルに鎖交する磁束 ϕ が時間的に変化すれば，コイルには

$$e_0 = -N\frac{d\phi}{dt} \tag{1.4}$$

の起電力 e_0 が生ずる．これを**ファラデーの法則** (Faraday's law) という．

ここで e_0 の正方向は e_0 の方向に電流が流れたときに，この電流によって生ずる磁束が ϕ と同方向になるようにとられていることに注意したい．電圧または電流の方向と ϕ の方向がこのような関係を保っていることを**右ねじ系**という．もし e_0 の方向を逆にとれば，

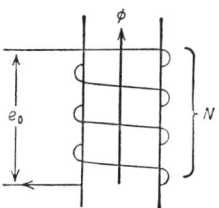

図 1.7

$$e_0 = N\frac{d\phi}{dt} \tag{1.4}'$$

としなければならない．例題 1.3 をこのファラデーの法則を用いて解くならばつぎのようになる．

図 1.6 で巻線に鎖交する磁束は，巻線軸が極軸に一致 ($\theta=0$) したときは Φ，巻線軸が極軸と θ の角をなすときは $\Phi\cos\theta$ になる．すなわち $\phi = \Phi\cos\theta$ になる．

よって $\theta = \omega_m t$ であることに留意し，かつ e_0 の正方向を図 1.7 に示したように，右ねじ系にとれば

$$e_0 = -N\frac{d}{dt}(\Phi\cos\theta) = N\omega_m\Phi\sin\omega_m t \tag{1.5}$$

となり，式 (1.3)′ に一致した結果が得られる．

〔例題 1.4〕 図 1.6 において，スリップリングのかわりに図 1.8 に示すようなリングが取りつけられている場合の，ブラシから取り出す起電力 e の波形を求めよ．ただし巻線の端子は図 1.8 の銅片 m, m′ の中央に結ばれているから，

図の θ は回転子巻線軸の位置を示しているものとする. また銅片 m, m′ の角度幅 γ は $\pi/3$ [rad] でブラシ B_1, B_2 の円周方向の幅は無視し得るものとする.

〔解〕 $\theta=\pi/2-\gamma/2$ から $\theta=\pi/2+\gamma/2$ の間, 巻線端子はブラシに接続されているから, ブラシから取り出される電圧の波形は, 図1.9のようになる.

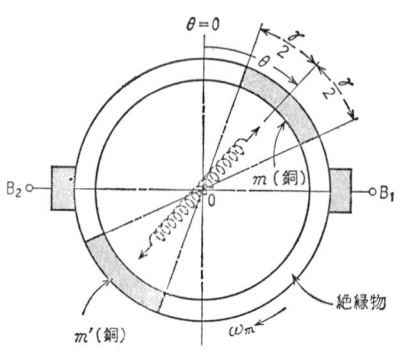

図1.8

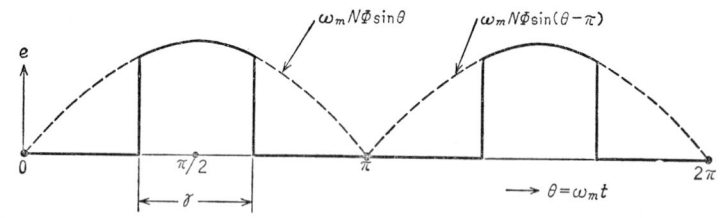

図1.9 ブラシから取り出された電圧の波形

1.2 一般電気機械の回転子巻線と分布巻係数

回転子に巻線を施す場合, 所要の巻数を1個所に集中することは設計上好ましくないので, 図1.10(a)に示すように, 数個の**スロット** (slot) に分布して巻くのが一般的である.

この図において, 1-1′, 2-2′, 3-3′, q-q' などはそれぞれ1つのコイルで, これらが q 個直列につながって

$$1 \to 1' \to 2 \to 2' \to 3 \to 3' \to \cdots\cdots \to q \to q'$$

となっている.

いま回転子が直流の正弦波分布磁界中を, 機械角速度 ω_m [rad/s] で時計方

1.2 一般電気機械の回転子巻線と分布巻係数

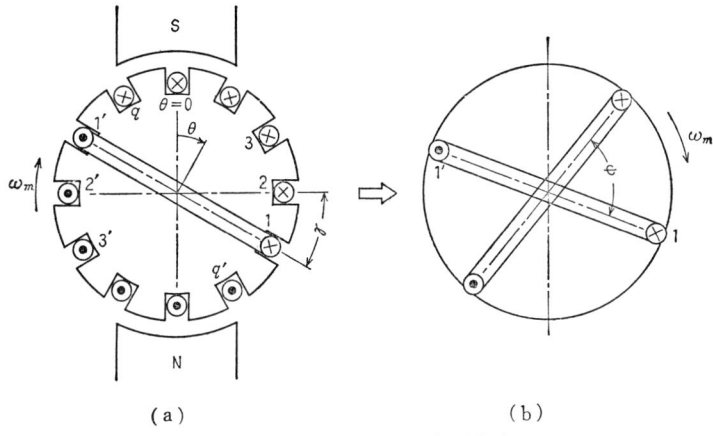

(a)   (b)

図 1.10 一般電気機械の回転子巻線

向に回転したとき，コイル 1-1′, 2-2′, 3-3′, ……, q-q′ の誘導起電力を $e_{01}, e_{02}, e_{03}, ……, e_{0q}$ とすると，$e_{01}, e_{02}, e_{03}, ……, e_{0q}$ はそれぞれ正弦波起電力で，位相はそれぞれ γ ずつ遅れている．e_{01} を $e_{01} = E_m \sin\theta$, $\theta = \omega_m t$ とすると，全起電力 e_0 は

$$e_0 = e_{01} + e_{02} + e_{03} + …… + e_{0q}$$
$$= E_m \sin\theta + E_m \sin(\theta - \gamma) + E_m \sin(\theta - 2\gamma)$$
$$+ …… + E_m \sin(\theta - \overline{q-1}\,\gamma)$$

ベクトルで扱うと（e_{01} が基準ベクトル），

$$\dot{E}_0 = E_{01} + E_{01}e^{-j\gamma} + E_{01}e^{-j2\gamma} + …… + E_{01}e^{-j(q-1)\gamma}$$
$$= E_{01}(1 + e^{-j\gamma} + e^{-j2\gamma} + …… + e^{-j(q-1)\gamma})$$
$$= E_{01} \cdot \frac{1 - e^{-jq\gamma}}{1 - e^{-j\gamma}} = E_{01}\frac{(1-\cos q\gamma) + j\sin q\gamma}{(1-\cos\gamma) + j\sin\gamma}$$
$$= E_{01}\frac{\sin q\gamma/2}{\sin \gamma/2}e^{-j\phi} \qquad (1.6)$$

ただし，$\phi = (q-1)\gamma/2$（この計算は図 1.11 による．）

もし q 個のコイルをある 1 個所に集中したとすると，そのときの起電力の大きさは qE_{01} になるはずである．よって式 (1.6) の E_0 の qE_{01} に対する比を K_d

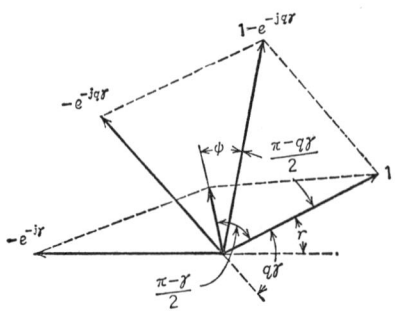

図 1.11

とすると

$$K_d = \frac{E_0}{qE_{01}} = \frac{1}{q} \cdot \frac{\sin q\gamma/2}{\sin \gamma/2} \tag{1.7}$$

よって図1.10(a)のように分布巻した場合の巻線の起電力は，図1.10(b)に示したϕの位置にqK_d個のコイルを集中して巻いた場合とまったく同じである．この係数K_dを**分布巻係数**(distribution factor)という．

〔例題 1.5〕 2極の回転子に等間隔に全円周に分布したスロット数が，12個ある．4個のコイルを相近接したスロットに分布巻した．このときの分布巻係数はいくらか．

〔解〕 $\gamma = \dfrac{360°}{12} = 30°, \; q = 4$

$$\therefore \; K_d = \frac{\sin q\gamma/2}{q \sin \gamma/2} = \frac{\sin 60°}{4 \sin 15°} = 0.84 \cdots\cdots\cdots 答$$

〔例題 1.6〕 全円周にわたって巻線を分布巻したときの，分布巻係数はいくらか．

〔解〕 この場合は$q\gamma = \pi$，しかもqの数が多いとするとγは小さいので
$$\sin \gamma/2 \fallingdotseq \gamma/2$$

$$\therefore \; K_d = \frac{1}{q} \cdot \frac{\sin (\pi/2)}{\gamma/2} = \frac{2}{q\gamma} = \frac{2}{\pi} \cdots\cdots\cdots 答 \tag{1.8}$$

1.3 直流機の構造

直流機の実際の構造は図1.12に示すようなもので,その主要部分は磁路を構成する磁極鉄心,電機子鉄心(armature core), 継鉄(yoke)と電路を構成する電機子巻線(armature winding), 整流子(commutator), ブラシ,起磁力を

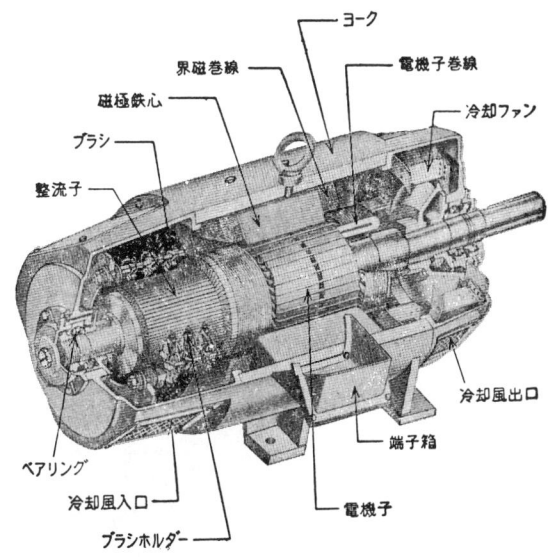

図1.12 直流機の構造

つくるための界磁巻線(magnetic field winding)である.

継鉄は軟鋼板を円筒状に曲げて溶接したり,ダイカストなどでつくられるが,磁極鉄心(図1.13)と電機子鉄心(図1.14)は,0.5mm 厚程度のけい素鋼板を成層(lamination)してつくられる.

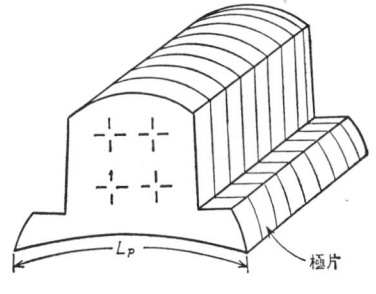

図1.13 磁極鉄心

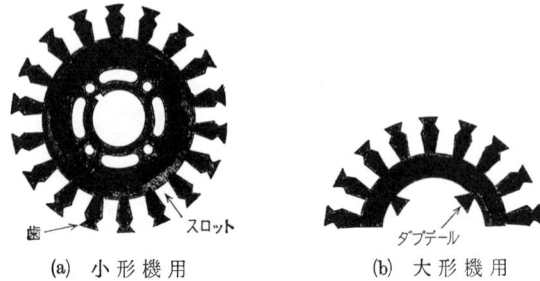

(a) 小形機用　　　(b) 大形機用

図1.14　電機子鉄心

また直流機に限らず，一般に電気機械は固定している部分を**固定子**(stator)，回転する部分を**回転子**(rotor)などという．図1.15(a)は整流子の構造を示す．直流機の故障は整流子面上に発生しがちなアークに基因する場合が多い．図1.15(b)はブラシ保持器(brushholder)で，ブラシを整流子面上の適当な位置に適度の圧力で接触させるものである．

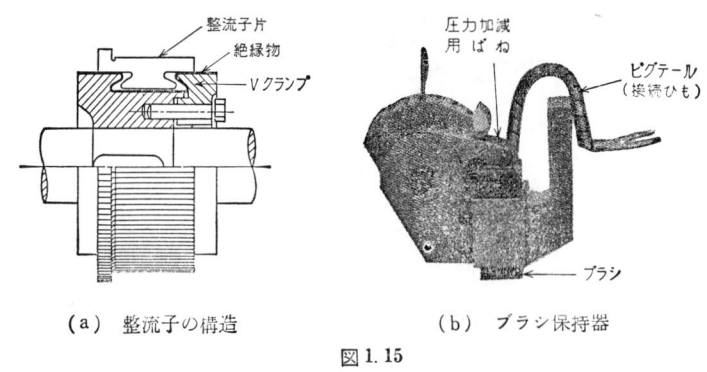

(a) 整流子の構造　　　(b) ブラシ保持器

図1.15

1.4　直流機の誘導起電力とトルク

直流機の電機子巻線の巻き方には種々あり，その具体的な方法は別に学ぶべきである．ここでは最も基本的な一例を取り上げ，これに対する誘導起電力を求め，これから一般的な場合を推論することにする．

a. 誘導起電力

（i）極対数 $p=1$ の場合　　説明を簡単にしてわかりやすくするために，2極機のスロット数6の電機子鉄心に，6個のコイルを用いて電機子巻線を施す場合を例にとって説明する．コイルは図1.16に示すように，2つの**コイル辺**からなっており，その巻数は15としよう．

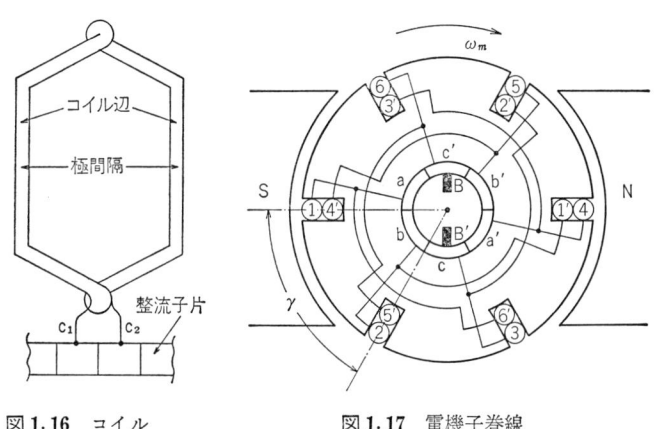

図1.16　コイル　　　　図1.17　電機子巻線

図1.16に示した c_1, c_2 はコイルの端子で，それぞれ別々の整流子片に結ばれる．この接続の仕方はある程度自由であるが，その一例を示したのが図1.17である．この図で，つぎの点に留意したい．

（1）①と①′，②と②′，……はコイル辺で，それぞれ1つのコイルを形成している．

（2）各スロットには2つのコイル辺がはいっている．

（3）整流子片の数はコイルの数と等しく，6である．

さて，図1.17の巻線で，整流子片 a から出発して整流子片 a′ までをたどっ

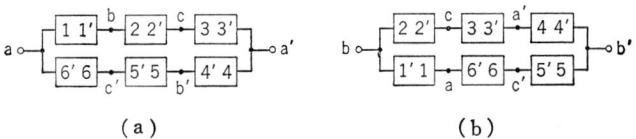

図1.18

てみると図1.18(a)のようになり，2つの枝路が並列になっている．同様にb-b′間をたどってみると，図(b)のようになる．図(a)と図(b)の巻線は，その巻線軸が60°の角をなしている．**巻線軸**とは，その巻線に電流が流れると起磁力が生ずるが，この起磁力の中心軸をいうのである．図1.18のような関係を電機子巻線全体にわたって示したのが図1.19である．

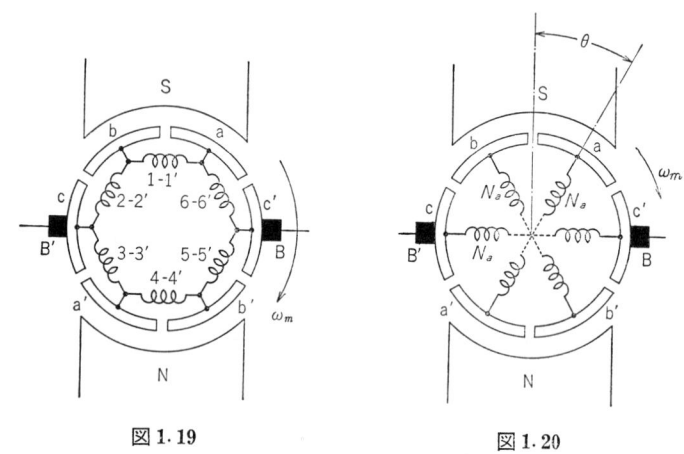

図1.19　　　　　　　　　図1.20

図1.20は整流子片の対 aa′,bb′,cc′にそれぞれ端子を持った集中巻線として，図1.19を書き替えたもので，N_a はこれらの各巻線の有効巻数である．以下にこの N_a を求めてみよう．

  w：コイルの巻数=15

  c：コイル数=6

  z：電機子の全導体数=$2cw$=2×6×15=180〔本〕

  a：並列回路対数(a=1)

  K_d：分布巻係数=$\sin(q\gamma/2)/q\sin(\gamma/2)$ で，図1.17の場合は $\gamma=2\pi/6$,
   $q=3$ で $K_d=2/3$

(q の数が多い一般直流機では $K_d=2/\pi$ となることは例題1.6で述べた)

$$\therefore\ N_a=\left(\frac{c}{2a}w\right)\cdot K_d=\frac{z/2}{2a}\cdot\frac{2}{3}=\frac{180/2}{2\times1}\cdot\frac{2}{3}=30\ 〔回〕$$

1.4 直流機の誘導起電力とトルク

そこで1極の有効磁束数 Φ の磁界中で，回転子が ω_m 〔rad/s〕の速度で回転したときの巻線 aa' の起電力は，式(1.5)より

$$E_{aa'} = \omega_m N_a \Phi \sin\theta \equiv E_m \sin\theta$$

また，$e_{bb'}$, $e_{cc'}$, ……などは

$$e_{bb'} = E_m \sin(\theta - \gamma)$$
$$e_{cc'} = E_m \sin(\theta - 2\gamma)$$

ただし $\theta = \omega_m t$, $\gamma = \pi/3$

などとなり，これらを図示すると図1.21のようになる．

そこで6個の整流子片からなる整流子をつくり，図1.17に示すように各整流子片に各巻線の端子を接続し，かつ，一対のブラシをこれに接続される巻線の巻線軸が極軸と直角になるような位置にとりつけ，ブラシの円周方向の幅を無視するものとすると，このブラシから取り出せる電圧は，例題1.4にならって

$$e_0 = \omega_m N_a \Phi \sin\theta, \quad \text{ただし}\ \pi/2 - \gamma/2 \leq \theta \leq \pi/2 + \gamma/2$$

が繰り返され，これを図示すると図1.21の太線のようになる．ただし，ここで整流子片間の絶縁物の厚みを無視し，整流子片の円周方向の長さ γ は $\gamma = 2\pi/6$ であるものとしている．この場合は整流子片数が比較的少ないために電圧の脈動はやや大きいが，実際の機械では整流子片数（コイル数と同数）が多く，実質的には一定平滑の電圧となり，その大きさ E_0 は

$$E_0 = \omega_m N_a \Phi \tag{1.9}$$

となる．これが2極機の直流機の誘導起電力の式である．

式(1.9)はギャップの磁束密度が正弦波分布という仮定から誘導された．し

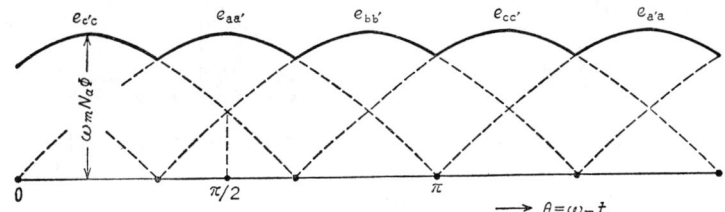

図1.21 整流電圧波形

かしコイル数(整流子片数)が多い一般の直流機では，このような仮定は必ずしも必要でない．以下これを説明しよう．

ブラシに接続される巻線の巻線軸は，整流子片数の多い実際の直流機では，概ね極軸と直角をなしている．そしてこの巻線を等価的には，図1.22(a)に示すように**有効巻数** $N_a = \{(z/2)/2a\} \cdot 2/\pi$ の集中巻とした．実際には分布巻で1内部回路の導体数 $z/2a$〔本〕が，電機子巻線の巻き方によってさまざまに分布するが，いずれの場合でも起電力の効果の上では，これらの導体が図1.22(b)に示すように1極のもとに $\sigma = z/(2a\tau)$〔本/m〕の密度で分布し，これらが直列に結ばれていると考えてよい．

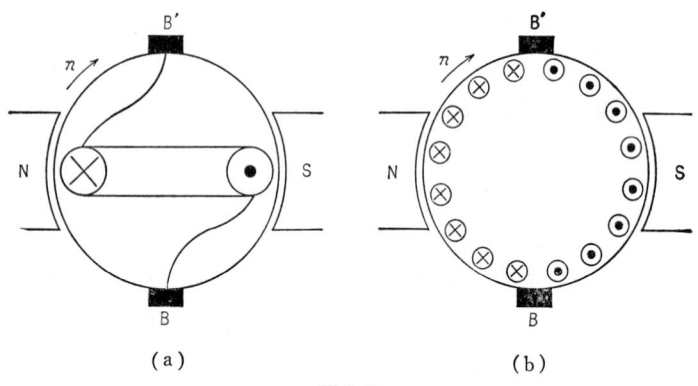

(a)　　　　　　　(b)

図1.22

そして各導体は vBl 則により，その位置の磁束密度に比例した直流起電力を誘導している．そこで図1.23から E_0 は

$$E_0 = \int_0^\tau B_x lv \cdot \sigma dx$$
$$= v\sigma \int_0^\tau B_x l dx$$
$$= 2n\tau \cdot \frac{z/2a}{\tau} \Phi$$
$$= (2\pi n) \cdot \left(\frac{z/2}{2a} \cdot \frac{2}{\pi}\right) \Phi$$
$$= \omega_m N_a \Phi \quad 〔\text{V}〕 \qquad (1.10)$$

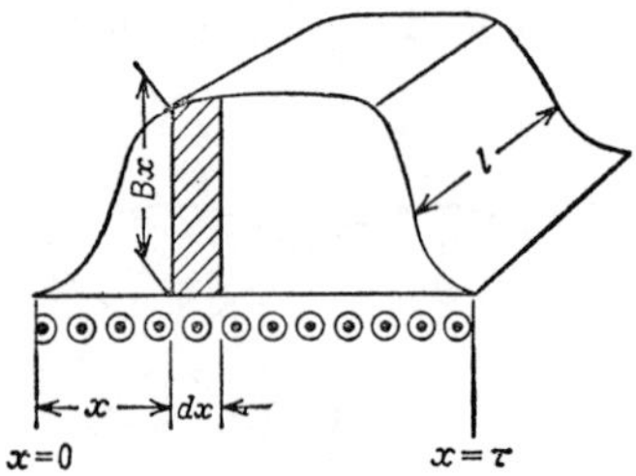

図1.23

となり，式 (1.9) と同じ結果を得たが，上式の誘導にあたっては磁束密度の分布に何の条件もつけなかった．そしてその結果はただ1極の有効全磁束 Φ だけに関係することがわかった．

(ii) 極対数 $p \geqq 2$ の場合 この場合は，Φ を1極の有効磁束数，N_a をブラシ間の有効巻数として，E_0 は次式で表わされる．

$$E_0 = p\omega_m N_a \Phi \tag{1.11}$$

なぜならば，$p=1$ の場合は1回転に導体が切る磁束数は 2Φ であるのに対し，この場合は p 倍の $2p\Phi$ を切るから，誘導起電力も p 倍になって式 (1.11) になる．ここで，

$$\omega \equiv p\omega_m, \qquad \theta = \omega t \tag{1.12}$$

とすれば式 (1.11) は

$$E_0 = \omega N_a \Phi \tag{1.11}'$$

となる．式 (1.12) の ω を**電気角速度**，θ を**電気角**といい，機械角との間には，

$$電気角 = 機械角 \times 極対数$$

の関係がある．

〔例題 1.7〕 極対数 p，電機子導体数 Z，電機子巻線の内部回路対数 a，1極の有効磁束数 Φ〔Wb〕なる直流機が毎秒 n 回転するときの誘導起電力 E_0 は

$$E_0 = \frac{p}{a} Z n \Phi \quad 〔V〕 \tag{1.11}''$$

でも表わされることを証明せよ．

〔略解〕 式 (1.11)′ に

$$\omega = p \cdot 2\pi n \qquad N_a = \frac{2}{\pi} \cdot \frac{Z/2}{2a}$$

を代入すれば，式 (1.11)″ が得られる．

〔例題 1.8〕 極数が6の直流発電機において，回転子が 1 000〔rpm〕で回転するときの，回転子の電気角速度はいくらか．

〔解〕 $\omega = p\omega_m = 3 \times 2\pi \dfrac{1\,000}{60} = 314$ 〔elec・rad/s〕……答

16   1. 直流機の基礎

〔例題 1.9〕 4極,内部並列回路数 4 なる直流発電機の正負のブラシ間から見た電機子巻線の有効巻数はいくらか.ただし,導体総数は 400 とする.

〔解〕 $N_a = K_d \dfrac{Z/2}{2a} = \dfrac{2}{\pi} \dfrac{400/2}{4} ≒ 31.8$ 〔回〕………答

〔例題 1.10〕 通信機器などの電源にフィルタを通さずに直流発電機をそのまま用いることはできない.直流機の出力電圧の波形は平滑一定の直流ではなく,脈動分がはいっているからである.この脈動分の周波数はいくらか.

ただし,直流機の極対数は p,整流子片数は m,回転数は n〔rps〕であるものとする.

〔解〕 ブラシの真下を整流子片が通過するごとに,ブラシから取り出される起電力は最大になる.最大と最大との間が脈動分の 1 サイクルであるから,脈動分の周波数は mn〔Hz〕で極対数 p には無関係になる.

以上は正のブラシと負のブラシとが同時に整流子片を切り換えることを前提にしてのことであるが,整流子片の数いかんによっては必ずしもそうはならない.この場合はその倍の $2mn$〔Hz〕になる.

b. トルク

極対数 p,全導体数 z,電機子内部回路対数 a,電機子電流 I_a,1極の有効磁束数 $\varPhi$ の直流機の電機子に働くトルクを計算してみよう.

電機子巻線がどのような巻き方をされていようと,どの導体にも $I_a/2a \equiv I_c$ の電流が流れ,この電流の方向は図 1.24 に示すように,ある極下の導体はすべて同一方向になるようになっている.また導体は円周にすべて等間隔に配置され,その導体密度は

$$\sigma = \dfrac{z}{2p\tau} \quad \text{〔本/m〕}$$

とみなされる.

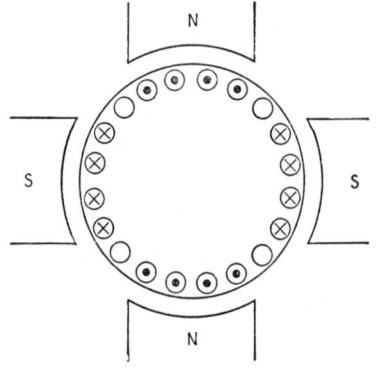

図 1.24

1.4 直流機の誘導起電力とトルク

図1.23で dx 部分に存在する導体群によって発生するトルクは, iBl 則より $B_x lI_c \cdot \sigma dx \cdot r$ である. よって電機子の全円周の発生トルクは

$$T = 2p \int_0^\tau B_x lI_c \sigma dx \cdot r$$

$$= 2pr \cdot I_c \sigma \int_0^\tau B_x l dx \quad [\text{N} \cdot \text{m}]$$

上式において

$$r = 2p\tau/2\pi, \quad I_c = I_a/2a$$

$$\sigma = z/2p\tau, \quad \int_0^\tau B_x l dx = \Phi$$

であるから

$$T = 2p \frac{2p\tau}{2\pi} \cdot \frac{I_a}{2a} \cdot \frac{z}{2p\tau} \Phi = p\left(\frac{z/2}{2a} \cdot \frac{2}{\pi}\right) \Phi I_a \tag{1.13}$$

上式右辺の( )内は電機子巻線の有効巻数 N_a であるから

$$T = pN_a \Phi I_a \quad [\text{N} \cdot \text{m}] \tag{1.13}'$$

となる.

〔別解〕 上の結果は P_M(機械的パワー)$= P_E$(電気的パワー)よりも誘導される.

いま直流発電機を n〔rps〕で回転させて, 起電力 E_0 を発生し, 電機子電流 I_a が E_0 の方向に流れて $E_0 I_a$ なる電気的パワー P_E を発生していたとする. すると, 1.1(a)で説明したように, iBl 則によりこの電流と磁界との間には, 回転を阻止する方向にトルク T が生ずる. したがって n〔rps〕の回転を維持するためには, このトルクに打ちかつトルク T〔N·m〕を外部から加えなければならない. かくして外部から加えた機械的パワー P_M は

$$P_M = 2\pi n \cdot T \quad [\text{W}] \tag{1.14}$$

で, これが電気的パワー $P_E = E_0 I_a$ に変換されたことになる. よって $P_M = P_E$ として, E_0 に式(1.11)を用いると

$$T = \frac{1}{2\pi n} \cdot E_0 I_a = pN_a \Phi I_a \quad [\text{N} \cdot \text{m}]$$

c. 起電力の式，トルク式の変形

われわれが直流機を外からみると，図1.25のようにブラシにつながる2つの端子(a, b)，界磁電流用の2つの端子(c, d)と軸だけが目につき，中がどうなっているかはわからない．ましてや機械の中でどんな磁束が発生しているかなどは知る由もない．そこで外部で操作しうる界磁電流，電機子電流などで直接トルクを表わせるならば，その方が使用者の立場からは便利である．

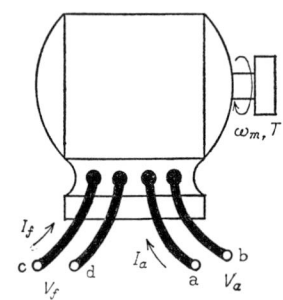

図1.25 直流機

ところで起電力 E_0，トルク T は式(1.11), (1.13)' より

$$\left. \begin{array}{l} E_0 = p\omega_m(N_a\Phi) \\ T = p(N_a\Phi)I_a \end{array} \right\} \quad (1.15)$$

であるが，上の2式の $N_a\Phi$ は電機子巻線の磁束鎖交数 Ψ で，電機子巻線と界磁巻線との相互誘導係数を M〔H〕とし，界磁電流を I_f〔A〕とすると

$$\Psi = N_a\Phi = MI_f \quad (1.16)$$

に相当する．ここで読者は図1.22(a)に示すように，界磁巻線と電機子巻線とは直交していて相互誘導をもたないから，式(1.16)の理解に苦しむかも知れない．これに対しては1.4aに再びもどる必要がある．すなわち有効巻数 N_a の電機子巻線が，極軸と同軸上にあるときの磁束鎖交数は $N_a\Phi$ であり，任意の角 θ をなしているときは，$N_a\Phi\cos\theta$ である．この時間的変化によって巻線に誘導される起電力は

$$E_0 = -\frac{d}{dt}(N_a\Phi\cos\theta) = p\omega_m N_a\Phi\sin\theta$$

ただし $\theta = p\omega_m t$

であるが，直流機はこのような巻線が多相に巻かれており，整流作用によって図1.21に示すように $\theta = \pi/2$ における瞬時の起電力，すなわち起電力の最大

値のみをブラシから取り出すようにしたものである．さてここで，式(1.16)を式(1.15)に代入して

$$E_0 = pM\omega_m I_f \quad [\text{V}] \\ T = pMI_a I_f \quad [\text{N·m}] \} \quad (1.17)$$

上式の M は磁気回路に飽和性があるため，図1.26の例のように I_f の増大に伴い減少して必ずしも一定でないが，I_f のある使用範囲においてほぼ一定とみなしてさしつかえない場合が多い．そこでここでは pM を**直流機定数**とよんでおこう．

[例題1.11] 115[V], 8.7[A], 1725[rpm], 1[kW] の直流発電機を速度を1725[rpm] の一定に保ち，界磁電流 I_f を種々かえて，発電機の無負荷電圧 E_0 を実測したところ，表1.1のような結果を得た．

表1.1　発電機の界磁電流-無負荷電圧実測値

I_f [A]	0	0.1	0.2	0.25	0.3	0.4	0.45	0.5	0.55	0.6
E_0 [V]	4	45	80	94	105	123	129	135	138	144
I_f [A]	0.55	0.5	0.45	0.4	0.3	0.2	0.1	0		
E_0 [V]	138	138	135	128	115	94	60	4		

上記の測定結果は I_f を0から0.6[A]まで漸次上げ，それから再び0に漸次下げてきたものである．これに対してつぎに答えよ．

(1)　上の結果より**無負荷飽和曲線**(回転数を一定に保ったときの I_f と E_0 との関係曲線)を作成せよ．

(2)　$I_f = 0$ にもかかわらず $E_0 = 4$ [V] を得ている理由を考察せよ．

(3)　I_f を増していく場合と，下げてくる場合とで，同じ I_f に対して E_0 が一致しない理由を説明せよ．

(4)　この発電機の定数 pM を求め，これをプロットせよ．

[解]

(1)　一般には上昇曲線と下降曲線との中間をとった図1.26の曲線①を無負荷飽和曲線としている．

（2） $E_0 = p\omega_m M I_f$ の式からすると，$I_f = 0$ のとき $E_0 = 0$ となるべきであるが，これは磁化曲線が原点を通る直線であるとの前提に立っている．実際には磁化曲線は飽和性をもつとともに，残留磁束があって $I_f = 0$ でも 1 極の有効磁束は 0 とは限らない．この残留磁束により式(1.11)で示される起電力が誘導される．

（3） 磁気回路を構成する強磁性体には，磁気ヒステリシス現象があるからである．

（4） たとえば $I_f = 0.4$ 〔A〕に対する E_0 は無負荷飽和曲線から

$$E_0 = 126 \ \text{〔V〕}$$

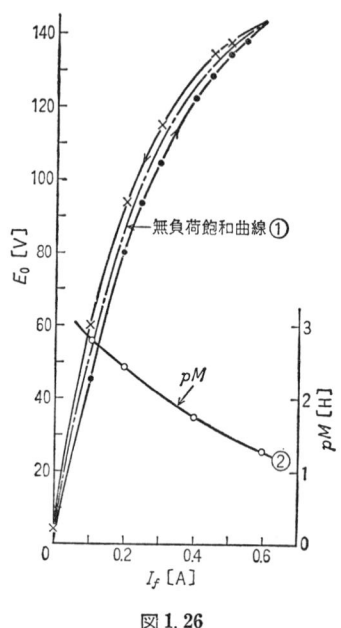

図 1.26

$$\therefore \ pM = \frac{E_0}{I_f \omega_m} = \frac{126}{0.4 \times 2\pi \times 1725/60} = 1.75 \ \text{〔H〕}$$

このようにして数点を求めてプロットすると，$pM \sim I_f$ 曲線が図1.26の曲線②のようになる．

1.5 電気―機械エネルギー変換

a. 発電機と電動機

発電機は外部より機械エネルギーを得て，これを電気エネルギーに変換するものであり，電動機はその逆である．

いま直流発電機が界磁電流 I_f，電機子電流 I_a，回転角速度 ω_m〔rad/s〕で外部からトルク T_L〔N·m〕が与えられて，動的平衡が保たれているものとする．したがってこのときの機械入力 P_M は

1.5 電気-機械エネルギー変換

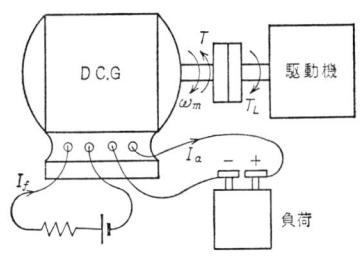

図1.27 直流発電機

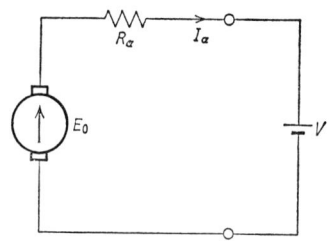

図1.28 発電機の等価回路

$$P_M = \omega_m T_L \quad [\text{W}] \tag{1.18}$$

いま発電機は電池の充電(電池の電圧 V [V])に用いられているとすると, 発電機は電池に $VI_a = P_E$ [W] の電気的パワーを供給している. 電機子巻線の抵抗を R_a [Ω] とすれば, 発電機の等価回路は図1.28 で示され,

$$E_0 = R_a I_a + V \tag{1.19}$$

が成り立つ. ただし E_0 は発電機の誘導起電力で

$$E_0 = pM\omega_m I_f \tag{1.20}$$

さて E_0 の方向に I_a が流れると, 次式のトルク T が回転を阻止する方向に働く.

$$T = pMI_f I_a \quad [\text{N·m}] \tag{1.21}$$

したがって回転を持続し, I_a を流し続けるためには, このトルクと等しく方向反対のトルク T_L を外部から加えて初めて動的平衡が保たれるから, この場合機械入力として $\omega_m T_L = \omega_m T$ [W] が必要である. 式(1.19)の両辺に I_a を乗じると

$$E_0 I_a = R_a I_a^2 + VI_a = R_a I_a^2 + P_E$$

上式の左辺は

$$E_0 I_a = (\omega_m pMI_f)I_a = \omega_m(pMI_f I_a) = \omega_m T = P_M \quad [\text{W}] \tag{1.22}$$

となり, 機械入力になる. したがって発電機に加えられた機械的入力 P_M は, その一部は銅損として消費され, 残りは電気的パワー P_E に変換される.

ここで発電機作用を行なうためには $I_a > 0$ であるから

$$E_0 = pM\omega_m I_f > V \qquad (1.23)$$

でなければならない．

また $E_0=V$ ならば $I_a=0$ で，$P_M=P_E=0$ で何のエネルギー変換も行なわれていない．これを**無負荷**といい，この状態では発電機は何の外力がなくても慣性で $V/(pMI_f) \equiv \omega_m$ の速度でまわっている．

実際には空気抵抗，ベアリング，ブラシなどの摩擦などがあるからこれらを補償する外力がないとこのようなことはあり得ないが，ここではすべてこれらを無視した理想状態を考えている．

図1.28でいままで直流発電機を駆動していた駆動機が休止し，直流機は減速し，誘導起電力も低下して

$$E_0 = pM\omega_m I_f < V$$

になれば，I_a の方向は反転し，電磁力 $pMI_f I_a$ は今までの回転を助ける方向に働くので，停止することなくまわり続けて電動機となる．

この場合の等価回路は，図1.29のようになり，電動機が電池から供給される電気的パワー $VI_a \equiv P_E$〔W〕の一部を銅損として消費し，残りを機械的パワー $E_0 I_a \equiv P_M$ に変換する．

したがって発電機と電動機との相違は，前者が誘導起電力 E_0 の方向に電機子電流 I_a が流れるのに対し，後者はこれと逆向きに流れるだけである．そして E_0 と I_a との積 $E_0 I_a$ は発電機では機械入力，電動機の場合は機械出力になる．

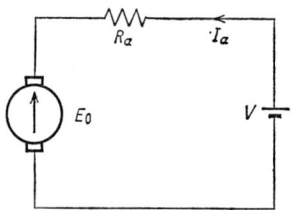

図1.29　電動機の等価回路

b. 損失と効率

いままでは電機子抵抗損のほかはすべて無視してきたが，界磁電流をほぼ一定に保った状態での実際の機械では，つぎに示したような損失があり，直流機のパワーの流れ(power flow)は図1.30，図1.31のようになる．

1.5 電気—機械エネルギー変換

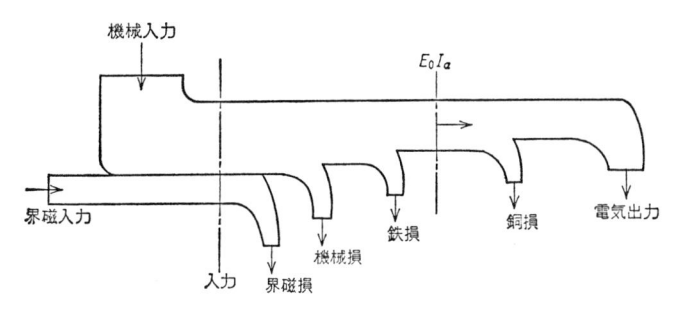

図1.30 他励発電機のパワーフロー

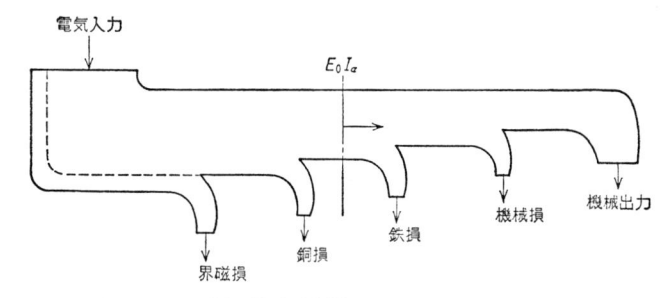

図1.31 他励電動機のパワーフロー

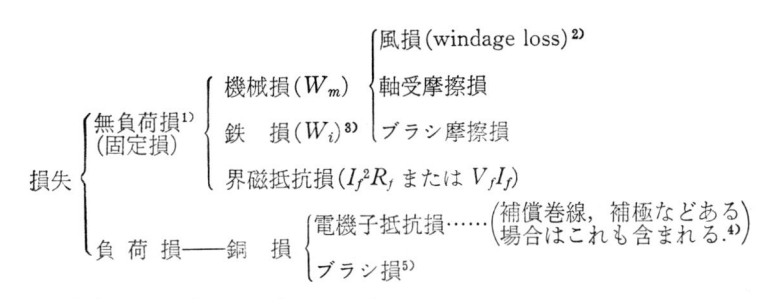

$$損失\begin{cases}無負荷損^{1)}\\(固定損)\end{cases}\begin{cases}機械損(W_m)\begin{cases}風損(windage\ loss)^{2)}\\軸受摩擦損\\ブラシ摩擦損\end{cases}\\鉄\ \ 損(W_i)^{3)}\\界磁抵抗損(I_f^2R_f\ または\ V_fI_f)\end{cases}\\負荷損——銅\ \ 損\begin{cases}電機子抵抗損……\begin{pmatrix}補償巻線,補極などある\\場合はこれも含まれる.\end{pmatrix}^{4)}\\ブラシ損^{5)}\end{cases}\end{cases}$$

注 1) 負荷電流には無関係で，回転数に変化がない限り一定の損失．
 2) 回転子には冷却用ファンなどがあり，空気を攪拌するなどに失なわれるパワー．
 3) (i) 回転子の鉄心が直流磁界中を回転する．(ii) 回転子スロットのため主磁極頭の磁束が脈動する，などのために生ずる．
 4) 大容量の直流機では整流を助けるために補極，補償巻線が設けられ，電機子巻線と直列に結ばれている．
 5) 電流の大小にかかわらず1対のブラシの電圧降下はほぼ一定で，炭素および黒鉛ブラシの場合2〔V〕，金属黒鉛ブラシでは0.6〔V〕である．

入力からこれらの全損失を差し引いたものが出力になる．効率 η は

$$\eta = 出力/入力 \qquad (1.24)$$

であるが，機械量よりも電気量の方が測定しやすいので

$$\left. \begin{array}{l} 発電機：\eta = \dfrac{出\ 力}{出力+損失} \\[2mm] 電動機：\eta = \dfrac{入力-損失}{入\ 力} \end{array} \right\} \qquad (1.25)$$

として算出するのが便利である．

〔例題 1.12〕定格* が 5〔kW〕，100〔V〕，50〔A〕，1500〔rpm〕の直流発電機がある．界磁電圧は 50〔V〕，界磁電流は 5〔A〕，電機子抵抗は 0.2〔Ω〕で効率は 84〔%〕である．ブラシの電圧降下 V_b は 2〔V〕とする．

(1) 無負荷時の端子電圧はいくらか．
(2) 無負荷時と定格負荷時の電圧差は何ボルトか．
(3) 定格負荷時の機械入力は何ワットか．
(4) 鉄損，機械損などの固定損はいくらか．

〔解〕
(1) $E_0 = V + R_a I_a + V_b = 100 + 0.2 \times 50 + 2 = 112$ 〔V〕……… 答
(2) $112 - 100 = 12$ 〔V〕……… 答
(3) 全入力 $= \dfrac{P}{\eta} = \dfrac{5000}{0.84} = 5960$ 〔W〕

　　　界磁抵抗損 $= V_f I_f = 50 \times 5 = 250$ 〔W〕

　∴ 機械入力 $= 5960 - 250 = 5710$ 〔W〕……… 答

(4) 鉄損，機械損がないとしたときの機械入力は

$$E_0 I_a = 112 \times 50 = 5600 \text{ 〔W〕}$$

であればよい．5710〔W〕と 5600〔W〕との差は機械損と鉄損になったものと考えられる．(図 1.30 参照)

　∴ $5710 - 5600 = 110$ 〔W〕……… 答

---

* その機械に定められた許容使用限度を**定格**という．

1.6 励磁方式

直流機の界磁磁束をつくるには，永久磁石を用いるものと電磁石を用いるものとがある．前者は比較的小形で数ワット程度以下のものに用いられ*，大部分は後者によっている．この場合電磁石の巻線，すなわち界磁巻線に，どのような電源から電流をとるか，あるいはどのような電流を流すか，などのいわゆる励磁方式が問題で，つぎのように分類されている．

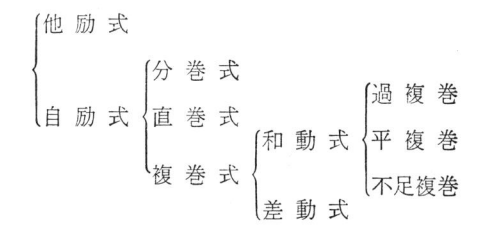

$$\begin{cases} 他励式 \\ 自励式 \begin{cases} 分巻式 \\ 直巻式 \\ 複巻式 \begin{cases} 和動式 \begin{cases} 過複巻 \\ 平複巻 \\ 不足複巻 \end{cases} \\ 差動式 \end{cases} \end{cases} \end{cases}$$

直流機の特性は磁励方式によって著しく左右されるので，直流機を分類するのにこの磁励方式から行なっている．そしてそれぞれを，たとえば他励発電機とか，直巻発電機などと称している．

a. 他 励 式 (separate excitation method)

図1.32に示すように電機子電流 I_a とはまったく別の電源から界磁電流 I_f を取るもので，界磁回路と電機子回路とは電気的に絶縁されている．

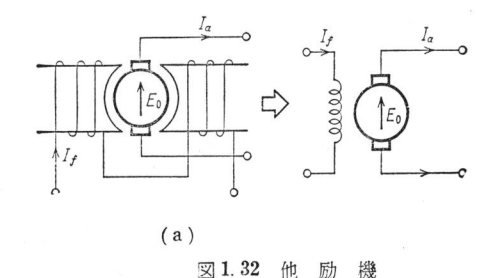

(a)

図1.32 他 励 機

---

* ごく最近永久磁石材料の進歩により 数〔kW〕程度の直流機も市販されようとしている．

b. 自 励 式(self-excitation method)

電機子に発生した起電力で界磁電流を流すもので，電機子巻線と界磁巻線の接続方法により，つぎの3つに分類される．

(i) 分 巻 式(shunt excitation method)　図1.33のように電機子巻線と界磁巻線とが並列になっている．普通 I_f は I_a の数％である．

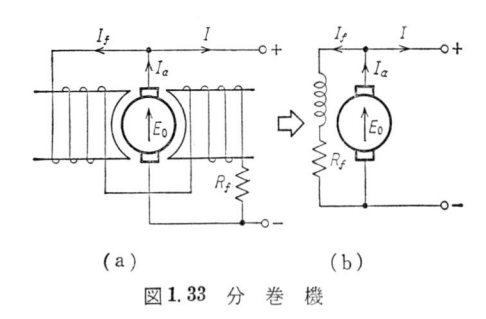

図1.33　分　巻　機

(ii) 直 巻 式(series excitation method)　図1.34のように界磁巻線と電機子巻線とが直列になっている．したがって界磁電流は分巻式に比べて著しく大きいので，所要の AT を得るのに界磁巻線の巻線は少なくてすむが，そのかわり太い導線が用いられている．

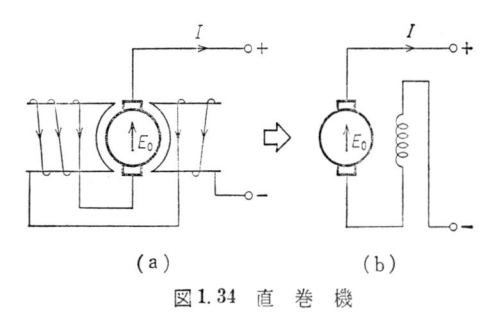

図1.34　直　巻　機

(iii) 複 巻 式(compound excitation method)　図1.35のように分巻式と直巻式を併用したもので，起磁力 $N_f I_f$ と $N_s I$ とが同じ方向の場合が**和動複巻**，逆の場合が**差動複巻**である．正常の運転状態では一般に $N_f I_f \gg N_s I$ に設計されている．また和動複巻発電機を電動機として用いる場合には差動複巻になる．

1.6 励磁方式

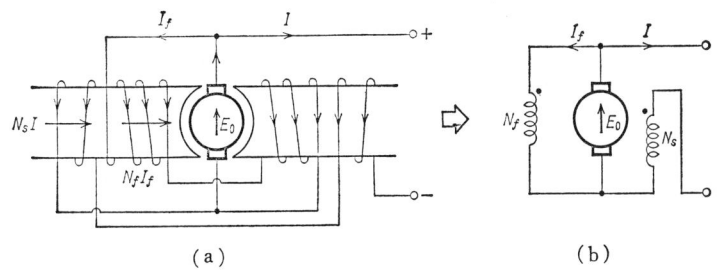

図1.35 複巻機*

〔例題1.13〕和動複巻機があり，直巻界磁巻線と分巻界磁巻線との巻数比は1:50であるという．このとき負荷電流40〔A〕は分巻界磁電流何アンペアの増加に匹敵するか．

〔解〕 $40 \times \dfrac{1}{50} = 0.8$ 〔A〕

〔例題1.14〕 100〔V〕，10〔A〕，1〔kW〕，1000〔rpm〕の直流分巻発電機の定格時の界磁電流は1〔A〕である．このとき界磁回路には20〔Ω〕の外部抵抗が挿入されていたとする．
（1） 界磁巻線の抵抗はいくらか．
（2） 無負荷時の電圧が105〔V〕であるとすると，無負荷時の界磁電流はいくらか．
（3） 負荷電流を10〔A〕流しているときも，端子電圧を無負荷時の電圧と同じ105〔V〕にするには，界磁抵抗を調節して界磁電流を1.2〔A〕にする必要があるという．1極の界磁巻線の巻数は200〔回〕である．いま界磁抵抗を調節することなく10〔A〕の負荷時の電圧を無負荷時の105〔V〕に保つために，和動複巻式を採用することにすれば，このときの直巻界磁巻線の1極あたりの巻数をいくらにしたらよいか．

〔解〕

（1） $R_f - 20 = \dfrac{V}{I_f} - 20 = \dfrac{100}{1} - 20 = 80$ 〔Ω〕……… 答

---

* 図1.35のような複巻方式を内分巻の複巻方式という．

(2) $I_f = \dfrac{105}{R_f} = 1.05$ 〔A〕……… 答

(3) 負荷時 105〔V〕であるための 1 極の起磁力は

$$200 \times 1.2 = 240 \text{ 〔A〕}$$

で，これだけのものを分巻界磁巻線と直巻界磁巻線でつくればよい．

$$N_f I_f = 200 \times 1.05 = 210 \text{ 〔A〕}$$

$$240 - 210 = 30 \text{ 〔A〕……直巻界磁巻線の起磁力}$$

$$\therefore N_s = \frac{30}{I} = \frac{30}{10} = 3 \text{ 〔回〕 ……… 答}$$

〔例題 1.15〕 複巻機の誘導起電力 E_0，トルク T の式を求めよ．

〔解〕 全界磁起磁力 F は

$$F = N_f I_f \pm N_s I = N_f \left(I_f \pm \frac{N_s}{N_f} I \right) \text{ 〔A〕}$$

すなわち単一界磁巻線の場合の I_f が $I_f \pm (N_s/N_f)I$ に変わっている．よって

$$E_0 = pM\omega_m I_f \longrightarrow E_0 = pM\omega_m \left(I_f \pm \frac{N_s}{N_f} I \right) \text{ ……… 答} \quad (1.26)$$

$$T = pMI_f I \longrightarrow T = pM \left(I_f \pm \frac{N_s}{N_f} I \right) I \text{ ……… 答} \quad (1.27)$$

ただし上式の ± は和動の場合 +，差動の場合 − をとる．

演 習 問 題

(1) 図 1.36 に示すように 1 回巻きのコイルがある．その寸法は，軸方向長 150〔cm〕，直径 10〔cm〕で，磁束密度は 0.1〔T〕である．コイルに 20〔A〕の直流 i が図に示した方向に流れているとき，つぎの量を計算せよ．

(i) コイルに働くトルクは何ニュートンか．またその方向はどうか．

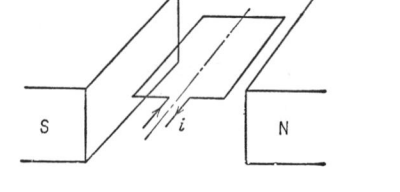

(ii) 磁界とコイル面が 60° の角をなすときのトルクはいくらか．

図 1.36

演 習 問 題　　　　　　　　　29

　　　　　　　答　（ⅰ）　0.3〔N·m〕，時計方向　（ⅱ）　0.15〔N·m〕
（2） 地磁気の水平分は東京付近で約0.3〔ガウス〕である．いま半径40〔cm〕の自転車に乗って東西の方向に20〔km/h〕の速度で走ったとすれば，スポークに誘導される起電力は何ボルトか．ただし車輪のタイヤなどの厚み，車軸などの半径はすべて無視できるものとする．また1〔ガウス〕は 10^{-4}〔T〕である．

　　　　　　　　　　　　　　　　　　　答　$1/3 \cdot 10^{-4}$〔V〕
（3） 図1.37で導体abがvの速度の右方に動かした場合に，導体に誘導される起電力eを
　（ⅰ）　vBl 則より
　（ⅱ）　ファラデーの法則より
計算せよ．

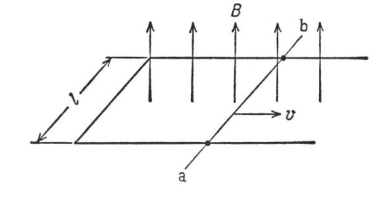

　　　　　　　　　　　　　　　　　図1.37
（4） つぎの術語を説明せよ．
　（ⅰ）　分布巻係数　　（ⅱ）　整流子片　　（ⅲ）　電気角　　（ⅳ）　継鉄
（5） 4極の直流機で回転子が1000〔rpm〕の速度で回転したときの
　　　　　（ⅰ）　機械角速度　　（ⅱ）　電気角速度
はいくらか．　　答　（ⅰ）　33.3π〔rad/s〕，（ⅱ）　66.6π〔rad/s〕
（6） 直流機を励磁方式から分類せよ．
（7） 直流機の誘導起電力，トルクの式をあげ，各記号の内容を説明せよ．
（8） 直流機定数 pM を知るにはどんな実験をしたらよいか説明せよ．
（9） 他励直流電動機がある．界磁電流5〔A〕，回転数1000〔rpm〕のもとでの誘導起電力は1200〔V〕であるという．界磁電流はそのままにして電機子電流30〔A〕流したときの発生トルクは幾N·mになるか．

　　　　　　　　　　　　　　　　　　　　　　答　344〔N·m〕
(10) 直流機の1極の有効界磁束Φが一定で，その分布波形だけが乱れたような場合の起電力，トルクにおよぼす影響はどうか．
(11) つぎの数値をあげよ．
　（ⅰ）　直流機のブラシ1対の電圧降下（炭素ブラシの場合と金属黒鉛ブラシの場合）
　（ⅱ）　直流機の電機子巻線の分布巻係数
(12) 直流発電機の全負荷時にはどんな損失が発生しているか，これをパワーフロー図で示せ．
(13) 4極の直流機があり，その電機子内部回路対数は4，全導体数は210〔本〕，1極の有効磁束数は0.05〔Wb〕である．この場合1000〔rpm〕で回転すればいくらの起電力

が誘導されるか．またこのとき界磁電流は，5〔A〕であったとすれば直流機定数 pM はいくらか．

答 87.5〔V〕, 0.166〔H〕

(14) MHD 発電の原理

図1.38で導電性 高速流体(電磁流体)が，v〔m/s〕の速度で，強磁界 B〔T〕中を流れている場合に，図のような電圧 $E=vBl$〔V〕が誘導されていることを説明せよ．

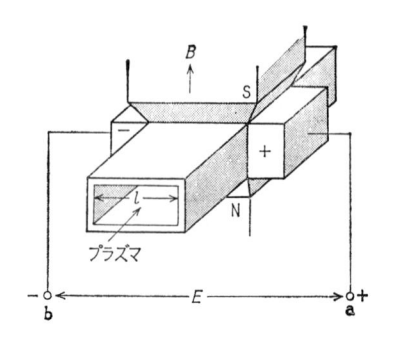

図 1.38

2. 直流発電機

2.1 他励発電機

いま定格が1〔kW〕, 115〔V〕, 8.7〔A〕, 1725〔rpm〕, 界磁電流 0.90〔A〕の他励直流発電機につき図2.1に示すような実験を試みた. すなわち, 回転数を

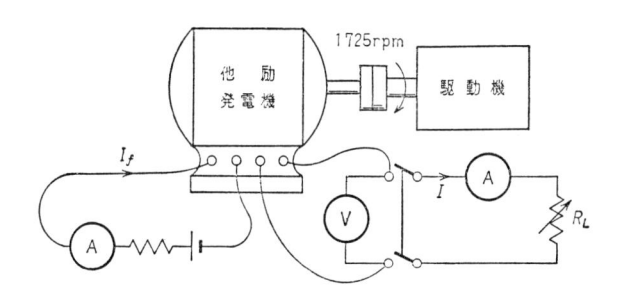

図2.1 他励直流発電機の実験

1725〔rpm〕, 界磁電流 I_f を 0.9〔A〕の一定に抑えて, 負荷抵抗 R_L を種々調整して負荷端子電圧 V と負荷電流 I とを実測して, これをプロットすると, 図2.2曲線①になり, 負荷電流の増加とともに電圧が減少する. 曲線①の上の点Pは定格負荷時で, I_n を**定格電流**, V_n を**定格電圧**という. $I=0$ のときの電圧 E_0 を無負荷電圧という. この発電機では許容負荷範囲内では最大

$$\Delta E = E_0 - V_n = 128 - 115 = 13 \text{〔V〕} \quad (2.1)$$

の電圧変動がある. この ΔE の定格電圧に対する比 ε を**電圧変動率** (voltage regulation) という.

図2.2 外 部 特 性 曲 線

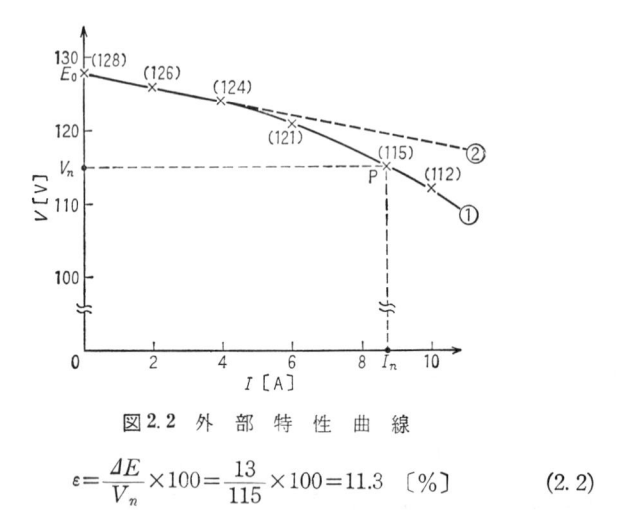

$$\varepsilon = \frac{\Delta E}{V_n} \times 100 = \frac{13}{115} \times 100 = 11.3 \ [\%] \tag{2.2}$$

曲線①のように界磁電流と回転数を一定に保った状態で，負荷抵抗を種々調整して得られる V と I との関係曲線を**外部特性曲線**(external characteristic curve)という．

いま電機子回路の抵抗を実測して $R_a=0.8\ [\Omega]$ が得られた．したがって図1.29の等価回路から，端子電圧 V は

$$V = E_0 - R_a I \tag{2.3}$$
$$= 128 - 0.8 I \tag{2.4}$$

となる．上式は図2.2の直線②となり，電流の大きい範囲では実測値と若干の相違が生ずる．この主な原因は電機子電流による起磁力が鉄心磁路の飽和性と相まって，主磁束(したがって E_0)の減少を招くためである．このような電機子電流の主磁束に与える影響を**電機子反作用**(armature reaction)という．

2.2 分 巻 発 電 機

a. 無負荷電圧の確立

他励発電機では外部から界磁電流が与えられて $E_0 = pM\omega_m I_f$ の起電力が誘

導される．図2.3の分巻発電機では $I_f=0$ ならば $E_0=0$, $E_0=0$ ならば $I_f=0$ となって，いくら発電機をまわしてやっても電圧は生じないように考えられる．実際には図2.4に示すように残留電圧 E_r があるために無負荷電圧は確立される．

図2.4で曲線①は無負荷飽和曲線であり，曲線②は抵抗曲線といい，界磁電圧 E_0 と界磁電流 I_f との関係を示すもので直線になる．まず $I_f=0$ であっても残留電圧 E_r が生じ，これによって界磁電流 I_{f1} が流れる．I_{f1} が流れると起電力 E_1 が誘導され，これによって I_{f2} が流れる．

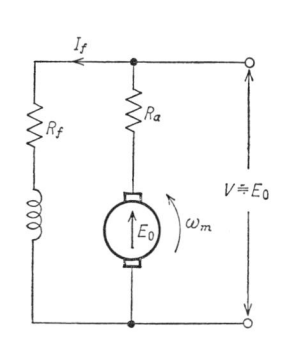

図2.3　分巻発電機　　図2.4　分巻発電機の界磁電圧-電流曲線

このようなことが繰り返されて電圧は漸次高まって，曲線①と②との交点Pにおちつく．ただしここでは I_f も R_a も小さいので $I_f R_a$ なる電機子電圧降下を無視している．

上述のように無負荷電圧の確立には(1)残留電圧があり，これが種となり成長すること．(2)曲線①と②が一点で交わること，(交わるためには②が直線である以上①は曲線でなければならない．すなわち磁気回路の飽和性がなければならない．)などが必要になる．

b. R_f と E_0 の関係

図2.5で R_{f0} は界磁回路の挿入抵抗を0にして，界磁巻線だけの抵抗であり，$R_{f1}, R_{f2}, \cdots$ は外部に若干の抵抗を挿入したときの全抵抗で

$$R_{f0} < R_{f1} < R_{f2} < R_{fc} < R_{f3} \tag{2.5}$$

図 2.5　　　　　　　　　図 2.6

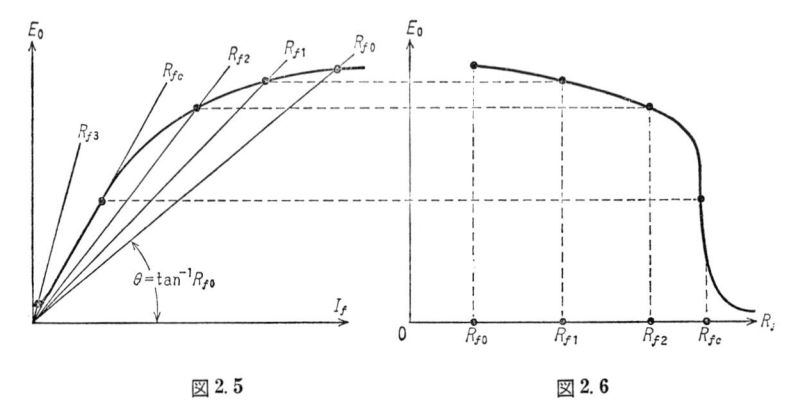

の関係にある．そしてそれぞれの抵抗に対する無負荷電圧は図2.6のようになる．ここで注意すべきは R_{fc} で，この抵抗に対しては抵抗曲線と無負荷飽和曲線とは図に示すように相接して一点では交わらないから，電圧は不安定になる．この抵抗を**臨界抵抗**(critical resistance)といい，電圧を確立させるためには R_f は一般にはこの抵抗より小さいものでなくてはならない．

c. 外 部 特 性

分巻発電機の外部特性曲線は他励発電機とほぼ同様であるが，電圧変動率は約2倍程度大きくなる．それはたとえ界磁電流に変化がないとしても他励発電機と同じ電圧変動率をもつが，さらに界磁電流が端子電圧の降下のために減少するからである．

図2.7はこの発電機の外部特性曲線で，負荷電流 I を漸次大きくすると電圧 V は降下する．点Qで電流は最大となり，それをすぎると点線のようにかえって電流は減少して I_r におちつく．

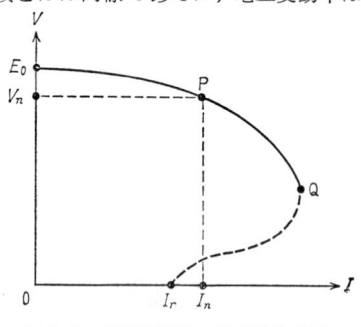

図 2.7　分巻発電機の外部特性曲線

I_r は残留電圧 E_r による電機子電流で

$$I_r = E_r / R_a \tag{2.6}$$

である．

2.3 直巻発電機

一定角速度 ω_m で駆動されている直巻発電機の等価回路は，図 2.8 のようになる．

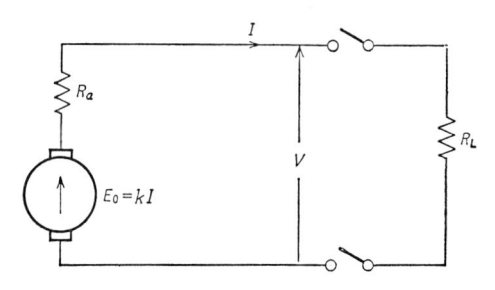

図 2.8 直巻発電機の等価回路

この図の R_a は電機子巻線，直巻界磁巻線，ブラシなどを含んだ電機子回路の全抵抗であり，k は

$$k = pM\omega_m \tag{2.7}$$

で，この k は負荷電流 I の小さい間はほぼ一定とみなされるから

$$V = E_0 - R_a I = (k - R_a)I \tag{2.8}$$

で I の増加とともに端子電圧 V は直線的に増大する．I が大になるにつれて磁気飽和のために k は減少するとともに，電機子反作用の影響が現われて V の増加率は鈍り，さらに I が増加するとかえって V は減少して，図 2.9 の太線のような外部特性曲線になる．そして任意の負荷抵抗 R_L に対する端子電圧は図の点 P になる．これは分巻発電機の無負荷電圧の決定のときとまったく同じ考え方で，R_L が分巻発電機の界磁抵抗 R_f に対応している．

また分巻発電機で界磁抵抗に臨界抵抗なるものがあったように，直巻発電機でも臨界負荷抵抗 R_{Lc} があり，これに対する負荷端子電圧は不定になる．

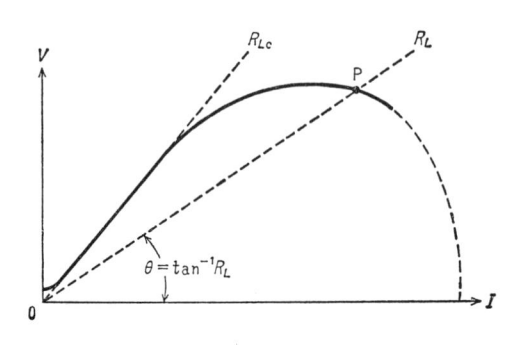

図 2.9 直巻発電機の外部特性曲線

2.4 複巻発電機

分巻発電機では負荷電流の増加につれて端子電圧は降下するが，直巻発電機は逆に上昇する．複巻発電機ではこの両者の特性を適度に組合わせることによって，図 2.10 のような種々の外部特性が得られる．

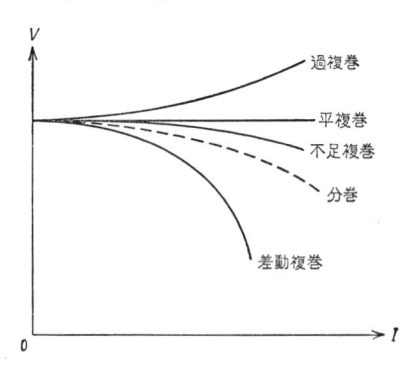

図 2.10 複巻発電機の外部特性曲線

〔例題 2.1〕 定格が 10〔kW〕，100〔V〕，100〔A〕の直流他励発電機がある．無負荷電圧は 110〔V〕であるという．負荷電流が 50〔A〕のときの端子電圧はいくらか．ただし電機子反作用は無視するものとする．

〔解〕 電機子反作用を無視すると外部特性曲線は直線となるから，50〔A〕負荷のときは $(100+110)/2=105$〔V〕となる．

〔例題 2.2〕 1〔kW〕，100〔V〕，10〔A〕，1000〔rpm〕の他励直流発電機があり，定格負荷時の界磁電流は1〔A〕である．無負荷時にも端子電圧を100〔V〕にするためには界磁電流を 0.9〔A〕に下げる必要がある．この発電機の電機子抵抗はいくらか．

〔解〕 電機子反作用を無視すれば

$$V_n = p\omega_m M \times 0.9 \qquad E_0 - I_n R_a = V_n$$

$$E_0 = p\omega_m M \times 1.0 = \frac{1}{0.9} V_n$$

$$\therefore R_a = \frac{E_0 - V_n}{I_n} = \frac{V_n}{9 I_n} = \frac{1}{9} \times \frac{100}{10} = 1.11 \ \text{〔Ω〕} \ \text{⋯⋯⋯ 答}$$

演 習 問 題

(1) 150〔kW〕，250〔V〕の分巻発電機がある．界磁抵抗は 10〔Ω〕，電機子巻線抵抗は 0.05〔Ω〕である．
 (i) 定格負荷電流はいくらか．
 (ii) 界磁電流はいくらか．
 (iii) 全負荷時の誘導起電力はいくらか．

　　　　　　　　　　答 (i) 600〔A〕　　(ii) 25〔A〕　　(iii) 281.25〔V〕

(2) 図 2.11 は和動複巻発電機で，R_L：負荷抵抗，F_1：分巻界磁巻線，F_2：直巻界磁巻線，R_d：分路抵抗である．定格電圧 500〔V〕，定格出力 100〔kW〕，電機子抵抗 0.03〔Ω〕，分巻界磁巻線抵抗 125〔Ω〕，直巻界磁巻線抵抗 0.01〔Ω〕である．分路抵抗 R_d には定格負荷時 54〔A〕が流れている．定格負荷時のつぎの量を計算せよ．

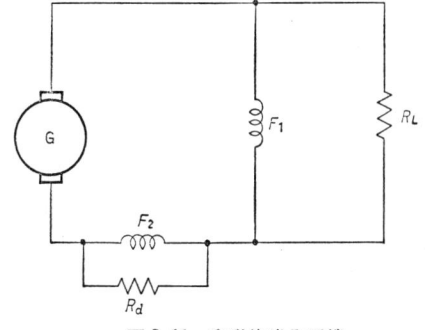

図 2.11　和動複巻発電機

（ⅰ）分路抵抗 R_d
　　（ⅱ）誘導起電力

　　　　　　　　　　　　　答　（ⅰ）0.0278〔Ω〕　（ⅱ）507.62〔V〕

（3）他励直流発電機が 1800〔rpm〕で回転しているときの無負荷端子電圧は 150〔V〕である．回転数を（ⅰ）2000〔rpm〕（ⅱ）1600〔rpm〕にしたときには無負荷端子電圧はいくらになるか．

　　　　　　　　　　　　　答　（ⅰ）166.7〔V〕　（ⅱ）133.3〔V〕

（4）250〔V〕の分巻発電機の電圧変動率は 10.5〔％〕であるという．無負荷時の端子電圧はいくらか．

　　　　　　　　　　　　　答　276.3〔V〕

（5）内分巻の複巻発電機がある．分巻，直巻の各界磁巻線の巻数は毎極あたりそれぞれ 1000〔回〕，4〔回〕である．他励にして無負荷時においても全負荷時と同じ端子電圧にするためには界磁電流を 0.2〔A〕増す必要がある．このときの全負荷電流は 80〔A〕であり，直巻界磁巻線抵抗は 0.05〔Ω〕である．この発電機は過複巻か不足複巻か．また，平複巻にするためには直巻界磁巻線の起磁力をいくらにすべきか．また分路抵抗 R_d はいくらか．ただし**内分巻**とは直巻界磁巻線と負担抵抗が直列に結ばれ，分巻界磁巻線と電機子巻線が並列になっているようなものをいう．

　　ただし Rd の電圧降下は端子電圧に比べ無視できるものである．

　　　　　　　　　　　　　答　過複巻　200〔A〕　0.0833〔Ω〕

（6）他励直流発電機がある．界磁電流 2.1〔A〕，回転数 1600〔rpm〕で無負荷端子電圧は 125〔V〕である．この発電機の直流機定数 pM はいくらか．

　　　　　　　　　　　　　答　0.356〔H〕

3. 直流電動機

3.1 他励電動機

a. トルクに対する負荷電流と速度

　図3.1は他励電動機が界磁電流 I_f, 電源電圧 V を一定にして, 負荷トルク T_L を負っているときの状態を示したものである.

　このときの負荷電流 I〔A〕, 角速度 ω_m〔rad/s〕はつぎのようにして定められる. 電動機の発生トルク T〔N·m〕から鉄損・機械損などによる損失トルクを差し引いたものが軸の正味有効トルクになり, これが負荷トルク T_L に対抗しなくてはならないが, ここではこれらの損失トルクは無視することにしよう.

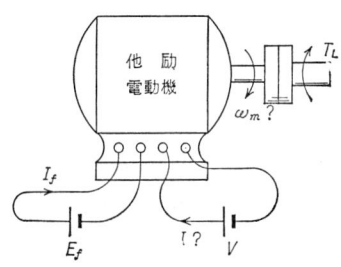

図3.1 他励電動機

　さて T_L に等しいトルクを発生するためには, 式(1.17)から

$$I=\frac{T}{pMI_f}=\frac{T_L}{\phi} \tag{3.1}$$

ただし　$\phi \equiv pMI_f$ \hfill (3.2)

の電機子電流が流れなくてはならない. 一方電機子回路の電圧電流方程式は, 図3.2より

$$V=E_0+IR_a=pMI_f\omega_m+IR_a=\phi\omega_m+IR_a \tag{3.3}$$

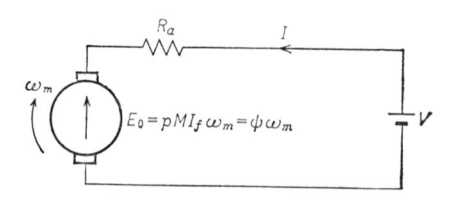

図3.2 電機子回路

上式から角速度 ω_m は

$$\omega_m = \frac{1}{\phi}(V - IR_a) = \frac{V}{\phi} - \frac{R_a}{\phi^2}T_L \quad (3.4)$$

となる.

T_L が増加するにつれて式(3.1)より I は直線的に増加し, 式(3.4)より ω_m は直線的に減少して, 図3.3 のようになる.

図3.3で T_{Ln}, I_n, ω_{mn} は定格負荷時の負荷トルク, 電流, 角速度であり, ω_{m0} は無負荷時の角速度である. 他励電動機は定格負荷時 図3.3

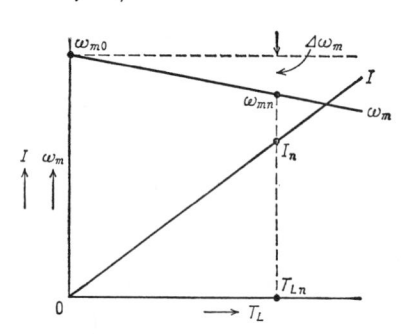

図3.3 負荷トルク-電流, 角速度特性

に示した $\varDelta\omega_m$ の速度降下があるが, この量は一般に小さいので, この電動機を**定速度電動機**(constant speed motor)とみなすことができる. そして速度変動率 ε は

$$\varepsilon = \frac{\varDelta\omega_m}{\omega_{mn}} \times 100 = \frac{\omega_{m0} - \omega_{mn}}{\omega_{mn}} \times 100 \quad [\%] \quad (3.5)$$

で定義され, 上式に式(3.4)を代入して整理すると,

$$\varepsilon = \frac{1}{(\phi/R_a)(V/T_{Ln}) - 1} \times 100 \quad [\%] \quad (3.6)$$

になる. したがって ε を小さくするには R_a を小さく I_f を大($\phi = pMI_f$ を大)にする必要がある.

〔例題3.1〕 定格4〔kW〕, 100〔V〕の他励直流電動機が, ある負荷を負って回

転している．このときの電機子電流は20〔A〕,回転数は1510〔rpm〕,電機子抵抗は0.2〔Ω〕である．つぎに答えよ．

(1) 逆起電力はいくらか．
(2) 発生トルクは何 kg·m か．
(3) トルクが2倍になれば回転数はいくらになるか．

〔解〕

(1) $E_0 = V - IR_a = 100 - 20 \times 0.2 = 96$ 〔V〕………答

(2) $T = \dfrac{1}{9.8} \times \dfrac{E_0 I}{\omega_m} = \dfrac{1}{9.8} \times \dfrac{96 \times 20}{2\pi \times (1510/60)} = 1.25$ 〔kg·m〕………答

(3) トルクが2倍になれば電機子電流は2倍の40〔A〕になる．したがってこのときの逆起電力は，$100 - 40 \times 0.2 = 92$〔V〕になる．回転数は逆起電力に比例するから

$$n = 1510 \times \dfrac{92}{96} = 1448 \text{〔rpm〕}………答$$

b. 速度調整

角速度 ω_m は，式(3.4)を形を変えて再記して

$$\omega_m = \dfrac{V}{pMI_f} - \dfrac{R_a}{(pMI_f)^2} T_L \qquad (3.7)$$

そこで ω_m をかえるためには，(1) V をかえる (2) I_f をかえる (3) R_a と直列に抵抗を挿入する などの方法が考えられる．

(i) **レオナード法** 電機子電圧 V を加減して速度を制御する方法を**レオナード**(Leonard)**法**という．この方法では図3.4に示すように広範囲にわたって理想的な速度調整ができる．

この方法では任意の速度において，定格負荷電流 I_n に対して発生トルク T は

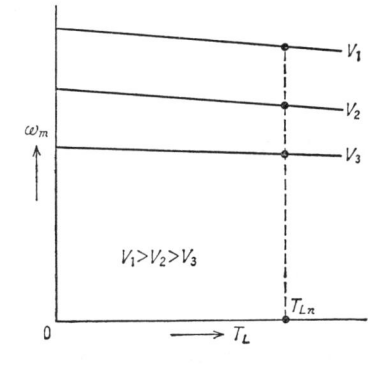

図3.4 レオナード法による速度調整曲線

$$T = pMI_f I_n \quad [\mathrm{N \cdot m}] \tag{3.8}$$

で速度に無関係に一定である．これを**定トルク駆動**(constant torque driving)という．定トルク駆動の場合は出力は高速ほど大になる．

図 3.5 では誘導電動機 I.M. で直流発電機 G を駆動する．接点 P を移動して

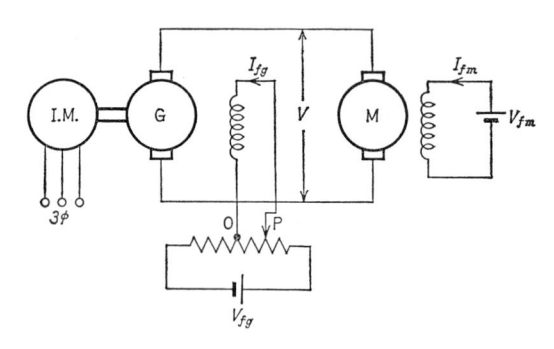

図 3.5 ワードレオナード法

G の界磁電流 I_{fg} を加減して主電動機 M の電機子電圧 V を調整して，M を正転，逆転，高速，低速など自由に速度をかえることができる．このような装置を**ワードレオナード法**といい，製鉄所の圧延機，製紙工場の巻取機，新聞社の輪転機などにひろく用いられているが，主電動機 M より容量の大きい I.M., G を必要として装置がかなり大がかりになる上に総合効率 $\eta = \eta_{\mathrm{IM}} \eta_G \eta_M$ が 65% 程度になってしまうのが欠点である．

最近，**静止レオナード**などと称してサイリスタを用いた直流電圧の加減装置を用いたものが開発され普及しつつある．(16 章参照)

(ii) 界磁電流制御法　　この方法は界磁電流を加減するもので最も簡単に行なえる．速度を高めるには I_f を小にすればよいが，この場合式(3.7)の第 2 項も大になり，負荷変動による速度変動が大になる．この方法で速度制御を行なう場合，逆起電力 E_0 は

$$E_0 = V - IR_a$$

となり，定格電機子電流 I_n に対する出力 P は

$$P = E_0 I_n = VI_n - I_n^2 R_a \tag{3.9}$$

となり，P は速度のいかんに関せずほぼ一定になる．このような運転を**定出力駆動**(constant power driving)という．

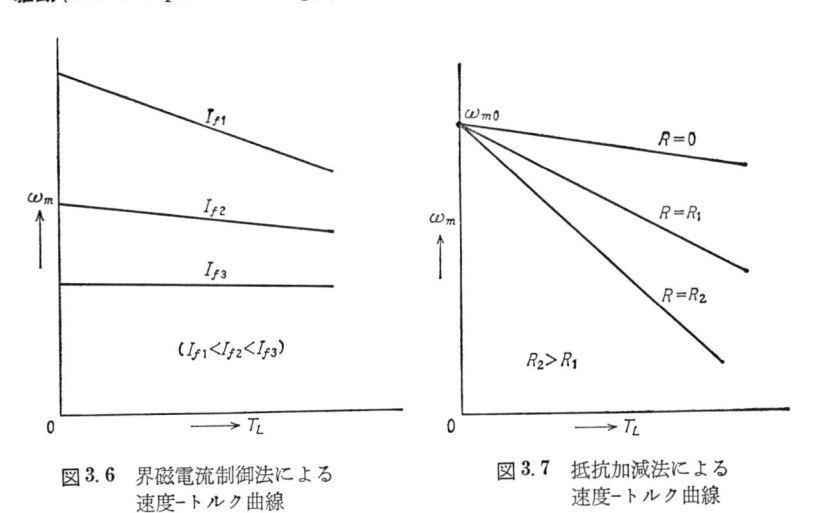

図3.6 界磁電流制御法による速度-トルク曲線

図3.7 抵抗加減法による速度-トルク曲線

(iii) 電機子抵抗加減法 電機子回路に直列に抵抗 R を挿入して，式(3.4)の R_a を加減することによって速度を調整しようとするもので，その速度トルク曲線は図3.7のようになる．

この方法は (1) T_L の小さい場合の速度の制御は困難 (2) 速度変動率が大きい (3) 挿入抵抗の損失が大きく，効率が悪い などの欠点がある．

〔**例題3.2**〕 図3.8は製鉄所の圧延用直流電動機の速度-トルク曲線・速度-出力曲線で，30〔rpm〕ぐらいまでは赤熱したインゴットを圧延用ロールにくわえこんで扁平にしはじめている期間である．扁平の度が高まるにつれてロールの回転を上げ，作業能率を高めねばならないが，これが30〔rpm〕以上である．

これに対してつぎに答えよ．

(1) 0〜30〔rpm〕の区間，および 30〔rpm〕以上の区間の特徴を何と言ったらよいか．
(2) 0〜30〔rpm〕の区間，および 30〔rpm〕以上の区間に適した速度調整法は何か．

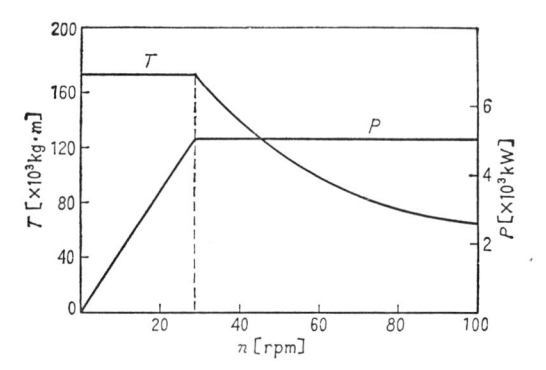

図 3.8 圧延用直流電動機の速度-トルク曲線および速度-出力曲線

〔解〕

(1) 0～30〔rpm〕の区間………定トルク駆動
    30〔rpm〕以上の区間………定出力駆動

(2) 0～30〔rpm〕の区間に対してはレオナード法
    30〔rpm〕以上の区間に対しては界磁制御法

c. 始　動

電動機を始動しようとして電源電圧Vを印加すると，定格電流の15～20倍程度の電流が突入して電機子を焼損する危険性がある．これは運転時には逆起電力E_0があるが，始動時は$\omega_m=0$のためにこれがなく

$$I = V/R_a \tag{3.10}$$

の電流が流れるためである．そこで始動時には，図3.9に示すように**始動器**

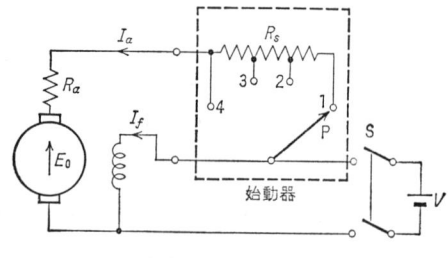

図 3.9 電動機の始動

(starter)と称する一種の直列抵抗 R_s を挿入し，速度上昇とともにノッチPを左に移し，運転時には $R_s=0$ とする．

R_s の大きさは

$$R_s = \frac{V}{\sigma I_n} - R_a \qquad (3.11)$$

で計算される．σ は始動の頻度により異なるが，一般に $\sigma=1\sim1.5$ の間に選ばれる．

〔例題 3.3〕 例題 3.1 で与えられた直流電動機の (1) 定格電流はいくらか (2) 始動抵抗がないとすれば始動電流はいくらか (3) 始動電流を定格電流の 1.5 倍に抑えるための挿入始動抵抗はいくらか．ただしこの電動機の効率は 85 % で，これは界磁損は無視しての値である．

〔解〕

(1) $I = \dfrac{5 \times 10^3 / \eta}{100} = \dfrac{5 \times 10^3}{100 \times 0.85} = 58.8$ 〔A〕……… 答

(2) $I_{st} = \dfrac{V}{R_a} = \dfrac{100}{0.2} = 500$ 〔A〕……… 答

(3) 式(3.11)より

$$R_s = \frac{V}{\sigma I_n} - R_a = \frac{100}{1.5 \times 58.8} - 0.2 = 0.93 \ \text{〔Ω〕} \cdots\cdots\cdots 答$$

3.2 分巻電動機

この電動機の運転特性やその取扱いなどは，他励電動機とほとんど同じと考えてよい．

3.3 直巻電動機

直巻電動機は界磁電流と電機子電流が同一である点で，分巻電動機，他励電動機などと大いに異なる．したがってその特性なども非常に異なってくる．

すなわち

$$I_f = I_a = I$$

$$\therefore \quad T_L = pMI^2 \quad \text{または} \quad I = \sqrt{T_L}/\sqrt{pM} \tag{3.12}$$

上式を式(3.7)に代入して

$$\omega_m = \frac{V}{\sqrt{pM}} \cdot \frac{1}{\sqrt{T_L}} - \frac{R_a}{pM} \tag{3.13}$$

上式からトルクと電流との曲線，トルクと角速度との曲線などを求めると 図3.10 のようになり，$T_L=0$ では $\omega_m=\infty$ になる．このように無負荷速度が無限に上昇することを逸走(runaway)という．したがってこのような電動機に負荷を結合する場合にはベルト結合などは避けなければならない．ベルトではややもするとはずれて逸走する危険性がある．

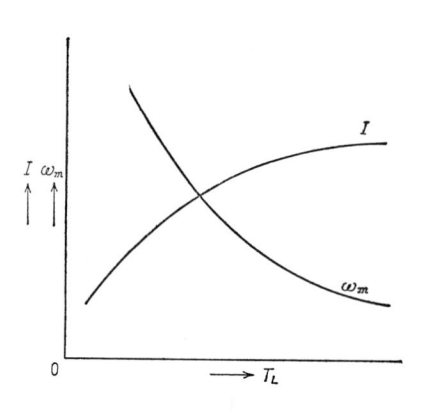

図3.10 直巻電動機のトルク-電流曲線，トルク-角速度曲線

a. 速度調整

おおむね他励電動機と同じ方法が用いられるが，直列抵抗加減法が今までは多く用いられてきた．最近はサイリスタを用いて直流電圧 V を容易に加減できるようになってきたので，電機子電圧の加減によるいわゆるレオナード法が多く用いられようとしている．

b. 用途

直巻電動機の特性は他励電動機と異なり，負荷トルクの変動による速度変動は大きいし，また無負荷時に逸走の危険性があるなどのため，一般の動力用としては不向きで，クレーン，電車，エレベーターなどの特定用途に供せられる．

これはたとえばクレーンは荷物をつり上げるときはゆっくりと，つぎの荷物に移ろうとするときは速くして作業能率を高める必要がある．このような要求

に直巻電動機はもっともよく適合しているからである.

3.4 複巻電動機

　電動機の場合には差動複巻はほとんど用いられない.それは常時は $N_fI_f-N_sI>0$ であるのが,始動時,または負荷急変時に突入電流があると,$N_fI_f-N_sI<0$ となり,主磁極の極性が反転して逆方向のトルクを発生して軸を破壊したり,負荷となっている装置を逆転のために破壊するようなこともおき得るからである.

　他励または分巻電動機は無負荷時でも逸走の心配がない.また直巻電動機は負荷トルク T_L が重くなっても,入力電流 I は他励電動機のように直線的に増加しないし,また始動トルクは始動電流の2乗に比例して大きいなどそれぞれ長所を有する.和動複巻電動機は分巻電動機,直巻電動機のこれらの長所をとり入れたものである.図3.11は分巻,直巻,複巻(和動)の電動機の特性の比較を示したものである.

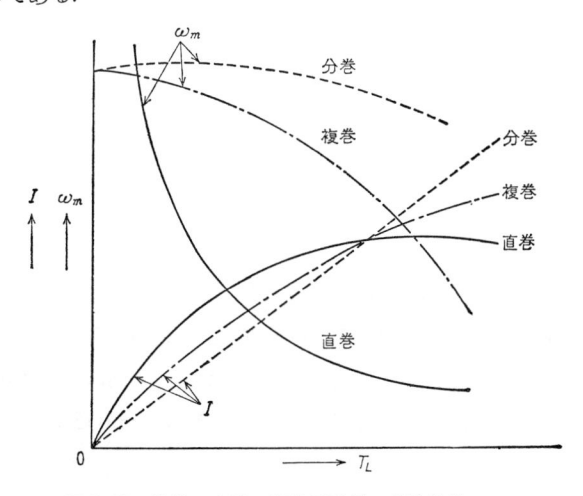

図 3.11　分巻,直巻,複巻電動機の特性比較

〔例題 3.4〕　直巻電動機の負荷トルクが2倍になったとき　(1)速度　(2)入

力 (3)出力 はそれぞれ今までの何倍になるか．ただし，電機子抵抗降下は無視し得るものとする．

〔解〕
(1) $1/\sqrt{2}$ 倍．
(2) 電流が $\sqrt{2}$ 倍，したがって入力は $\sqrt{2}$ 倍になる．
(3) トルクは2倍，速度は $1/\sqrt{2}$ 倍であるから出力は $2\times(1/\sqrt{2})=\sqrt{2}$ 倍．

3.5 ユニバーサルモータ

この電動機は直流でも交流でも使用できる電動機で，その構造は原理的には直流直巻電動機と同じである．いま，この電動機の発生トルクを理解するために，つぎの問を考えてみよう．

問 直流直巻電動機を逆転させようとして入力端子と直流電源との接続を逆にした．果して逆転するか？

答 極性を逆にしても界磁束が反転すると同時に電機子電流も反転するので，これらによって生ずるトルクの方向は前と同じで，電動機は依然として前の方向にまわり続ける．これを数式的にはつぎのように説明できる．
式(1.17)よりトルク T は

$$T = pMi_a i_f \tag{3.14}$$

ここで $i_a = i_f \equiv i$ であるから

$$T = pMi^2 \tag{3.15}$$

したがって i の正負にかかわらず $T>0$ となる．

さて，この問で明らかなように直流電動機の電源は正負のいずれでも回転方向は同一であるから，電源に交流を用いても同一方向にまわり続ける．なぜならば，交流は電圧の大きさが正負にわたって刻々かわるだけであるからである．そして流入電流 i が

$$i = \sqrt{2} I \sin \omega t$$

で表わされるとすると，トルク T は式(3.15)より

3.5 ユニバーサルモータ

$$T = 2pMI^2 \sin^2 \omega t = pMI^2(1 - \cos 2\omega t) \qquad (3.16)$$

上式の T は時間的に変動して図 3.12 のようになるが，その平均値 T_{av} は

$$T_{av} = pMI^2 \quad [\text{N·m}] \qquad (3.17)$$

となる．すなわち直流直巻電動機は交流でも回転することになる．しかし交流

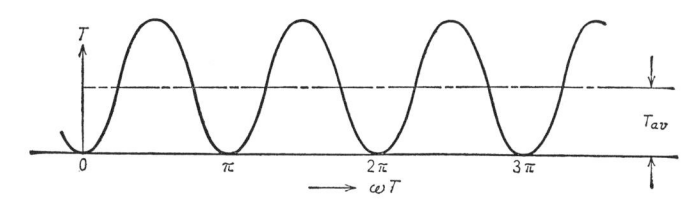

図 3.12

の場合はつぎのような点をさらに考慮しなければならない．

（1） **固定子鉄心の成層**　直流の場合は固定子の磁束は一定の直流磁束であったが，交流の場合は交番する．したがって，鉄心は成層し，交番によるうず電流損を軽減するようにしなくてはならない．

（2）．電圧降下は直流の場合は抵抗降下のみであったが，交流ではリアクタンス降下も生じ，力率を悪くし，出力を減少する．ただし図 3.13 の負荷時のベクトル図から明らかなように高速になるにつれて速度起電力 E_0 が大となりリアクタンス降下の影響は少なくなる．

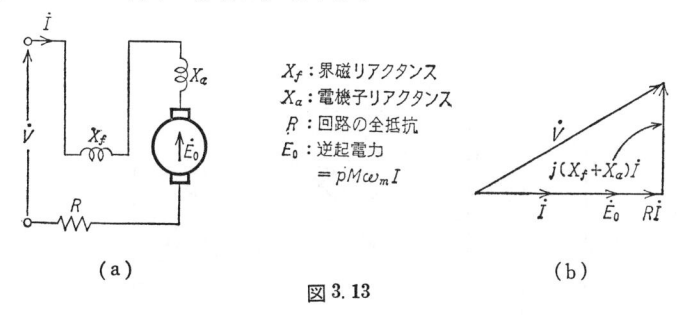

X_f：界磁リアクタンス
X_a：電機子リアクタンス
R：回路の全抵抗
E_0：逆起電力
　　$= pM\omega_m I$

(a)　　　　　　　　(b)

図 3.13

（3） 整流は直流の場合に比べ困難になる．そこで電機子巻線は巻数の少ないコイルを数多く用いるようにする．このため普通の直流機に比べ整流子片の数（コイル数に同じ）は多い．

ユニバーサルモータ (universal motor) は以上のような点に考慮を払った交直両用の直巻電動機である．この電動機は家庭用電気掃除機，ジューサー，ミシン，事務機，ピストル形の電気ドリル用などのモータとして広く用いられ，電源の関係から交流で駆動される場合が多い．この場合はこれを**単相直巻交流整流子電動機**とよぶ方が適当である．

図 3.14 は 175〔W〕，8500〔rpm〕のユニバーサルモータの速度トルク特性で，高速になるにしたがい，交流と直流の差はほとんどなくなっている．

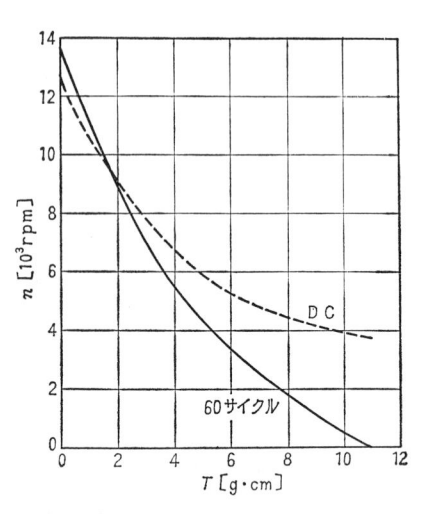

図 3.14　ユニバーサルモータの速度-トルク特性

図 3.15 は家庭用電気掃除機の電動機の負荷特性である．なお，交流電源で用いられる整流子付き電動機には，このほか(ユニバーサルモータ以外は交流用)に数多くある．これらを一括して**交流整流子機**とよび，比較的よく用いられているものは，

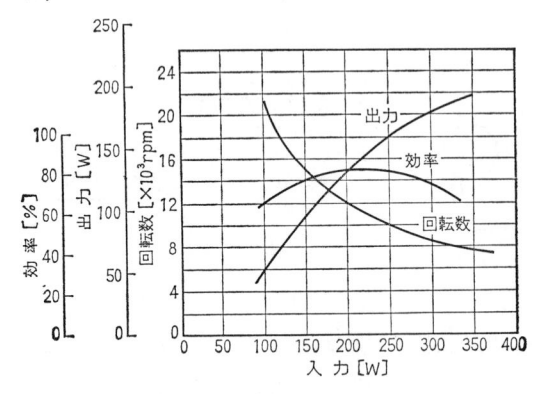

図 3.15　電気掃除機用電動機特性

演 習 問 題　　　51

交流整流子機 ┌ 単　相―単相直巻交流整流子電動機
　　　　　　└ 三　相 ┌ シュラーゲモータ
　　　　　　　　　　└ 三相直巻交流整流子電動機

のようなものであるが，すでに学んだ直流機やあとに学ぶ誘導機，同期機に比べるとその利用率はかなり低い．

これは整流子そのものはややもすると故障の原因をつくること，交流の場合とくに整流に難点があり，かつ高価などのためであるが速度調整容易の利点がある．また高速を得ようとする場合 60〔Hz〕の交流電源では誘導機，同期機などは特別の方法を講じない限り 3600〔rpm〕以上は理論的に不可能である．これに対して小容量の単相直巻交流整流子電動機などでは数千〔rpm〕は容易に得られる．ジューサー，電気掃除機などに賞用されるのはこのためである．

演 習 問 題

(1) つぎに答えよ.
　(i) 1〔N〕は何 kg 重か.
　(ii) 直流機の正負のブラシ一組の電圧降下はいくらか.
　(iii) 出力 10〔kW〕，1000〔rpm〕の直流電動機の出力トルクは何 N·m か.
(2) つぎの術語を説明せよ.
　(i) 逸走　　(ii) 定トルク駆動　　(iii) 定出力駆動
(3) 端子電圧 215〔V〕，電機子電流 50〔A〕，電機子抵抗 0.1〔Ω〕，回転数 1500〔rpm〕の直流分巻電動機がある．発生トルクはいくらか.

答　6.81〔kg·m〕

(4) 直流直巻電動機がある．電機子抵抗 0.8〔Ω〕，直巻界磁抵抗 0.8〔Ω〕である．他励で飽和曲線を求めると 30〔A〕，1000〔rpm〕で 300〔V〕を得た．この電動機を 500〔V〕の電源で使用し，30〔A〕流れたときの速度はどのくらいか．ただし電機子反作用，鉄損，摩擦損は無視する.

答　1507〔rpm〕

(5) 外分巻和動複巻電動機がある．全負荷時の入力電流は 80〔A〕，分巻，直巻の各

界磁巻線のそれぞれの抵抗は 100〔Ω〕, 0.05〔Ω〕, 巻数は毎極あたり 1000〔回〕, 4〔回〕である. 電機子巻線の抵抗は 0.1〔Ω〕で入力電圧は 200〔V〕の一定に保たれている. 全負荷時の速度を 1000〔rpm〕とすれば, 無負荷時の速度はいくらか.

答　1208〔rpm〕

(6) 問題(3)の始動抵抗はほぼ何Ωくらいか.
(7) 直流直巻電動機の用途をのべよ.
(8) ユニバーサルモータの用途をあげよ.

---

* 外分巻では直巻界磁巻線が電機子巻線に直列に結ばれ, 分巻界磁巻線が電源に並列に結ばれている.

4. 変圧器の基礎
―電圧と鉄心の磁束―

4.1 自然現象の共通性とファラデーの法則

　図4.1(a)でスプリングを力f_1で右方におすとスプリングには変位(現象)xを生じ，これによって左向きの力f_2を発生し $f_1=f_2$ となって平衡が保たれる．ここで作用(f_1)があれば反作用(f_2)があり，その大きさは等しく方向は相反する．これが力学における**作用・反作用の法則**である．

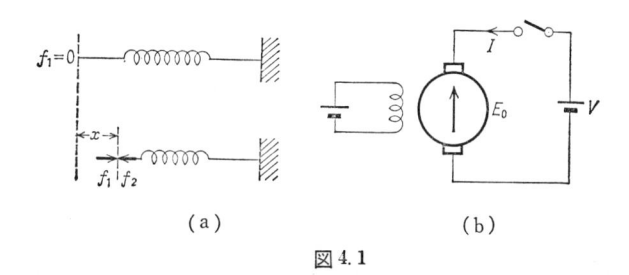

図4.1

　また，図4.1(b)の他励直流電動機に電機子電圧V〔V〕を印加すると，電機子電流が流れトルクが生じて回転し逆起電力E_0が誘導されるが，この現象に対してもつぎのように考えることができる．電圧V(作用)を印加すると，これに対抗する逆起電力E_0(反作用)を生じて平衡を保たなくてはならない．この反作用は回転(現象)によって生じる．

　またわれわれの体にQ_1〔cal/s〕(作用)の熱流が加えられても，体温は一定で

あるから，発汗作用(現象)によってQ_2〔cal/s〕($=Q_1$：反作用)の放散がなくてはならない．被熱体が人体でなくて普通の物体であれば，温度上昇(現象)を来たして熱放散(反作用)が大となり，この熱放散量が加熱量と等しくなるまで温度上昇する．

かくのごとく，物理現象をはじめ世の中のさまざまの現象は，一般にその現象の原因になるものを緩和する方向におきている．もっとも，必ずしも外部の影響を緩和しない方向どころか，かえってこれを助長する方向に進む現象もないではない．たとえば発振現象や放電現象において，電流はそのままではますます増加の一途をたどるなどである．このような現象はいわば原因が結果となり，結果がまたその原因をつくる正帰還(positive feedback)現象であるが，一般には結果が原因を緩和するような負帰還(negative feedback)現象で世の中が安定に保たれる．スプリングの圧縮もまたこれであった．力学の分野ではこれを作用・反作用の法則といい，化学の分野では**ル・シャテリーの定律**，制御工学の分野では**負帰還制御**などでその概念が述べられているが，その底には上述のような共通の概念が横たわっている．電磁気現象もまた例外でなく，**ファラデーの法則**もこのような概念でその現象を考察することができる．

図4.2に示したように巻数N〔回〕のコイルに磁束ϕ〔Wb〕が鎖交している．この磁束が時間的に変化すれば，ファラデーの法則から図に示した方向に次式で示す起電力eが誘導される．

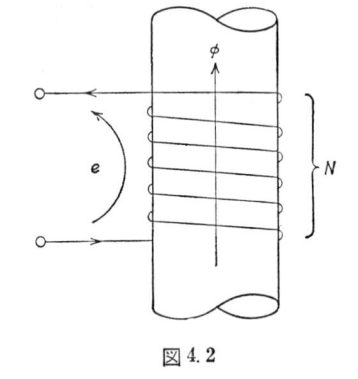

図4.2

$$e = N\frac{d\phi}{dt} \quad \text{〔V〕} \tag{4.1}$$

もしϕが時間的に増加していれば，$d\phi/dt>0$, $e>0$ となり，このeにより電流が流れるとすればϕの増加を打ち消すことになる．逆にϕが減少すれば$d\phi/dt<0$, $e<0$ となり，これにより生ずる電流によってϕの減少を緩和する．

またφが自己の巻線電流iによりつくられている場合は，iしたがってφが増減すれば，ファラデーの法則により生ずる起電力eはiと逆向きになったり，同じ向きになったりしてiの変化が緩和される．

4.2 印加電圧と磁束

ここでは簡単のために巻線の抵抗は無視するものとする．鉄心の磁化曲線は直線状（線形）であろうと飽和性のもの（非線形）であろうと何でも構わない．

a. 方形波電圧の印加

図4.3で鉄心に巻かれた巻線に図4.4(a)に示すような周期T，大きさEの方形波電圧v（作用）を加えると，これと平衡を保つために逆向きで大きさの等

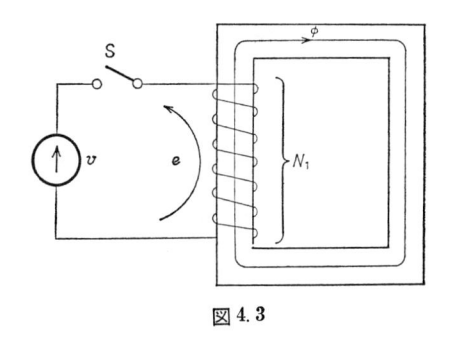

図4.3

しい起電力e（反作用）を巻線に誘導しなければならない．このためには磁束φが巻線に鎖交し，これが時間的に変化しなければならない．すなわち

$$v = e \quad \text{(作用・反作用の法則)}$$

$$e = N_1 \frac{d\phi}{dt} \quad \text{(ファラデーの法則)}$$

$$\therefore \quad v = N_1 \frac{d\phi}{dt} \tag{4.2}$$

上式のeを**逆起電力**(counter electromotive force)という．

したがって図4.3のスイッチSを$t=0$において投入し，この瞬時の鉄心の

磁束を ϕ_0 とすると,時刻 t における鉄心磁束 ϕ は

$$\phi = \frac{1}{N_1}\int_0^t v\,dt + \phi_0 = \frac{1}{N_1}Et + \phi_0 \quad \text{ただし} \quad 0.5\,T \geqq t \geqq 0 \quad (4.3)$$

となり,これをプロットすると図 4.4(b) のようになり,ϕ は時間とともに直線的に増加し,その増加率は E が大きいほど大きい.また $0.5\,T \leqq t \leqq T$ の間では ϕ は逆に減少するから,ϕ は図 (b) に示すような三角波になる.実際には図 (b) は投入直後の数サイクルの ϕ の波形であって,最終的には図 (c) に示すように 0 線を中心として上下の振幅の等しい三角波になる.

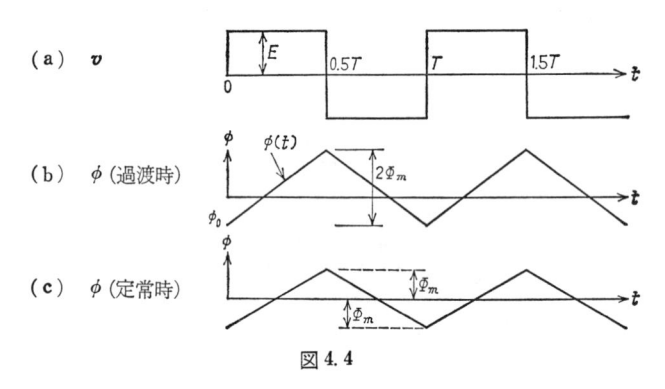

図 4.4

いま,半周期における磁束の変化量の 1/2,すなわち振幅を Φ_m とすると

$$\Phi_m = \frac{1}{2}\left(\frac{1}{N_1}\times E \times \frac{T}{2}\right) = \frac{ET}{4N_1} \quad (4.4)$$

上式の T を電源電圧の周波数 $f(=1/T)$ でおきかえると

$$\Phi_m = \frac{E}{4N_1 f} \quad (4.5)$$

上式から加える方形波電圧の大きさが一定の場合は,周波数の大きいほど Φ_m は小さいことがわかる.これは磁束の増加率は一定であるから,周波数の大きいほど増加する期間が短くなるからである.

b. 正弦波電圧の印加

図 4.3 で v が $v = \sqrt{2}\,V_1\cos\omega t$ の正弦波電圧であるとすると,式 (4.2) から

4.2 印加電圧と磁束

$$\sqrt{2}\,V_1 \cos \omega t = N_1 \frac{d\phi}{dt} \tag{4.6}$$

これから定常時(定常時には 0 を中心として上下対称に変化する)の磁束 ϕ は

$$\varphi = \frac{\sqrt{2}\,V_1}{N_1}\int \cos \omega t\, dt = \frac{\sqrt{2}\,V_1}{N_1 \omega}\sin \omega t = \Phi_m \sin \omega t \tag{4.7}$$

ただし

$$\Phi_m = \frac{\sqrt{2}\,V_1}{N_1 \omega} = \frac{\sqrt{2}\,V_1}{2\pi f N_1} = \frac{V_1}{4.44\,f N_1} \tag{4.8}$$

$$\frac{2\pi}{\sqrt{2}} = 4.44 \tag{4.9}$$

図 4.5 はこの場合の v と ϕ の関係を図示したもので，v が正弦波の場合，鉄心の磁束もまた正弦波形になるが，その位相は v より 90° 遅れる．

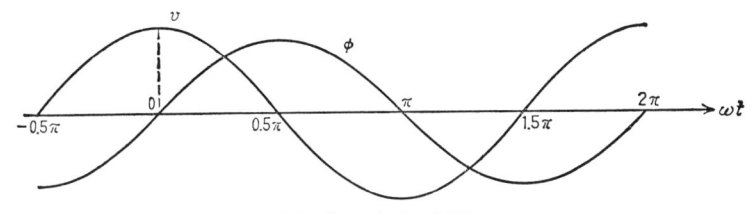

図 4.5 v と ϕ の関係

〔例題 4.1〕 断面積 10〔cm²〕の鉄心に 150〔回〕の巻線を施し，この巻線に 50〔Hz〕, 50〔V〕の正弦波電圧を印加すれば鉄心最大磁束密度はいくらか．また方形波ならばどうか．

〔解〕 式(4.8)より

$$\Phi_m = \frac{V}{4.44\,f N_1} = \frac{50}{4.44 \times 50 \times 150} = 1.500 \times 10^{-3}\ 〔\mathrm{Wb}〕$$

$$S = 10〔\mathrm{cm}^2〕 = 10 \times 10^{-4}〔\mathrm{m}^2〕$$

$$\therefore\ B_m = \frac{\Phi_m}{S} = \frac{1.500 \times 10^{-3}}{10 \times 10^{-4}} = 1.500\ 〔\mathrm{T}〕 \cdots\cdots 答$$

また方形波電圧の場合は，式(4.5)より

$$\varPhi_m = \frac{V}{4fN_1} = \frac{50}{4\times 50\times 150} = 1.67\times 10^{-3} \ [\text{Wb}]$$

$$B_m = \frac{\varPhi_m}{S} = \frac{1.67\times 10^{-3}}{10\times 10^{-4}} = 1.67 \ [\text{T}] \cdots\cdots 答$$

〔例題 4.2〕 例題 4.1 において $v=\sqrt{2}\times 50\sin\omega t$ を $t=0$ において印加したときの過渡時の鉄心磁束密度の最大値を求めよ.

ただし, ϕ の初期値を 0 とする.

〔解〕
$$\phi = \frac{1}{N}\int_0^t v\,dt + \phi_0 = \frac{\sqrt{2}\,V}{N}\int_0^t \sin\omega t\,dt + 0$$
$$= \frac{\sqrt{2}\,V}{N\omega}(1-\cos\omega t)$$

ゆえに磁束密度 B は
$$B = \frac{\sqrt{2}\,V}{N\omega S}(1-\cos\omega t) = \frac{V}{4.44fNS}(1-\cos\omega t)$$
$$= B_m(1-\cos\omega t)$$

例題 4.1 の解より
$$B_m = 1.500 \ [\text{T}]$$
$$\therefore\ B = 1.500(1-\cos\omega t)$$

そして $\omega t=\pi$ のとき, B の最大値は $1.500\times 2=3.00[\text{T}]$ になる*.

4.3 磁 化 曲 線

図 4.6 で巻線に電圧が与えられると, 生ずる磁束 ϕ は $v=N_1(d\phi/dt)$ より定まることを前節で述べた. この場合巻線の抵抗を無視しただけで, 磁気回路の線形・非線形, ギャップの有無に関係のないことだった.

一方, ϕ の流れる磁気回路においては, 磁気抵抗 R が存在するからにはこれ

---

* 普通, 鉄心の断面積の決定にあたっては材料によっても異なるが, 普通の方向性けい素鋼板などでは定常時 $B_m \fallingdotseq 1.7 \ [\text{T}]$ 程度になるように設計されている. したがって, 電源電圧投入時にはその電圧が定格の電圧であっても, その投入位相によっては投入直後過大な磁束密度となり鉄心は完全に飽和し, ほとんど空心状態になり, 大電流が突入することがある.

に対する起磁力 $F=N_1 i$ 〔A〕があって

$$F=R\phi \quad (磁路のオームの法則) \qquad (4.10)$$

が成り立たねばならない．図4.6の場合の磁気抵抗は

$$R=\frac{1}{\mu_i}\cdot\frac{l_i}{S_i}+\frac{1}{\mu_0}\cdot\frac{l_g}{S_g}〔H^{-1}〕 \qquad (4.11)$$

ただし　μ_i：鉄の透磁率〔H/m〕　　l_i：鉄の磁路長〔m〕
　　　　S_i：鉄の断面積〔m²〕　　　l_g：ギャップ長〔m〕
　　　　$\mu_0 : 4\pi\cdot 10^{-7}$〔H/m〕　　S_g：ギャップ断面積〔m²〕

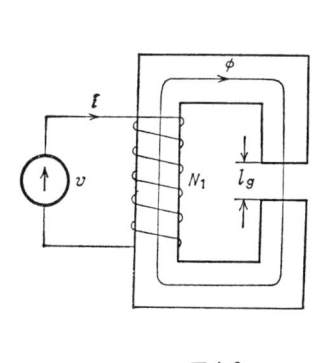

図4.6

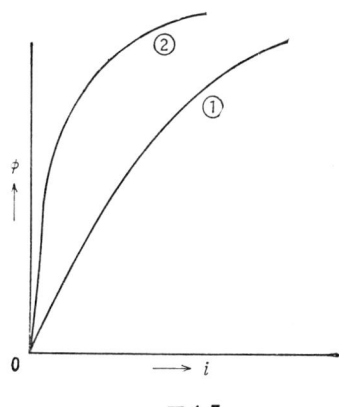

図4.7

磁気抵抗は電気抵抗と違って，ϕ が大になるにつれて増加するから，図4.6の磁束 ϕ に対する電流 i をプロットすると図4.7の曲線①のようになる．

もし，図4.6でギャップがなければ，磁気抵抗そのものは著しく減少するが，鉄の磁気飽和性は顕著となり図4.7の曲線②のようになる．実際には ϕ と i の関係はもっと複雑で，ϕ が増加の場合と減少の場合とでは同じ道を通らずいわゆる**ヒステリシスループ**を描くが，ここでは簡単のためにこれらは省略して考えておこう．

〔**例題4.3**〕　図4.6で鉄心もギャップも一様にその断面積は10〔cm²〕とし，鉄心の平均磁路長は50〔cm〕，ギャップ長は1〔mm〕で巻線の巻回数は400〔回〕とする．これに使われる鉄心は熱間圧延けい素鋼板でその $B-H$ 曲線は図4.8

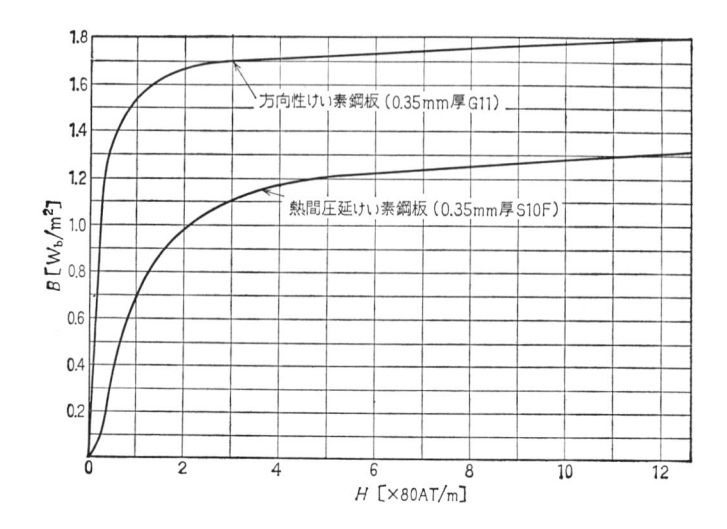

図4.8　B-H 曲線

に与えられている．この機器の磁化曲線 $(i-\phi)$ を求めよ．

［解］
$$F=R\phi=\left(\frac{1}{\mu_i}\cdot\frac{l_i}{S_i}+\frac{1}{\mu_0}\cdot\frac{l_g}{S_g}\right)\phi$$

$$=\frac{1}{\mu_i}l_iB_i+\frac{1}{\mu_0}l_gB_g \tag{4.12}$$

ただし　$B_i=\dfrac{\phi}{S_i}$　：鉄心の磁束密度

$$B_g=\frac{\phi}{S_g}\quad：ギャップの磁束密度 \tag{4.13}$$

ここでは $S_i=S_g$ なるゆえ $B_i=B_g\equiv B$ となる．

さらに式(4.12)を $B_i/\mu_i=H_i$, $1/\mu_0=8\times10^5$ として

$$F=H_il_i+8\times10^5l_gB \tag{4.14}$$

$$=0.5\,H_i+8\times10^2B \tag{4.15}$$

上式から表4.1のように計算を行なう．

4.3 磁化曲線

表 4.1

①	B 〔T〕	0.4	0.8	1.0	1.2	1.3
②	図 4.8 から H_i 〔A/m〕	0.55×80	1.2×80	2.1×80	4.85×80	11.5×80
③	$0.5 H_i$	22	48	84	194	460
④	$8\times 10^2 B$	320	640	800	960	1040
⑤	$F=③+④$ 〔A〕	342	688	884	1154	1500
⑥	$i=F/400$ 〔A〕	0.855	1.72	2.21	2.89	3.75
⑦	$\phi=BS$ 〔Wb〕	4×10^{-4}	8×10^{-4}	10×10^{-4}	12×10^{-4}	13×10^{-4}

上表で⑥⑦をプロットすると図 4.9 になる.

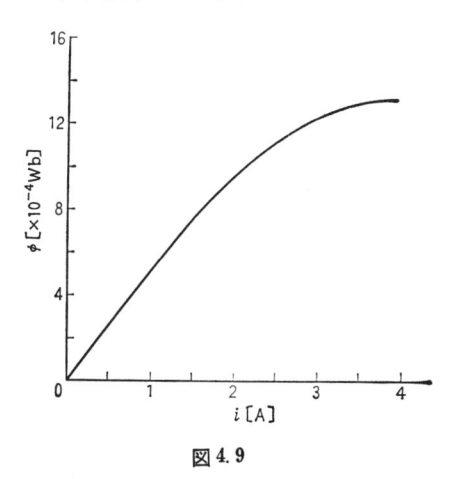

図 4.9

〔例題 4.4〕 図 4.3 の v が一定の直流電圧 E〔V〕であれば鉄心磁束 ϕ の v を印加してからの時間的変化はどうか. ただし, 巻線の直流抵抗は R〔Ω〕とする.

〔解〕 このときの微分方程式は

$$E = Ri + N\frac{d\phi}{dt} \tag{4.16}$$

$$\therefore \quad \phi = \frac{1}{N}\int_0^t (E-Ri)\,dt + \phi_0 \tag{4.17}$$

ただし ϕ_0 は初期値

上式で i は ϕ の関数であるから上式の解は簡単には得られないが，定性的にはつぎのように考えることができる．

すなわち，$t=0$ の付近では ϕ は比較的小さく，このために i も無視できるものとすると

$$\phi = \frac{1}{N}Et + \phi_0 \tag{4.18}$$

となる．ϕ が大になるにしたがって i が増大し $E-Ri$ は小さくなるから ϕ の増加率は減少する．さらに ϕ が増加し，i も増加して，ついに $t=t_c$ で

$$E - Ri = 0 \tag{4.19}$$

になれば ϕ の増加は停止し，図 4.10 の磁化曲線上で $i=E/R$ に対する磁束 ϕ_c で一定となる．

以上を曲線で示すと図 4.11 のようになる．

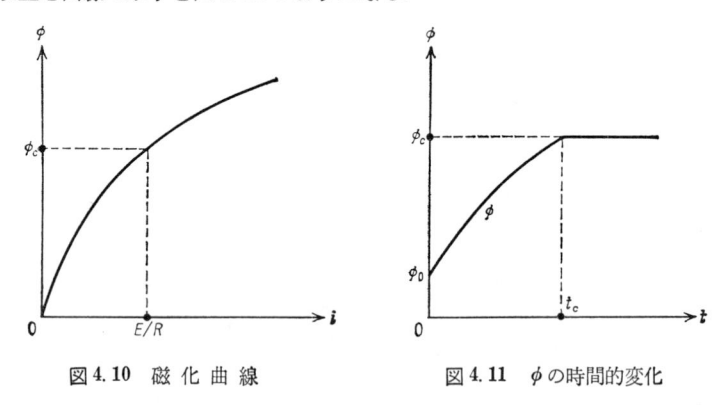

図 4.10 磁化曲線 図 4.11 ϕ の時間的変化

4.4 インダクタンス L

磁気抵抗 R を一定とした場合は，インダクタンス L を計算することができる．すなわち図 4.6 で

$$v = N_1 \frac{d\phi}{dt} = N_1 \frac{d\phi}{di} \frac{di}{dt} = L \frac{di}{dt} \tag{4.20}$$

4.4 インダクタンス L

ただし $L = N_1 \dfrac{d\phi}{di}$ （Lの定義） (4.21)

上式で定義されたLがインダクタンスである．したがって，インダクタンスは磁化曲線(iとϕ)の傾斜率に比例する．磁化曲線は一般に非線形であるからインダクタンスの値は動作点によっては異なった値を示す．もし，磁化曲線を線形とみなせば $d\phi/di = \phi/i$ となるから

$$L = N_1 \frac{\phi}{i} \qquad (4.22)$$

またこのときは上式に $\phi = N_1 i/R$ を代入すると

$$L = N_1 \frac{\phi}{i} = N_1 \frac{N_1 i/R}{i} = \frac{N_1^2}{R} \qquad (4.23)$$

で与えられる．したがって，もし図 4.6 の印加電圧が角周波数ωの交流電圧であれば図 4.5 で述べたように磁束ϕはvより 90° 遅れた正弦波形になり，磁化電流もまたϕと同相の正弦波になる．したがってv, ϕ, iをベクトル$\dot{V}$, $\dot{\Phi}$, $\dot{I}$で表示すれば，これらの間にはつぎのような関係が成り立つ．

式(4.22)より

$$L\dot{I} = N_1 \dot{\Phi} \qquad (4.24)$$

式 (4.2) で $v \to \dot{V}$, $\phi \to \dot{\Phi}$, $d/dt \to j\omega$ として

$$\dot{V} = j\omega N_1 \dot{\Phi} \qquad (4.25)$$

上の2式より

$$\dot{I} = \frac{\dot{V}}{j\omega L} \qquad (4.26)$$

となる．$\dot{V}$, $\dot{I}$, $\dot{\Phi}$のベクトル図は図 4.12 のようになる．

〔例題 4.5〕 例題 4.3 で与えられた機器に 60 [Hz]，100 [V] の正弦波交流電圧を印加したときに生ずるギャップの磁束密度と磁化電流を求めよ．ただし鉄損は無視し得るものとする．

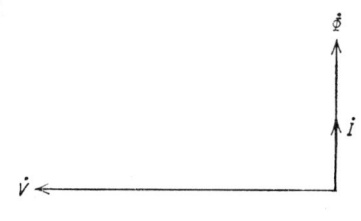

図 4.12

〔解〕 発生する磁束の最大値 Φ_m は式(4.8)より

$$\Phi_m = \frac{V}{4.44 fN} = \frac{100}{4.44 \times 60 \times 400} = 9.37 \times 10^{-4} \quad [\text{Wb}]$$

ギャップまたは鉄心の磁束密度の最大値 B_m は

$$B_m = \frac{\Phi_m}{S} = \frac{9.37 \times 10^{-4}}{10 \times 10^{-4}} = 0.937 \quad [\text{T}]$$

この B_m に対する H は図 4.8 より $1.7 \times 80 [\text{A/m}]$,これに対する μ_i は

$$\mu_i = \frac{B_m}{H} = \frac{0.937}{1.7 \times 80} = 0.688 \times 10^{-2} \quad [\text{H/m}]$$

となる.これより小さい B_m に対しても μ_i はこの値をとるものと仮定して,式 (4.11) より磁気抵抗 R を計算すると

$$R = \frac{1}{\mu_i} \cdot \frac{l_i}{S_i} + \frac{1}{\mu_0} \cdot \frac{l_g}{S_g}$$

$$= \frac{1}{0.688 \times 10^{-2}} \cdot \frac{0.5}{10 \times 10^{-4}} + \frac{1}{4\pi \times 10^{-7}} \cdot \frac{1 \times 10^{-3}}{10 \times 10^{-4}}$$

$$= 0.726 \times 10^5 + 8 \times 10^5 = 8.726 \times 10^5 \quad [\text{H}^{-1}]$$

ゆえに,インダクタンス L は

$$L = \frac{N^2}{R} = \frac{400^2}{8.726 \times 10^5} = 0.1832 \quad [\text{H}]$$

よって磁化電流の実効値 I は

$$\therefore \quad I = \frac{V}{\omega L} = \frac{100}{2\pi \times 60 \times 1.833} = 1.45 \quad [\text{A}]$$

〔**例題 4.6**〕 例題 4.5 においてはギャップが 1 [mm] であったが,これが 1 [cm] になったら,磁化電流はいくらになるか.

〔解〕 ギャップに変化があっても磁束に変化はない.ただ磁気抵抗が大きくなるだけである.このときの磁気抵抗は

$$R = 0.726 \times 10^5 + 80 \times 10^5 = 80.726 \times 10^5$$

$$\therefore \quad L = \frac{N^2}{R} = \frac{400^2}{80.725 \times 10^5} = 1.98 \times 10^{-2} \quad [\text{H}]$$

$$\therefore \quad I = \frac{V}{\omega L} = \frac{100}{2\pi \times 60 \times 1.98 \times 10^{-2}} = 13.4 \quad [\text{A}] \cdots\cdots\cdots 答$$

4.4 インダクタンス L

〔例題 4.7〕 例題 4.3 で与えられた巻線に直流の上に交流分が重畳して
$$i=2.89+0.5\sin\omega t \quad (\omega=2\pi\times 100)$$
で表わされる電流 i が流れるものとする．巻線端子に現われる電圧を求めよ．ただし，巻線抵抗は無視し，表 4.1 の計算値は利用し得るものとする．

〔解〕 i の式より
$$i_1 \leqq i \leqq i_2$$
ただし，$i_1=2.89-0.5=2.39$ 〔A〕
$i_2=2.89+0.5=3.39$ 〔A〕

表 4.1 よりはつぎの数値が得られる．

i 〔A〕	2.21	2.89	3.75
ϕ 〔Wb〕	10×10^{-4}	12×10^{-4}	13×10^{-4}

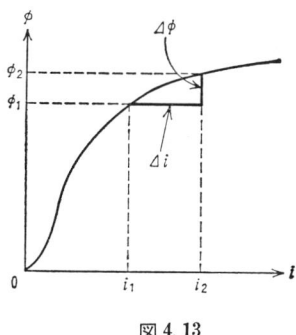

図 4.13

これから内挿法により i_1 に対する ϕ_1, i_2 に対する ϕ_2(図 4.13)を求めると

$$\phi_1=12\times 10^{-4}-(12-10)\cdot 10^{-4}\times\frac{2.89-2.39}{2.89-2.21}=10.53\times 10^{-4} \text{〔Wb〕}$$

$$\phi_2=12\times 10^{-4}+(13-12)\cdot 10^{-4}\times\frac{3.39-2.89}{3.75-2.89}=12.58\times 10^{-4} \text{〔Wb〕}$$

よって
$$\varDelta i=i_2-i_1=1.0 \text{〔A〕}$$
$$\varDelta\phi=\phi_2-\phi_1=2.05\times 10^{-4} \text{〔Wb〕}$$

すなわち，鉄心中では $\varDelta i$ の電流変化に対して $\varDelta\phi$ の変化を生ずるから，電流の変化分(交流分)に対するインダクタンスは，式(4.21)より

$$L=N\frac{\varDelta\phi}{\varDelta i}=400\times\frac{2.05\times 10^{-4}}{1}=8.20\times 10^{-2} \text{〔H〕}$$

とみなし得る．よって，巻線の両端に現われる i を阻止する方向にとった電圧 e は

$$e=L\frac{di}{dt}=\omega L\times 0.5\cos\omega t$$
$$=2\pi\times 100\times 4.68\times 10^{-2}\times 0.5\cos\omega t$$
$$=25.76\cos\omega t \text{〔V〕} \cdots\cdots\cdots \text{答}$$

4.5 鉄心磁束の飽和

いま，鉄心が図4.14(a)に示すような角形磁化特性をもち，その飽和磁束をΦ_sとする．鉄心が未飽和ならば$i=0$で，図4.14(b)の電源電圧vはそのままコイルにかかり，抵抗Rの有無は問題にならない．

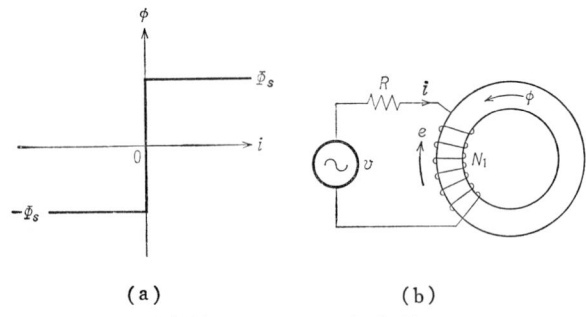

(a)　　　　　　(b)
図4.14　鉄心の磁化曲線

さて，鉄心中に生ずる磁束の最大値Φ_mをΦ_sに等しくさせる電源電圧を**飽和電圧**といい，この実効値をV_sとすると

$$V_s = 4.44 f N_1 \Phi_s \qquad (4.27)$$

実効値がこれ以上の電圧を印加したときは，印加電圧$v=\sqrt{2}V\sin\theta$の正の半サイクルの途中で鉄心は飽和に達する．

いまこの角をαとすると，

$$2\Phi_s = \frac{1}{N_1\omega}\int_0^\alpha v\,d\theta = \frac{\sqrt{2}V}{N_1\omega}\int_0^\alpha \sin\theta\,d\theta = \frac{\sqrt{2}V}{N_1\omega}(1-\cos\alpha)$$

$$\therefore \quad \alpha = 2\sin^{-1}\sqrt{\frac{4.44 f N_1 \Phi_s}{V}} = 2\sin^{-1}\sqrt{\frac{V_s}{V}} \qquad (4.28)$$

となる．このαからπまでの期間はもはや鉄心の磁束は変化することができないので，vに対抗する逆起電力を誘導することができず，コイルの端子間の電圧は0になり，電源電圧vはすべて抵抗Rにかかり$i=v/R$の電流が流れる．vの負の半サイクルでは鉄心の磁束は$+\Phi_s$から減少しはじめて$\pi+\alpha$で$-\Phi_s$

4.5 鉄心磁束の飽和

に達し，これから 2π までコイルの端子間は短絡状態になり，$i=v/R$ の電流が流れる．

以上述べた動作から図 4.14(b) にかかげたコイルは，一種のスイッチ作用をすることがわかる．すなわち，$0\sim\alpha$，$\pi\sim\pi+\alpha$ の間はスイッチがオフ，$\alpha\sim\pi$，$\pi+\alpha\sim2\pi$ の間スイッチオンの状態になる．

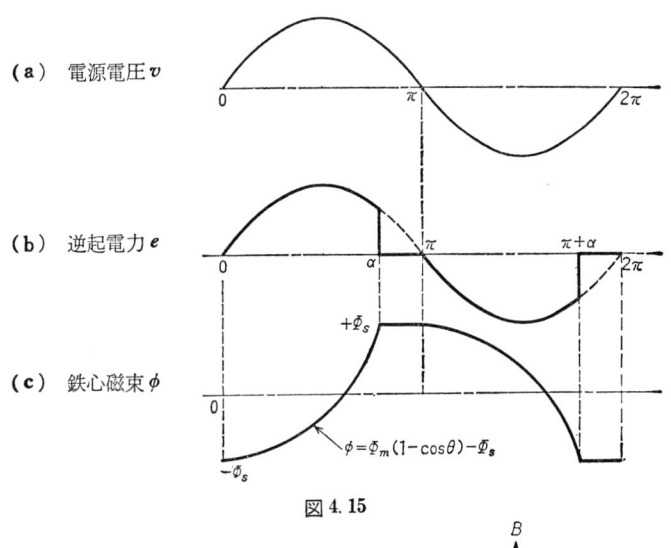

(a) 電源電圧 v

(b) 逆起電力 e

(c) 鉄心磁束 ϕ

$\phi=\Phi_m(1-\cos\theta)-\Phi_s$

図 4.15

このようなリアクトルを**可飽和リアクトル**(saturable reactor) といい，かなり広い応用がある．

〔例題 4.8〕 特殊強磁性材料 "パーマロイ" の磁化特性は図 4.16 で示される．

これを用いた断面積 $5[\text{cm}^2]$ の鉄心に 200〔回〕の巻線を施し，これに 50〔Hz〕の正弦波交流を印加する場合の飽和電圧はいくらか．

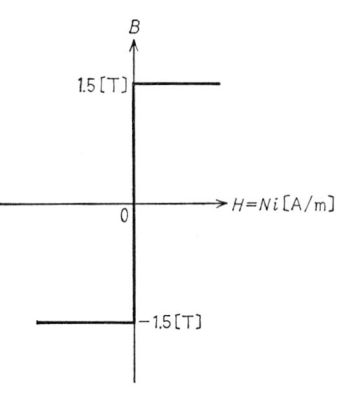

図 4.16 パーマロイの磁化特性

〔解〕 Φ_s(飽和磁束)$=B_s \cdot S$
$$=1.5\times5\times10^{-4}=7.5\times10^{-4} \quad [\text{Wb}]$$
$$V_s=4.44fN\Phi_s$$
$$=4.44\times50\times200\times7.5\times10^{-4}=33 \quad [\text{V}] \cdots\cdots 答$$

〔例題 4.9〕 例題 4.8 の巻線に 50 [V], 50 [Hz] の正弦波電圧を印加してあるとき, 飽和に達する角 α を計算せよ.

〔解〕 式(4.28)より
$$\alpha=2\sin^{-1}\sqrt{\frac{V_s}{V}}$$

ここで, $V=50$ であり, V_s は例題 4.8 で $V_s=33$ [V] がわかっている.

$$\therefore \quad \alpha=2\sin^{-1}\sqrt{\frac{33}{50}}=2\sin^{-1}\sqrt{0.66}$$
$$=2\sin^{-1}0.81=108°40'$$

〔例題 4.10〕 例題 4.8 の巻線に 50 [Hz] の方形波の電圧を加える場合, その電圧が (1) 15 [V], (2) 30 [V], (3) 50 [V] の場合につき, 鉄心の磁束の変化をプロットせよ.

〔解〕 磁束の飽和値は例題 4.8 の解から
$$\Phi_s=7.5\times10^{-4}$$

したがって, 50 [c/s] の方形波電圧に対する飽和電圧 V_s は式(4.5)より
$$V_s=4fN\Phi_s=4\times50\times200\times7.5\times10^{-4}=30 \quad [\text{V}]$$

よって, (1) の場合は未飽和, (2) の場合は飽和電圧, (3) の場合は半サイクルの途中で飽和する. 印加電圧は半サイクルだけを考えると一定の直流であるから磁束変化は直線上に増減して図 4.17 のようになる.

(1) に対する磁束の変化量は (2) の場合の半分であるから, $-0.5\Phi_s$ から $+0.5\Phi_s$ へ直線的に変化する. また図 4.17 の α は
$$50\alpha=30\pi \quad (=N2\Phi_s)$$

より
$$\alpha=0.6\pi$$

4.5 鉄心磁束の飽和

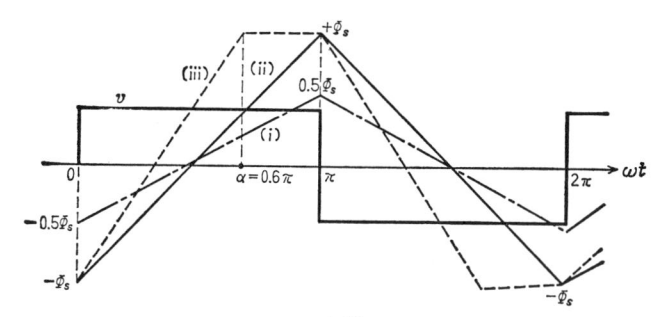

図 4.17

[例題 4.11] 図 4.18 で鉄心ⓐはけい素鋼板で，その磁化特性は図 4.8 に示されている．ⓑはパーマロイでその磁化特性は角形であり，その飽和磁束密度は 1.5 [Wb/m²] である．

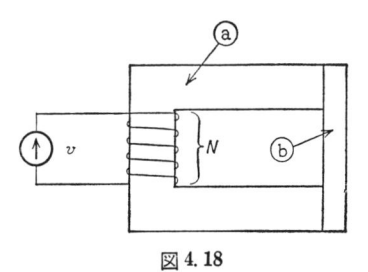

図 4.18

いま

$$v = \sqrt{2} \times 10 \cos \omega t$$
$$f = 50$$
$$S_a (\text{ⓐの有効断面積}) = 1.125 \ [\text{cm}^2]$$
$$S_b (\text{ⓑの有効断面積}) = \frac{1}{3} S_a$$
$$N = 400 \ [\text{回}]$$

として，ⓑ部を通る磁束 ϕ_b の波形を求めよ．

[解] 磁気回路のいかんに関せず巻線 N に鎖交する磁束 ϕ_a は

$$\phi_a = \Phi_m \sin \omega t$$

ただし，

$$\Phi_m = \frac{10}{4.44 fN} = \frac{10}{4.44 \times 50 \times 400} = 1.125 \times 10^{-4} \ [\text{Wb}]$$

となる．したがってこの磁束が全部ⓐ，ⓑ部を通過するとすれば
ⓐの最大磁束密度は

$$B_{ma} = \frac{\Phi_m}{S_a} = \frac{1.125 \times 10^{-4}}{1.125 \times 10^{-4}} = 1.0 \,[\text{T}] < 飽和値$$

ⓑの最大磁束密度は

$$B_{mb} = \frac{\Phi_m}{S_b} = 3.0 > 飽和値 1.5$$

よって $B_{mb} \sin\theta = 1.5$, $\theta = \sin^{-1}(1.5/3) = \pi/6$ までの Φ_s は全部ⓑを通るが, $\theta = \pi/6$ のときⓑは飽和してしまうためにそれ以後の磁束増加分は図 4.19 に示すように空気中を通る. したがってⓐ, ⓑの磁束 ϕ_a, ϕ_b は図 4.20 のようになり, ϕ_b は近似的に台形になる.

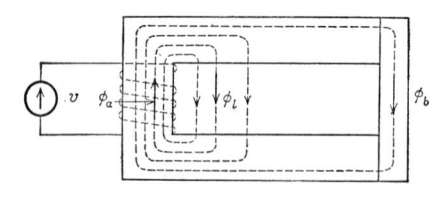

図 4.19

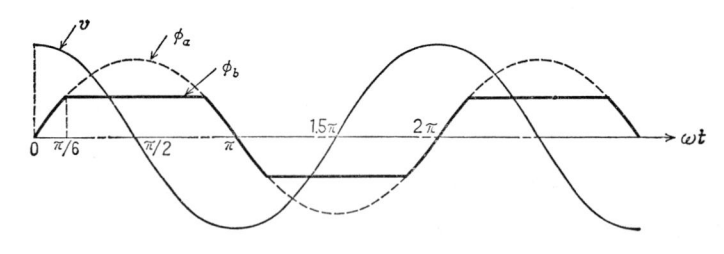

図 4.20 磁束 ϕ_a, ϕ_b の波形

もし, ⓑ部に巻線を施すと, この端子にはパルスの起電力が現われる. これが**飽和変圧器**(saturation trans.)である.

演 習 問 題

(1) 図 4.14(b)において v は 26.6 [V], 50 [Hz] の正弦波電圧, 巻数 N は 40 [回], 鉄心の有効断面積 S は 10 [cm²] である. いま鉄心は理想的な角形鉄心で, その飽和磁束

演 習 問 題　　　　　　　　71

　密度は 1.5〔T〕，巻線抵抗は 10〔Ω〕とする.
　　（i） このリアクトルの飽和電圧はいくらか.
　　（ii） 電流 i の波形を図示し，かつ i の平均値を求めよ.
　　　　　　　　　　　　　　　　答　（i）　13.3〔V〕　　（ii）　1.2〔A〕
（2） 断面積 5〔cm²〕，磁束の飽和値 1.5〔T〕の角形磁化特性をもった鉄心に 50〔Hz〕の正弦波交流電圧を印加する. 巻線の巻数を 400〔回〕とすれば，この飽和電圧はいくらか.
　　　　　　　　　　　　　　　　　　　　　　　　　　　　　答　66.6〔V〕
（3） 断面積 50〔cm²〕の鉄心に 200〔回〕の巻線を施し，これに 50〔Hz〕の方形波の電圧を印加する. 鉄心の許容磁束密度を 1.7〔T〕とすれば，何ボルトの電圧をかけ得るか.
　　　　　　　　　　　　　　　　　　　　　　　　　　　　　答　340〔V〕
（4） 電力用変圧器のスイッチ投入時に，投入位相 $\varphi=0$ のとき一番大きい突入電流が生ずる可能性がある理由を説明せよ.
（5） 断面積 20〔cm²〕，鉄心の平均磁路長 25〔cm〕の鉄心に 100〔回〕の巻線を施してある. この鉄心の磁気特性はつぎのとおりである.

B〔T〕	0.36	0.44	0.48	0.60	0.72
μ_s	3300	3000	2900	2600	2300

この巻線のインダクタンスを計算せよ.
　　　　　　　　　　　　　答　たとえば電流が 0.292〔A〕のとき 0.301〔H〕
（6） 問題（5）の巻線の抵抗は 10〔Ω〕で，これに 6〔V〕の直流電圧を印加したときの鉄心の磁束密度を求めよ.
　　　　　　　　　　　　　　　　　　　　　　　　　　　　答　約 0.71〔T〕

5. 理想変圧器

5.1 極性の表示（・表示）

　図5.1(a)のように，1つの鉄心に巻数 N_1，N_2 の2つの巻線が巻かれているとき，図に示した方向に i_1, i_2 が流れると，起磁力 $N_1 i_1$，$N_2 i_2$ が同一方向になる．この場合，図(a)のようにいちいち巻き方がわかるように記載せずに図(b)のように・を使った記載法がよく行なわれる．図(b)は・の方向から電流が流入したとき，その起磁力は加わり合うことを示している．また，2巻線に鎖交する磁束が N_1 の巻線に・の方向に向いた起電力 $\dot{E}_1$ を誘導するならば，N_2 の巻線にも同様に・の方向に $\dot{E}_1$ と同相の起電力 $\dot{E}_2$ を誘導する．

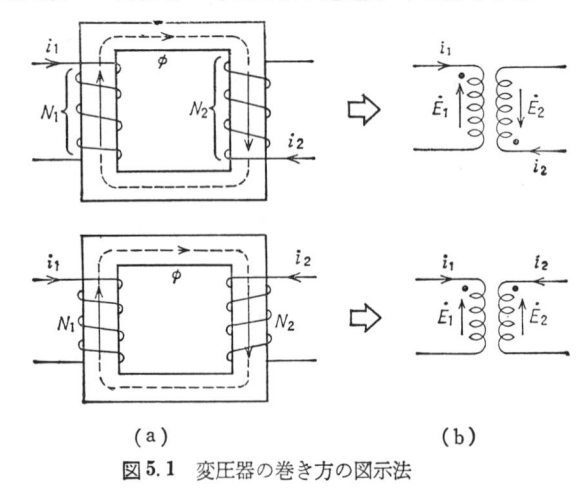

(a)　　　　　　　　　　(b)

図5.1　変圧器の巻き方の図示法

5.2 理想変圧器の動作

巻線の抵抗が 0, 鉄心の透磁率が無限大で磁気回路の抵抗が 0, 鉄心中に磁束が交番しても鉄損が発生しないような変圧器をここで**理想変圧器**(ideal trans.)といっている．このような変圧器の実現は不可能であるが，この変圧器の動作は実際の変圧器の基本動作となり，その理解は重要である．

図 5.2 で，巻線 P に周波数 f の正弦波交流電圧 $\dot{V}_1$ を印加すると，鉄心中には交番磁束 $\dot{\Phi}$ が生ずる．この $\dot{\Phi}$ により，P，S の巻線には $\dot{E}_1$, $\dot{E}_2$ を誘導する．

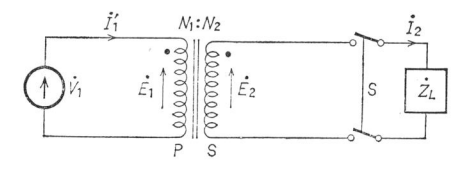

図 5.2 理想変圧器

$\dot{V}_1$, $\dot{E}_1$, $\dot{E}_2$, $\dot{\Phi}$ の大きさと位相関係は前章よりつぎのようになることは明らかである．すなわち，

$$\dot{V}_1 = \dot{E}_1, \quad \dot{E}_2 = \frac{N_2}{N_1}\dot{E}_1 = \frac{N_2}{N_1}\dot{V}_1, \quad \Phi_m = \frac{V_1}{4.44 f N_1}$$

電気回路上での $\dot{E}_1$, $\dot{E}_2$ の向きは図 5.2 のようになり，ベクトル図は図 5.3 のようになる．

つぎにスイッチ S を投入して巻線 S にインピーダンス $\dot{Z}_L$ を接続すると巻線 S には次式の電流 $\dot{I}_2$ が図に示した方向に流れる．

$$\dot{I}_2 = \frac{\dot{E}_2}{\dot{Z}_L} \quad (5.1)$$

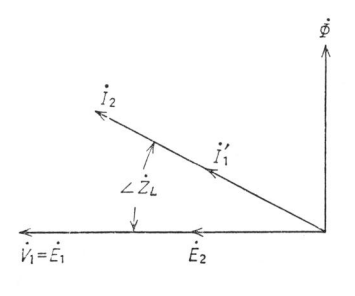

図 5.3 ベクトル図

さて，$\dot{V}_1$ の作用に対して反作用 $\dot{E}_1$ はつねに等しくなければならず，この $\dot{E}_1$ を誘導する磁束 $\dot{\Phi}$ もまたスイッチ S のオン，オフにかかわらず一定でなければ

ならない。$\dot{\phi}$ に対する起磁力は一般の変圧器ではなくてはならず，このために巻線 P に磁化電流 I_{00} がスイッチ S のオフ時にも流れていなければならないが，理想変圧器では磁気抵抗は 0 で，この磁化電流は 0 と仮定している．この仮定が実際とあまり違わないためには鉄心磁路にはギャップがなく，鉄心そのものの透磁率 μ_i は無限大でなければならない．

そこでスイッチ S を投入すれば電流 $\dot{I}_2$ が流れ，起磁力 $N_2 I_2$ が新たに生ずるが，この起磁力を打ち消すために巻線 P に電流 $\dot{I}_1'$ が流入して

$$N_1 \dot{I}_1' = N_2 \dot{I}_2 \tag{5.2}$$

となれば，スイッチ S のオン時もオフ時と同様磁束 ϕ は一定に保たれて，電気的平衡は保持される．このように理想変圧器では，鉄心中の起磁力の代数和はつねに 0 になっている．そしてこのときの $\dot{I}_2, \dot{I}_1'$ のベクトル図は図 5.3 のようになる．ここで巻線 P に流入した電力 (皮相電力) $V_1 I_1'$ は

$$V_1 I_1' = \frac{N_1}{N_2} E_2 \cdot \frac{N_2}{N_1} I_2$$

$$= E_2 I_2$$

となり，負荷に供給した皮相電力に等しい．この皮相電力をもって変圧器の容量を表わし，たとえば 20 [kVA] の変圧器などという．この [VA] が変圧器の体格，したがってまた価格の目安にもなる．

以上が理想変圧器の動作で，巻線 P を 1 次巻線，S を 2 次巻線，I_2 を 2 次電流，$\dot{I}_1'$ を 1 次負荷電流，N_1/N_2 を**巻数比** (turn ratio) などという．

5.3 等 価 回 路

図 5.2 の $\dot{I}_1'$ は

$$\dot{I}_1' = \frac{N_2}{N_1} \dot{I}_2 = \frac{N_2}{N_1} \cdot \frac{\dot{E}_2}{\dot{Z}_L} = \frac{N_2}{N_1} \cdot \frac{(N_2/N_1) \dot{V}_1}{\dot{Z}_L} = \frac{\dot{V}_1}{a^2 \dot{Z}_L} = \frac{\dot{V}_1}{\dot{Z}_L'} \tag{5.3}$$

ただし，

$$a = \frac{N_1}{N_2} \text{(巻数比)}, \quad \dot{Z}_L' = a^2 \dot{Z}_L \tag{5.4}$$

5.3 等価回路

よって図5.2は図5.4(a)のように書き改めても1次側の電流には変わりはない．図5.4(a)を理想変圧器の2次側を1次側に換算した**等価回路**という．

さて，この等価回路からつぎのようなことがわかる．

(1) 2次側のインピーダンス$\dot{Z}_L$を1次側からみるとa^2倍になっている．この1次側でのインピーダンス$\dot{Z}_L'(=a^2\dot{Z}_L)$を**1次に換算した負荷インピーダンス**などといい，その換算には巻数比の2乗倍すればよい．

(2) $\dot{I}_1'$は2次電流$\dot{I}_2$に対応して流入する電流である．ここで$\dot{I}_1'$を$\dot{I}_2$を1次に換算した電流とみなして，これを$\dot{I}_2'$とすれば

$$\dot{I}_1' = \dot{I}_2' = \dot{I}_2/a$$

の関係になる．そこで2次電流を1次側に換算するには巻数比aで割ればよい．また図5.4(a)から

$$\dot{I}_2' = \frac{\dot{V}_1}{\dot{Z}_L'} = \frac{\dot{V}_1}{a^2 \dot{Z}_L}$$

$$\therefore \quad \dot{I}_2 = a\dot{I}_2' = \frac{\dot{V}_1/a}{\dot{Z}_L}$$

よって図5.4(b)の回路から直接2次の諸量を求めることができる．図5.4(b)のような回路を1次側を2次側に換算した等価回路という．これをつくるには

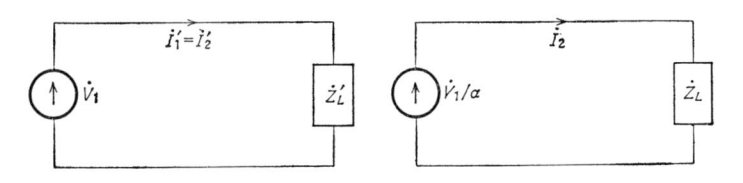

(a) 1次換算　　　　　(b) 2次換算

図5.4　等価回路

1次側の電圧$\dot{V}_1$を巻数比aで割ったものを用いればよい．

〔例題5.1〕　図5.5でR_Lの電圧と電流，1次電流を求めよ．

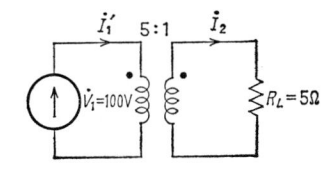

図5.5

〔解〕

(1) 変圧器の動作理論による法

$\left.\begin{array}{l}\text{2次側の電圧}\\[2pt] \quad E_2=\dfrac{N_2}{N_1}V_1=\dfrac{1}{5}\times 100=20\ \text{〔V〕}\\[6pt] \text{2次電流}\\[2pt] \quad I_2=\dfrac{E_2}{R}=\dfrac{20}{5}=4\ \text{〔A〕}\\[6pt] \text{1次負荷電流}\\[2pt] \quad I_1{}'=\dfrac{N_2}{N_1}I_2=\dfrac{1}{5}\times 4=0.8\ \text{〔A〕}\end{array}\right\}$ 答

(2) 等価回路を用いる法

$$R_L{}'=\left(\dfrac{N_1}{N_2}\right)^2 R_L = 5^2\times 5 = 125\ \text{〔Ω〕}$$

$\left.\begin{array}{l}\therefore\ I_1{}'=\dfrac{V_1}{R_L{}'}=\dfrac{100}{125}=0.8\ \text{〔A〕}\\[6pt] I_2=\dfrac{N_1}{N_2}I_1{}'=5\times 0.8=4\ \text{〔A〕}\\[6pt] E_2=\dfrac{N_2}{N_1}V_1=\dfrac{1}{5}\times 100=20\ \text{〔V〕}\end{array}\right\}$ 答

(3) 電力の関係に注目する法,(1)の解法で $I_1{}'$ を求める場合につぎのようにする.2次側の電力は

$$I_2{}^2 R_L = 4^2\times 5 = 80\ \text{〔W〕}$$

上記の電力を1次側 100〔V〕から供給せねばならないから

$$I_1{}'=\dfrac{80}{V_1}=\dfrac{80}{100}=0.8\ \text{〔A〕}$$

〔例題 5.2〕 図 5.6 で R_2 に与えられる電力が最大になるように変圧器の巻数

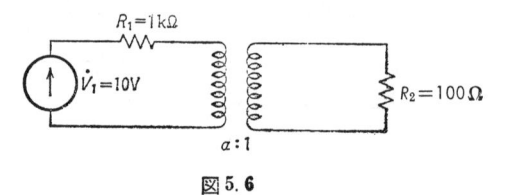

図 5.6

比 a を定めよ*

〔解〕 2次電流（1次側に換算）I_2' は

$$I_2' = \frac{V_1}{R_1 + a^2 R_2}$$

R_2 の消費電力 P は

$$P = I_2'^2 (a^2 R_2) = \left(\frac{V_1}{R_1 + a^2 R_2}\right)^2 \times a^2 R_2$$

$$= \frac{V_1^2}{(R_1^2/a^2 R_2) + 2R_1 + a^2 R_2} = \frac{V_1^2}{\{(R_1/a\sqrt{R_2}) - a\sqrt{R_2}\}^2 + 4R_1}$$

ゆえに $R_1 = a^2 R_2$ のとき P は最大 $V_1^2/4R_1$ 〔W〕になる．

$$\therefore \quad a = \sqrt{\frac{R_1}{R_2}} = \sqrt{\frac{1000}{100}} = \sqrt{10} = 3.16 \cdots\cdots\cdots 答$$

〔例題 5.3〕 C.T., P.T. を図 5.7 のように接続した．

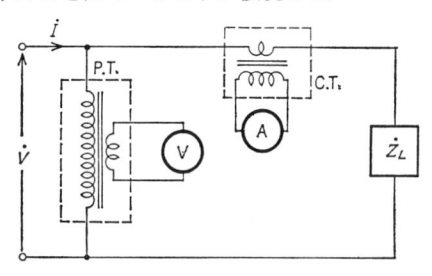

図 5.7 C.T., P.T. の接続図

電流計Ⓐ，電圧計Ⓥの内部抵抗はそれぞれ，0.01〔Ω〕，500〔Ω〕であり，C.T., P.T. の巻数比は 1/20, 100 である．

(1) Ⓐ, Ⓥの指示が 10〔A〕, 200〔V〕であったとする．I, V はそれぞれいくらか．

答 $10 \times 20 = 200$〔A〕, $200 \times 100 = 20$〔kV〕

(2) 図 5.7 の等価回路を描け．

内部抵抗は

$$0.01 \times (1/20)^2 = 0.25 \times 10^{-4} \text{〔Ω〕}$$

---

* このような目的に用いられる変圧器を**整合変圧器**(matching trans.) という．

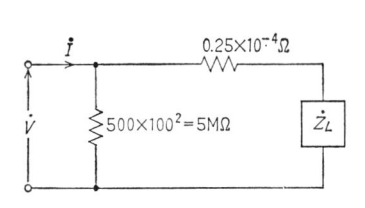

図 5.8 等価回路

$500 \times 100^2 = 5 \times 10^6 \ [\Omega]$

図 5.9 P.T. の外観

であるから図 5.8 のような等価回路となる．ここで参考のため図 5.9 に P.T. の外観図を示す．

〔例題 5.4〕 前問において P.T., C.T. などの計器用変成器を用いる利点をあげよ．

〔解〕（1）高圧，大電流などの測定に対しても普通の計器の使用ができる．
　　　（2）計器の回路を高圧回路から絶縁するので，測定が安全になる．
　　　（3）計器の回路は低圧，小電流であるので，計器を遠方にとりつけ，遠隔測定ができる．

〔例題 5.5〕 図 5.10 は国鉄東海道新幹線の給電線(feeder)図で，近接通信線の誘導障害防止のため，約 1.5～3〔km〕間隔に容量 120～240〔kVA〕の**吸上変圧器**(booster transformer)を設置し，この変圧器の作用により，レールを流れる電流を吸上げて，できるだけ図に示した電流 I_3 を 0 などとするようにしてあ

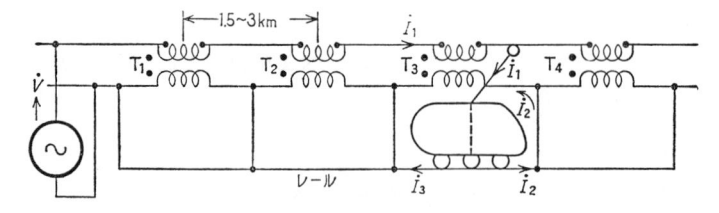

図 5.10 東海道新幹線の給電線

る．"吸上変圧器"の作用を説明せよ．

ただし吸上げ変圧器の1次と2次の巻数は相等しく，ほぼ理想変圧器とみなされるものとする．

〔解〕　吸上変圧器の1次，2次の巻数をNとすると，変圧器の鉄心磁束に対する起磁力は $N\dot{I}_1 - N\dot{I}_2$ となり，これによる磁束によって2次巻線には $\dot{I}_1 - \dot{I}_2$ に比例した起電力が $\dot{I}_2$ を助長する方向に生じる．その結果 $\dot{I}_3$ を減じ，ついに $\dot{I}_1 = \dot{I}_2$, $\dot{I}_3 \fallingdotseq 0$ になるまで $\dot{I}_2$ を増すことになる．

〔**例題 5.6**〕　図 5.11* で巻線の電流分布を求めよ．

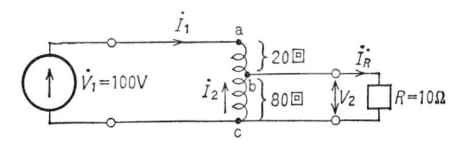

図 5.11　単 巻 変 圧 器

〔**解**〕　逆起電力 $\dot{E}_1$ を ca 間に誘導するが，これを c→a の方向にとれば $\dot{V}_1$ に等しく

$$\dot{E}_1 = \dot{V}_1$$

この起電力は cb 間では

$$\dot{E}_1 \times \frac{N_{bc}}{N_{ac}} = \dot{V}_1 \times \frac{8}{10} = 80 \quad 〔V〕$$

であり，これが R にかかる．したがって電流 I_R は

$$\dot{I}_R = \frac{80}{R} = 8 \quad 〔A〕$$

また，ab 間を a→b の方向に流れる電流（入力電流）を $\dot{I}_1$，bc 間を c→b の方向に流れる電流を $\dot{I}_2$ とすると，

$$N_{ab}\dot{I}_1 = N_{bc}\dot{I}_2 \quad \text{（理想変圧器では起磁力の代数和は0）} \quad (5.5)$$

$$\dot{I}_1 + \dot{I}_2 = \dot{I}_R \quad \text{（キルヒホッフの第一法則）}$$

が成り立つ．上式を解いて

---

* 図 5.11 のような巻線1個の変圧器を単巻変圧器(auto-trans.)という．

$$I_2 = \frac{1}{5}I_R = 1.6 \ [\text{A}]$$
$$I_1 = 6.4 \ [\text{A}]$$ ……… 答

〔例題 5.7〕 図 5.12(a) は 1 次, 2 次の巻線の外に, さらに 3 次の巻線を持っている. このような変圧器を **3 巻線変圧器** という.

いま, 1 次に V_1 を印加し, 2 次に $R+jX_L$ の誘導性負荷が結ばれているとする. ここで 3 次に純容量性負荷 X_C を接続して, 1 次の力率が 1 になるようにしたい. X_C を求めよ. ただし, 各巻線の巻数は図示のように N_1, N_2, N_3 とする.

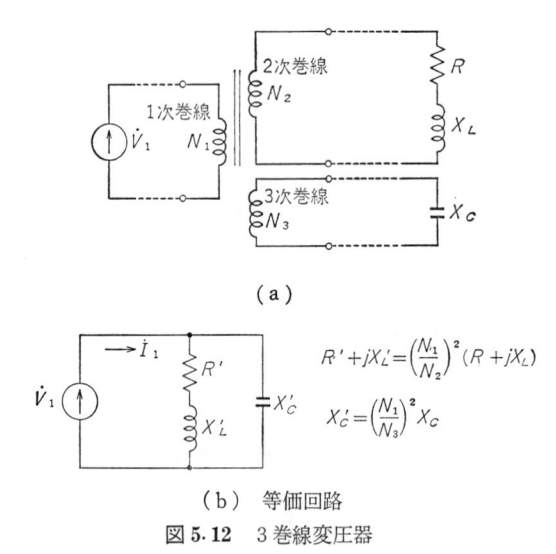

(a)

$$R' + jX_L' = \left(\frac{N_1}{N_2}\right)^2 (R + jX_L)$$

$$X_C' = \left(\frac{N_1}{N_3}\right)^2 X_C$$

(b) 等価回路

図 5.12 3 巻線変圧器

〔解〕 この場合の等価回路は図 5.12(b) のようになるから, 1 次電流 I_1 は

$$\dot{I}_1 = \frac{\dot{V}_1}{R' + jX_L'} + \frac{\dot{V}_1}{-jX_C'} = \dot{V}_1 \left\{ \frac{R' - jX_L'}{R'^2 + X_L'^2} + j\frac{1}{X_C'} \right\}$$

力率が 1 であるためには $\dot{I}_1$ の j 成分を 0 にする必要がある. よって X_C' は

$$X_C' = \frac{R'^2 + X_L'^2}{X_L'}$$ ……… 答

演習問題

(1) 図 5.13 において 2 次の全出力を最大ならしめるように，1 次巻線の巻数 N を求めよ．ただし，変圧器は理想変圧器とする．

答　$\sqrt{60} \times 100 = 778$ 〔回〕

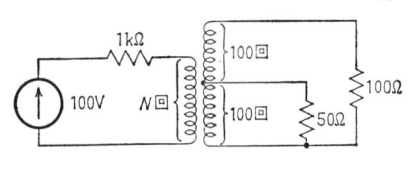

図 5.13

(2) 図 5.14 の電流を求めよ．ただし変圧器は理想変圧器とする．

答　$\dot{I}_1 = 1.6$ 〔A〕　$\dot{I}_2 = 4$ 〔A〕　$\dot{I}_3 = -2.4$ 〔A〕

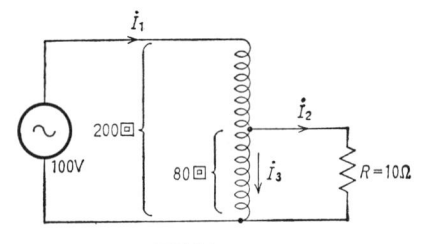

図 5.14

(3) 図 5.15 に示す変圧器は理想変圧器と仮定する．この場合の電流 $\dot{I}_1$, $\dot{I}_2$, $\dot{I}_3$, $\dot{I}_4$ を求めよ．

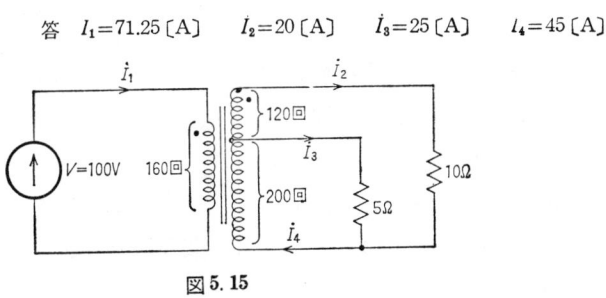

答　$\dot{I}_1 = 71.25$ 〔A〕　$\dot{I}_2 = 20$ 〔A〕　$\dot{I}_3 = 25$ 〔A〕　$\dot{I}_4 = 45$ 〔A〕

図 5.15

(4) C.T., P.T. を用いる利点を列挙せよ．

6. 実際の変圧器

6.1 概　　説

a．用　途

　変圧器の基本的用途は高圧，小電流の電力を同一周波の低圧，大電流の電力に，またはその逆に変換することである．この目的のために送配電系統から家庭のテレビなどにいたるまで広く使用され，その大きさ，種類などは千差万別である．この普通の用途のほかに，つぎのような目的に使われることもある．

（1）　1次回路と2次回路の絶縁　この目的に用いられる変圧器を**絶縁変圧器**という．

（2）　電圧，電流測定用の変成器　すでに例題5.3で説明した P. T., C. T. はこれである．

（3）　相数変換　　図6.1のように T_1, T_2 の2個の単相変圧器を用いて3相から $\dot{V}_a$, $\dot{V}_b$ の2相が得られる．また3個の単相変圧器を用いて3相から6相などを得ることもできる．

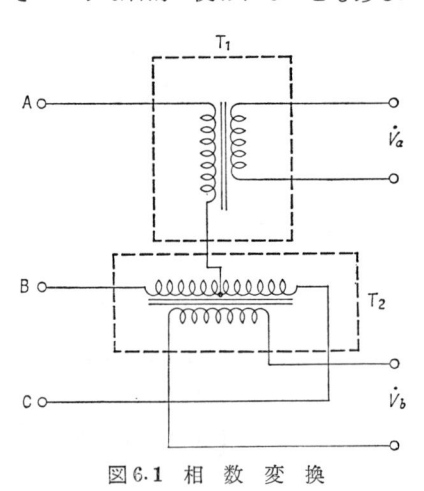

図6.1　相　数　変　換

（4）　インピーダンスの整合　　整合用変圧器で例題5.2で説明した．

b．種　類

　相数から　　単相変圧器と三相変圧器に分類される．図6.2は三相変圧器

(1次 Δ, 2次 Y)の一例を示したもので，鉄心中の磁束は

$$\phi_u+\phi_v+\phi_w=0 \tag{6.1}$$

の関係にある．ϕ_u, ϕ_v, ϕ_w のそれぞれの磁路にまかれた2つの巻線だけを考えれば，それぞれは単相変圧器を構成している．三相変圧をする場合には，

(1) 単相変圧器3個(2個の場合もある)を用いる．
(2) 三相変圧器を用いる．

の2つの方法があるが，(2)の方が小形・軽量・経済的なため一般的である．

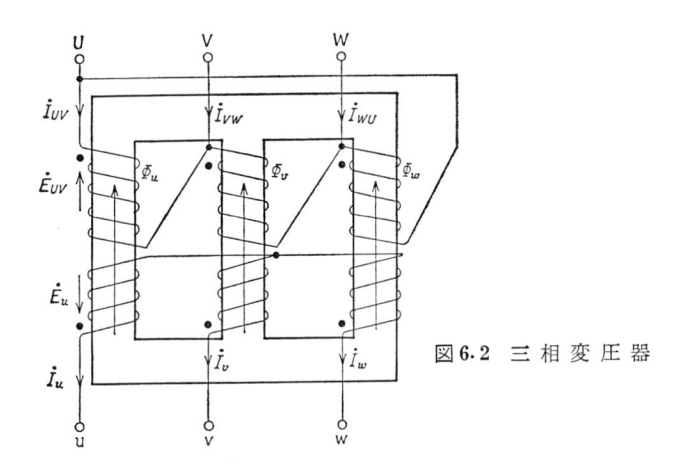

図6.2 三相変圧器

冷却方式から 実際の変圧器では，鉄損，銅損などの損失がある．この損失の出力に対するパーセンテージは小さいが，大きい変圧器ではこのワット数そのものはかなりなものになる．たとえば，10万〔kVA〕の変圧器では約0.3〔％〕で，その損失は1〔kW〕の電熱器300個もの発生熱に等しい．

したがって，変圧器の設計製作に際しては効率をよくして，この損失をできる限り小にするとともに，これを外部に放散させて変圧器の過熱をいかに防ぐかは重要な問題である．このためいろいろの冷却法が考えられ，この面から分類すると，左記の通りである．小形変圧器では発生熱の割に熱放散面が大きくて，熱放散が比較的容易であるため

乾式変圧器 ｛自冷式
　　　　　　風冷式
油入変圧器 ｛油入式
　　　　　　送油式

特別な冷却法を必要としない．やや困難になってくると強制通風で冷却する．これが**乾式変圧器**で，前者を自冷式，後者を風冷式という．

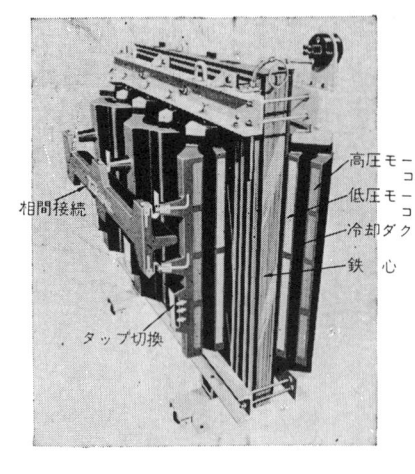

図6.3　三相モールド変圧器
6 kV-420 V
2 000 kVA
（高岳製作所製）

最近乾式の一種に巻線をエポキシレジンにモールドした容量一万 kVA もの**モールド形変圧器**が製作されている．これは耐久性や短絡強度が大きく，騒音は少なく，難燃性に富むから，高層ビル，病院，デパート，劇場などの火災や爆発を避けたい場所に賞用されている．

油入変圧器は本体を絶縁と冷却のために油につけたものである．損失熱をまず油に伝導させ，この油の自然対流または強制循環によって外部に放散させるようにしたもので，前者を**油入式**，後者を**送油式**という．高温になった油をいかに冷却するかによってさらに，自冷式，風冷式，水冷式などに分れる．

変圧器油は変圧器の負荷の軽重によって膨張収縮を繰り返し，そのつど器外の空気が器内に入ったり出たりする．これを変圧器の**呼吸作用**という．この呼吸作用によって空気中の水分が油にとけて油の絶縁性を弱めたり，油が空気中の酸素と直接触れて酸化するなどして劣化する．

これを防ぐために大容量の変圧器では，図6.4に示すように**油コンサベータ**(conservator)を用いて，さらに窒素を封入して油と空気との直接の接触を断つようにしている．これを**イナーテア変圧器**(inertair trans.)という．

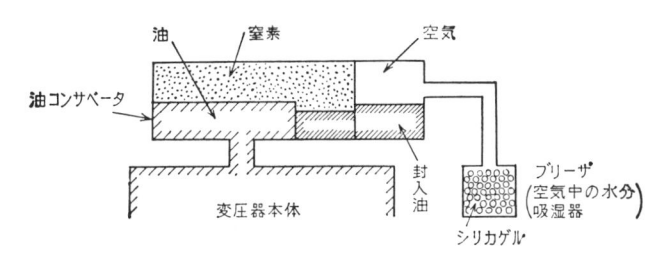

図 6.4 イナーテア変圧器

図 6.5 変圧器の外観

c. 絶縁物の耐熱区分

変圧器は鉄心と銅線と，これらを絶縁する絶縁物からなっている．この中で絶縁物は熱に弱く，高温にさらされていると焼損しないまでも特性が劣化し，変圧器は使用に耐えないようになる．そこで絶縁物の寿命を 10 年，20 年ともたせるために絶縁物には**許容使用温度**というものが設けられている．

いま変圧器のおかれている周囲温度を 40 [℃] とすると，A種絶縁物(油入変圧器の場合はほとんどこれになる)では $105-40=65$ [℃] の温度上昇が許される*．この温度上昇を左右するものは，変圧器内に発生する鉄損と銅損との

---

* 実際には温度測定上の誤差を考慮して，これより 5 [℃] または 10 [℃] 下げるように規格では定められている．

表6.1 絶縁物の耐熱区分

絶縁物の種類	最高許容使用温度	主 要 材 料 例
Y	90 [℃]	綿,絹,紙
A	105	同上に油,ワニスなどを含浸したもの,ビニール,ホルマール樹脂
E	120	エポキシ樹脂
B	130	ガラス繊維＋合成樹脂
F	155	ガラス繊維
H	180	ガラス繊維＋シリコン樹脂
C	180以上	マイカ,陶磁器,ガラス

熱損失と,これに対する熱放散の良否である.ある一定の熱放散に対して最終温度上昇を許容値以内にするためには,鉄損と銅損がある限度以内になければならない.ところが周波数一定のもとでは,鉄損はほぼ電圧の2乗に比例し,銅損は電流の2乗に比例する.したがって鉄損の点から定格電圧を,銅損の点から定格電流を定め,この積をもって変圧器の容量としている.

d. 変圧器発達の経緯―近代電気工学進歩の一断面

電磁誘導の発見　一般に大きな発明・発見は,まずその時代的要求が先行し,つぎにこれを解決する科学的背景ができ上り,その上に優れた科学者の出現によってなされる.

1821年Aragoは誘導電動機の根本原理を暗示したかの"Aragoの実験"を英国の物理学会において紹介して当時の物理学者の注目をひいた.この中に無名の科学者Michael Faraday(1791~1867)がいた.彼はこの実験に興味をひきついに電磁誘導現象-Faraday's Law-を発見し,近代電気工学の黎明の扉を開いた.ときに1831年,わが国はまだ鎖国の安眠を貪っていたときである.

鉄心の成層　1837年英国のMassonは薄い鉄板を絶縁して成層して鉄心をつくり,交番磁束によるうず電流損を少なくすることを始めて考えた.

逆起電力　4.2節で述べた逆起電力の考えは,1883年アメリカのWilliam Stanleyによって提唱されたものである.それまでは鉄心にまいたコイルに交流電圧を加えるとわずかの電流しか流れないのは,コイルのインダクタンスが高いためと考えていた.彼はこれに対して"力学における作用反作用のように,

起電力が存在すると必ず逆起電力が発生して平衡が保たれる．そしてこの逆起電力は磁束の交番によってつくられ，この磁束をつくるためにわずかの電流が流入する"と考えた．この考えは当時としてはきわめて卓見というべきで，今もなお，この考え方が変圧器理論の基礎となっている．彼は薄い絶縁紙で鉄板を絶縁して成層し，その鉄心も短冊形，E形，L形と種々かえて製作し，交流配電の用に供した．

変圧器油　1891年 Swinburne が初めて変圧器本体を油につけることを行なった．

直流送電と交流送電　Stanley による交流送電の成功によってこの方式が各地で行なわれるようになったが，どんな風の吹きまわしか当時の電気界の大御所 Edison(1847〜1931) はこれは危険であるとして直流送電方式を唱え Westinghouse 社などの変圧器製造業者との間に大論争を巻き起こした．幸か不幸か交流方式に凱歌が上り，その後，逐年電圧と送電容量が高まって現在の変圧器の進歩をもたらした．

けい素鋼の発明　Stanley 当時の変圧器は，$f=50$ [Hz]，$B_m=1$ [T] で，約 4 [W/kg] 程度の鉄損があったといわれている．その上にこの熱のために鉄心の性質が劣化して鉄損が最初の 130〜200% にも増加するので，分解して熱処理をしなおす必要があった．かかる不便が 1900 年英国の Sir Robert Hadfield によって取り除かれた．彼は 2〜4% のけい素の添加によってヒステリシス損が激減することを実験的に知った．これがやがて工業化されて熱間圧延けい素鋼板として強電機器に広く用いられるようになった．

熱間圧延の製造は熱気中で行なわれ，その作業は重労働である．この対策として冷間圧延法が昭和 5 年頃，米国で行なわれるようになった．これによってつくられた製品は帯状をなし圧延の方向にきわめて良好な磁気特性を有する．**これを方向性けい素鋼帯**という．この方向性けい素鋼は図 6.6 の $B-H$ 曲線に示すようにきわめて優れた磁気特性をもっているため，これを用いれば小形軽量しかも高効率の機器になる．現在では電力用の変圧器にはほとんどこれが用いられるようになっている．柱上変圧器の鉄心はトロイダル状に巻いて構

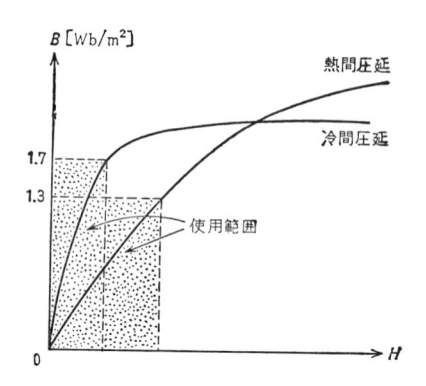

図6.6 方向性けい素鋼の B-H 曲線

成されるので，**巻鉄心変圧器**などといわれる．

熱間圧延けい素鋼板を用いた従来の変圧器(A)に比べ，巻鉄心変圧器(B)は定格 10〔kVA〕に対して次表の一例のように性能が優れている．

表6.2

	効率(出力/入力)	重量〔kg〕	油量〔ℓ〕
A	96.9	138	33
B	97.1	118	25

大容量化・高電圧化に伴う諸問題

わが国は昭和27年に275 kV の送電が始まり，昭和48年に500 kV 昇圧した．将来は1000 kV の UHV 送電も期待されている．このような遂年の送電電圧の上昇の陰には，これを支えた変圧器の高電圧化・大容量化の技術の進歩があった．この高電圧化・大容量化に伴う問題の1つはすでに触れた冷却の問題のほか，つぎのような問題がある．

(1) 電磁機械力によるコイルの切断に対する対策　変圧器の短絡電流が増大し，これによる電磁機械力によりコイルが切断し，重大な故障を招くことがある．

(2) サージの浸入　雷などのため変圧器に異常電圧が浸入すると，比較的入口に近いコイルに電圧がかかってこれを絶縁破壊するおそれがある．そこで

各コイルに電位分布が均等になるように工夫したり，また危険な部分のコイルの絶縁をとくによくする．—段絶縁—
（3） **絶縁協調**　送電線と変圧器との絶縁を協調させて，最も高価な機器を保護しようとするのがこの**絶縁協調**である．
（4） 絶縁材料の進歩に伴う絶縁方式の改善．

このように変圧器はその原理の簡単にもかかわらず，その製作技術には幾多の問題がひそんでいることを知り得たであろう．

われわれに測り知れない恩恵を与えている今の文明の利器はすべて単なる原理のみででき上ったものではない．この原理を具体化するために幾多の技術的問題が解決されて初めて実用に到達したものである．

6.2　2つの巻線の磁気結合

電気回路では導線をゴム，木綿などの電気絶縁物で被覆しておくと，電流は外部に漏れることはない．これは電気絶縁物の絶縁抵抗は銅の約 10^{20} 倍も大きいからである．図6.7(b)の磁路では磁束の大部分は鉄心を通るが，図の点線で示す**漏れ磁束**もまた閑却できない．この場合主磁路の鉄心に対する磁気絶縁物は空気で，その比抵抗は鉄のたかだか $10^2 \sim 10^4$ 倍程度であるから電路の場合に比べ絶縁度はきわめて低く，漏れ磁束が生じがちである．

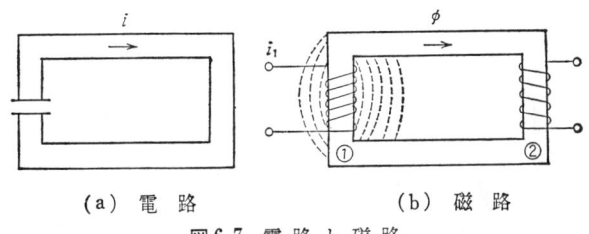

(a) 電　路　　　　(b) 磁　路
図6.7　電　路　と　磁　路

そこで図6.7(b)の巻線①と②の磁気結合を密にするためには
（1）　①と②の巻線間に透磁率の高い材料(一般にはけい素鋼)で磁路を構成する．

(2) 巻線を適当に分割し，その配列に注意する(図6.9)*.
(3) 低圧で巻数が等しい場合①と②をいっしょに巻く(これを bifilar winding という).
(4) ①，②をできる限り鉄心に密接する．また①と②の巻線同志，各巻回同志をできる限り密接する.

しかし一方，各巻線と鉄心，巻線①と②，各巻回は電気的に絶縁せねばならないなどのためクラフト紙，プレスボードなどの絶縁物が必要になる．とくに高電圧の場合には絶縁物の量は巻線に使用される銅量にも匹敵する場合が少なくないので密接にも限度がある．このようにして一般に漏れ磁束は無視し難いので，これによる漏れインダクタンス l と，2巻線に鎖交する共通の磁束(**主磁束**という)によるインダクタンス L_0 とに分けると，巻線の磁気結合は，図6.8のような等価回路で示される.

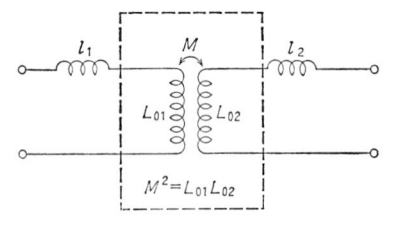

図6.8 巻線の磁気結合等価回路

$$\left. \begin{array}{l} L_1 = L_{01} + l_1 \\ L_2 = L_{02} + l_2 \end{array} \right\} \quad (6.2)$$

結合係数 k　　磁気結合の良否を示す数で，次式で定義される.

* 図6.9(a)のように鉄心が巻線にかくれるような構造の鉄心を**内鉄形**，(b)のように鉄心が外にでて巻線がかくれてしまうような鉄心構造を**外鉄形**という．

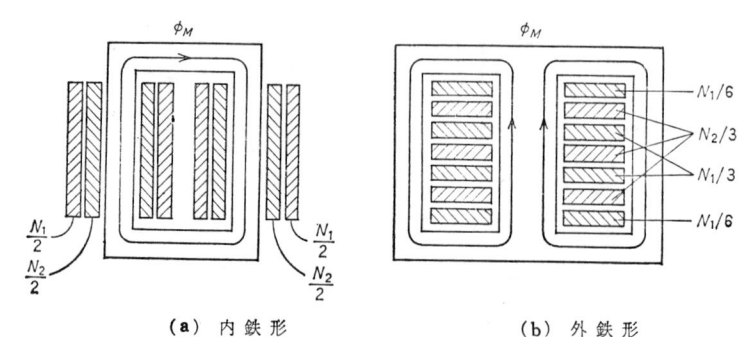

(a) 内鉄形　　　(b) 外鉄形
図6.9 鉄心と巻線との位置

$$k=\frac{M}{\sqrt{L_1 L_2}} \tag{6.3}$$

l_1, $l_2 \fallingdotseq 0$ ならば $k=1$ （理想変圧器）

一般の変圧器の場合は $k=0.9 \sim 0.95$ 程度である．

巻数とインダクタンスの関係 1次，2次の巻数を N_1，N_2 とし，主磁気回路の抵抗を R とすると式(4.23)より

$$L_{01}=\frac{N_1{}^2}{R}, \quad L_{02}=\frac{N_2{}^2}{R}, \quad M=\frac{N_1 N_2}{R} \tag{6.4}$$

$$\therefore \quad \frac{L_{01}}{M}=\frac{M}{L_{02}}=\frac{N_1}{N_2}\equiv a \quad \text{（巻数比）} \tag{6.5}$$

〔例題6.1〕 1次，2次のインダクタンス L_1，L_2 がそれぞれ 1.02〔H〕，0.0102〔H〕，相互インダクタンスが 0.1〔H〕，巻数が1次 400，2次 40 である．この場合の（1）結合係数（2）1次，2次の漏れインダクタンスを求めよ．

〔解〕（1） 式(6.3)より

$$k=\frac{M}{\sqrt{L_1 L_2}}=\frac{0.1}{\sqrt{1.02\times 0.0102}}=\frac{0.1}{0.102}=0.98 \cdots\cdots \text{答}$$

（2） $l_1 = L_1 - L_{01} = L_1 - aM$

$$= 1.02 - \frac{400}{40}\times 0.1 = 0.02 \text{〔H〕} \cdots\cdots \text{答}$$

$$l_2 = L_2 - L_{02} = L_2 - \frac{1}{a}M = 0.0102 - \frac{40}{400}\times 0.1$$

$$= 0.0002 \text{〔H〕} \cdots\cdots \text{答}$$

6.3 実際の変圧器の等価回路

理想変圧器は

（1） 巻線抵抗を無視し，1次，2次の磁気結合が完全で漏れ磁束がないものとする．

（2） 鉄心の透磁率は無限大で，印加電圧に対抗する逆起電力を誘導するのに必要な磁束に対する励磁電流は無視できる．

(3) 鉄心中に交番磁束があっても，鉄損は生じない．

などの仮定をおいた変圧器で，このようなものの実現は不可能で，実際の変圧器の考察には上記の点に対して補正する必要がある．まず上記の(1)に対しては巻線抵抗 r_1, r_2 漏れリアクタンス x_1, x_2 を考慮する．また(2)に対しては主磁束 ϕ_M をつくるために4.3節に述べた起磁力 $F \equiv N_1 I_{00}$ が必要である．また(3)に対しては鉄損は1次側から供給しなければならず，この成分の電流 I_{0w} もなくてはならない．ここで I_{00} は ϕ_M と同相(印加電圧 $\dot{V}_1'$ より 90° 遅れ)であるが，I_{0w} は印加電圧と同相でなくてはならない．

そこでサセプタンス b_0，コンダクタンス g_0 を設け

$$\left.\begin{array}{l}\dot{I}_{00} = -jb_0\dot{V}_1' \\ \dot{I}_{0w} = g_0\dot{V}_1'\end{array}\right\} \qquad (6.6)$$

とし，$\dot{I}_{00} + \dot{I}_{0w} = \dot{I}_0$，$\dot{Y}_0 = g_0 - jb_0$ とすると

$$\dot{I}_0 = \dot{Y}_0 \dot{V}_1' \qquad (6.7)$$

となり，理想変圧器の場合に比べ $\dot{I}_0$ だけ1次電流は余分になる．ここで I_0 を**励磁電流**，I_{00} を**磁化電流**，I_{0w} を**鉄損電流**，V_1' を**励磁電圧**などという*．

以上を考慮して実際の変圧器の電気回路は図6.10のようになり，そのベクトル図は図6.11のようになる．

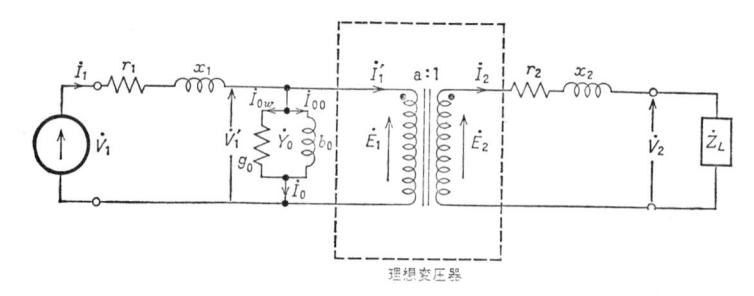

図 6.10 実際の変圧器

このベクトル図内で○で囲まれた数字はベクトル図を書く順序を示したものである．このベクトル図から明らかなように，理想変圧器のように

$$\dot{V}_1/\dot{V}_2 = a \qquad (6.8)$$

---

* I_{00} には第3，第5などの高調波成分が含まれるが，詳しくは6.7節参照．

6.3 実際の変圧器の等価回路

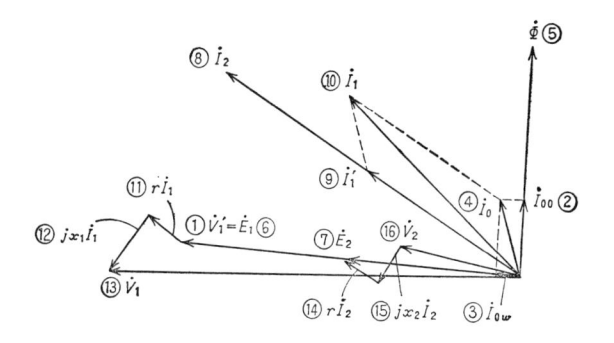

図 6.11 変圧器のベクトル図

$$\dot{I}_1/\dot{I}_2 = 1/a \tag{6.9}$$

になっていないことに注意すべきである．式(6.9)が成立しないのは $\dot{I}_0$ が無視できないためであり，式(6.8)が成立しないのは主として r_1+jx_1, r_2+jx_2 が存在するためである．

一般に r_1+jx_1 は小さく，これによる電圧降下は 2～3% にすぎないから，計算を簡便にするため $\dot{Y}_0$ の分路を r_1+jx_1 の前に出し，かつ理想変圧器で行なったと同様に2次側を1次側に換算すると，図 6.12 の等価回路が得られる．

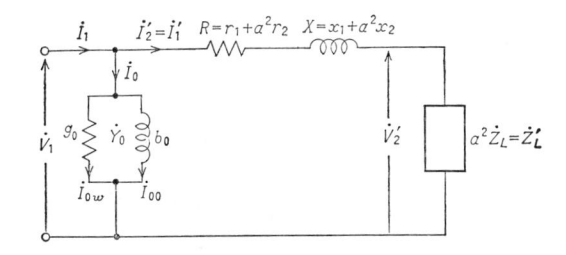

図 6.12 実際の変圧器の等価回路

ここで a^2r_2, a^2x_2 を1次に換算された2次抵抗，2次漏れリアクタンスなどという．この等価回路から1次側の諸量は容易に計算できるし，2次側の諸量は，図 6.12 の $\dot{I}_2'$, $\dot{V}_2'$ から

$$\left.\begin{array}{l}2\text{次電流}:\dot{I}_2=a\dot{I}_2{}'\\ 2\text{次電圧}:\dot{V}_2=\dfrac{1}{a}\dot{V}_2{}'\end{array}\right\} \tag{6.10}$$

として求められる．したがって $\dot{V}_2{}'$ は1次に換算された2次電圧である．上式から2次 [VA] は $I_2V_2=I_2{}'V_2{}'$ である．また定格負荷状態において，図6.12における $R+jX$ による電圧 $\sqrt{R^2+X^2}I_1{}'$ を，**インピーダンスボルト**などといっている．

〔例題 6.2〕 ある単相変圧器を
(1) 2次を開放して，1次に定格周波の定格電圧 V_1 を印加したところ

  入力電流 I_0 [A]
  入 力 W_0 [W]

であった*．
(2) つぎに2次を短絡し，1次に定格周波の電圧を加え，このときの流入電流を定格1次電流になるように1次電圧を調節した**．このとき

  1次電圧 V_s [V]
  1次電流 I_s [A]
  入 力 W_s [W]

であった．この変圧器の等価回路定数を求めよ．

〔解〕 試験(1)においては，図6.12で $a^2\dot{Z}_L=\infty$ であるから，$\dot{I}_1{}'=0$ よってこのときは励磁回路のみが電源に接続されたと同じことになる．

そこで

$$\left.\begin{array}{ll}V_1{}^2 g_0=W_0 & \therefore\ g_0=W_0/V_1{}^2\\ V_1 Y_0=I_0 & \therefore\ Y_0=I_0/V_1\\ \therefore\ b_0=\sqrt{Y_0{}^2-g_0{}^2}=\sqrt{\left(\dfrac{I_0}{V_1}\right)^2-\left(\dfrac{W_0}{V_1{}^2}\right)^2}\end{array}\right\} \tag{6.11}$$

試験(2)では V_s が一般に定格電圧の20%程度できわめて低いから，この場合の励磁回路を無視し，図6.12で $I_2{}'=I_s$ と考えると

---

* この試験を無負荷試験という．
** この試験を短絡試験という．

$$\left.\begin{array}{ll} I_s{}^2 R = W_s & \therefore R = \dfrac{W_s}{I_s{}^2} \\ \sqrt{R^2 + X^2} = \dfrac{V_s}{I_s} & \therefore X = \sqrt{\left(\dfrac{V_s}{I_s}\right)^2 - \left(\dfrac{W_s}{I_s{}^2}\right)^2} \end{array}\right\} \quad (6.12)$$

〔例題 6.3〕 図 6.13 は**漏れ変圧器** (leakage trans.) といい，わざと漏れリアクタンスを大きく設計してある．この場合 2 次電流 I_2 は負荷抵抗 R_L に関係なくほぼ一定になることを証明せよ．

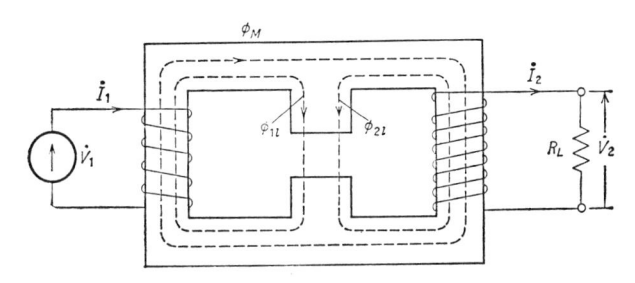

図 6.13 漏 れ 変 圧 器

〔解〕 1 次換算インピーダンスを $r_1 + a^2 r_2 + j(x_1 + a^2 x_2) = R + jX$ とすると図 6.12 の等価回路から

$$I_2' = \frac{\dot{V}_1}{R + jX + a^2 R_L} \quad (6.13)$$

ここで $R + a^2 R_L \ll X$ とすれば

$$I_2'\left(= \frac{I_2}{a}\right) \doteqdot \frac{\dot{V}_1}{jX} \quad (6.14)$$

となり，R_L に関係なく一定になる（このような変圧器を特性上から**定電流変圧器**ともいう）．

6.4 電 圧 変 動 率 (voltage regulation)

理想変圧器では $R + jX = 0$ であるから，つねに $\dot{V}_2' = \dot{V}_1$ で，無負荷時，負荷時のいかんを問わず 2 次電圧は一定であるが，実際の変圧器では $\dot{I}_1'$（大きさと位相）により，いいかえると負荷インピーダンスの大きさと力率により V_2' は

変動して図 6.14 のようになる。

読者は進み力率の場合は V_2' は却って V_1 より上昇することに疑問を抱くかも知れない。これに対してはつぎのベクトル図をみれば、この疑問は一掃されるでしょう。

定電圧受電という点から電圧変動の大小は変圧器の重要な特性の一つで、これを示すのに電圧変動率 ε が

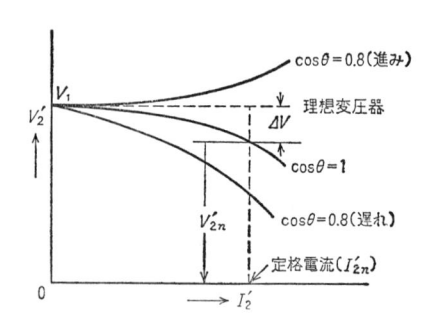

図 6.14 電圧の負荷変動

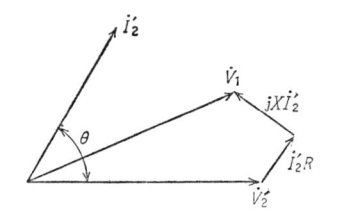

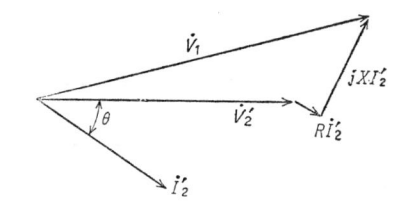

(a) 進み力率の場合　　(b) 遅れ力率の場合

図 6.15 ベクトル図

つぎのように定義されている。

$$\varepsilon = \frac{\text{無負荷時の2次電圧 } V_{20} - \text{定格2次電圧 } V_{2n}}{\text{定格2次電圧 } V_{2n}} \times 100 \quad [\%] \qquad (6.15)$$

または

$$\varepsilon = \frac{\text{1次電圧 } V_1 - \text{定格2次電圧の1次換算値 } V_{2n}'}{\text{定格2次電圧の1次換算値 } V_{2n}'} \times 100 \qquad (6.15)'$$

で、図 6.14 の力率1の場合は

$$\varepsilon = \frac{\Delta V}{V_{2n}'} \times 100 \quad [\%] \qquad (6.16)$$

〔例題 6.4〕 変圧器の定格負荷時の電圧変動率は次式で表わされることを証明せよ。

$$\varepsilon = p \cos\theta + q \sin\theta \qquad (6.17)$$

6.4 電圧変動率

ただし $p = \dfrac{I_{2n}'R}{V_{2n}'} \times 100$, $q = \dfrac{I_{2n}'X}{V_{2n}'} \times 100$ (6.18)

$\cos\theta$：負荷力率(lag)

I_{2n}'：定格2次電流の1次換算値

〔証明〕 図6.16の直角三角形OFBにおいて $\overline{BF} \ll \overline{OF}$ とすれば, $\overline{OB} \gtrsim \overline{OF}$

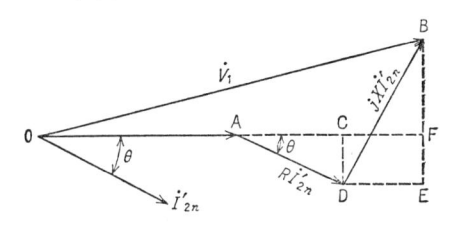

図 6.16

とみなされる. よって

$$V_1 = \overline{OB} \gtrsim \overline{OF} = \overline{OA} + \overline{AC} + \overline{CF}$$

$$= V_{2n}' + I_{2n}'R\cos\theta + XI_{2n}'\sin\theta$$

$$\varepsilon = \dfrac{V_1 - V_{2n}}{V_{2n}'} \times 100 = \dfrac{I_{2n}'R}{V_{2n}'} \times 100 \cos\theta + \dfrac{XI_{2n}'}{V_{2n}'} \times 100 \sin\theta$$

$$= p\cos\theta + q\sin\theta \quad [\%] \quad (6.19)^*$$

〔例題6.5〕 単相変圧器がある. 全負荷（定格負荷）における2次電圧 V_{2n} は 115〔V〕, 電圧変動率は 2〔%〕である. 1次端子電圧を求めよ. ただし, 1次巻線と2次巻線の巻数比は 20：1 とする.

〔解〕 式(6.15)から

$$\varepsilon = \dfrac{V_{20} - V_{2n}}{V_{2n}} \times 100 = \dfrac{V_{20} - 115}{115} \times 100 = 2 \quad [\%]$$

∴ $V_{20} = 115 + 2.3 = 117.3$ 〔V〕

ゆえに, 1次端子電圧は

$$V_1 = aV_{20} = 20 \times 117.3 = 2346 \quad [V] \cdots\cdots\cdots 答$$

〔例題6.6〕 ある変圧器の電圧比は 無負荷時で 14.5：1, 定格負荷時で 15：1

---

* 式(6.18)の p, q をそれぞれ百分率抵抗降下, 百分率リアクタンス降下などという.

である．この変圧器の巻数比および電圧変動率を求めよ．

〔解〕 無負荷時の電圧比は近似的に巻数比に等しいから

$$\text{巻数比} \quad a = \frac{14.5}{1} = 14.5$$

1次印加電圧を V_1，2次無負荷電圧を V_{20} とすると

$$\frac{V_{20}}{V_1} = \frac{1}{14.5} \qquad \therefore \quad V_{20} = \frac{V_1}{14.5}$$

$$\frac{V_{2n}}{V_1} = \frac{1}{15} \qquad \therefore \quad V_{2n} = \frac{V_1}{15}$$

電圧変動率 ε は

$$\varepsilon = \frac{V_{20} - V_{2n}}{V_{2n}} \times 100 = \frac{(V_1/14.5) - (V_1/15)}{V_1/15} \times 100$$

$$= \left(\frac{15}{14.5} - 1\right) \times 100 = 3.45 \quad [\%] \cdots\cdots\cdots \text{答}$$

6.5 効率と鉄損

電力用変圧器では大きなパワーを取扱うから，効率(efficiency)は重要な要素である．変圧器に発生する損失を大別するとつぎのようになる．

$$\text{損失}\begin{cases}\text{無負荷損}\cdots\cdots\text{主として鉄損}(W_i)\text{で負荷に無関係で一定} \\ \text{負 荷 損}\cdots\cdots\text{主として銅損}(I_2'^2 R)\text{で負荷電流の2乗に比例}\end{cases}$$

したがって効率 η 〔%〕は

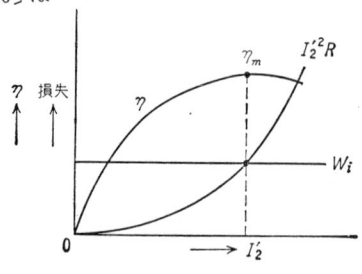

図 6.17

6.5 効率と鉄損

$$\eta = \frac{\text{出力}}{\text{入力}} \times 100 = \frac{\text{出力}}{\text{出力}+\text{損失}} \times 100 = \frac{1}{1+(\text{損失}/\text{出力})} \times 100$$

$$= \frac{1}{1+(W_i+I_2'^2 R)/V_2' I_2' \cos\theta} \times 100 \quad [\%] \qquad (6.20)$$

ただし，$\cos\theta$：負荷力率，V_2'：1次換算の2次端子電圧

式 (6.20) において W_i, V_2', θ を一定とし，$\eta = \eta(I_2')$ とみなしたとき η を最大ならしめる条件をつぎに求めてみよう．この場合，式(6.20)の分母の第2項を最小にすればよい．第2項は

$$\frac{W_i+I_2'^2 R}{V_2' I_2' \cos\theta} = \frac{1}{V_2' \cos\theta}\left(\frac{W_i}{I_2'}+I_2' R\right)$$

$$= \frac{1}{V_2' \cos\theta}\left\{\left(\sqrt{\frac{W_i}{I_2'}}-\sqrt{I_2'R}\right)^2 + 2\sqrt{W_i R}\right\}$$

となり

$$\sqrt{\frac{W_i}{I_2'}} = \sqrt{I_2' R} \quad \therefore \quad W_i(\text{鉄損}) = I_2'^2 R(\text{銅損}) \qquad (6.21)$$

のとき，第2項は最小となる．

変圧器の設計にあたっては，定格負荷時に効率を最大にするように設計するのが普通と考えてよい．したがって定格負荷時の損失の分配は，銅損と鉄損とはほぼ等しいような状態になっている．ただし，柱上変圧器のように1日をサイクルとして負荷が著しく変動するような場合は，1日を通じての効率すなわち**全日効率** (all-day efficiency) が最大となるようにするのが好ましい．これがためには1日中の全銅損と全鉄損とが等しいことが必要である．

鉄　損　変圧器の外観は今も昔と変わらないが，これを構成する鉄心材料には大きな進歩変革がある．昭和40年頃までは大容量の変圧器には，まだ熱間圧延のけい素鋼板も使われていた．現在は変圧器用のみならず回転機用の磁性材料までが，すべて冷間圧延で 0.10, 0.30, 0.35, 0.5, 0.7 [mm] などの厚さで帯状のテープに生産され，これらを**電気鉄板**と呼んでいる．電気鉄板には磁気的性質に方向性のあるものとないものとがある．前者は主として変圧器用，後者は回転機用に供せられる．

変圧器に用いる鉄板は，磁束密度Bが高く，鉄損の少ない，いわゆる high

B のけい素鋼帯 G-7, G-8（JIS 記号）などで，この場合の商用周波における鉄心の電気的特性は，つぎの通りである．

用いる鉄板の厚さ：$d=0.30$〔mm〕, **成層率または占積率：0.98**

最高磁束密度：$B_m \lesssim 1.75$〔T〕, 鉄損：$W_i=1.25$〔W/kg〕

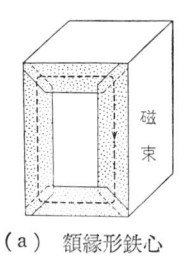

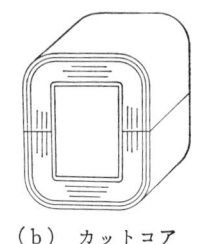

(a) 額縁形鉄心 　　　 (b) カットコア

図 6.18

〔**例題 6.7**〕 50〔Hz〕用の変圧器を 60〔Hz〕の同じ電圧で使用する場合，鉄損 W_i はどのように変わるかを推論せよ．

〔**解**〕 W_i はヒステリシス損 W_h とうず電流損 W_e からなり，それぞれは熱間圧延のけい素鋼の場合と同様近似的に次式で与えられる．

$$\begin{cases} W_h = K_h f B_m^2 & (K_h：定数) \\ W_e = K_e f^2 B_m^2 & (K_e：定数) \end{cases} \quad (6.22)$$

$$\therefore \quad W_i = W_h + W_e = (fB_m)^2(K_h/f + K_e)$$

$$= \left(\frac{V_1}{4.44 N_1 A}\right)^2 \left(\frac{K_h}{f} + K_e\right) \quad A：鉄心の断面積 \quad (6.23)$$

熱間圧延の 0.35〔mm〕厚のけい素鋼板を用いた過去の変圧器では $W_h/W_e \doteqdot 80/20$ とされていた．high B 鉄板を用いた今の変圧器では W_h は著しく少なくなっているから，大略 $W_h \approx W_e$ と見なされる．この仮定のもとで

$$\frac{W_i(f=60)}{W_i(f=50)} = \frac{K_h/60 + K_e}{K_h/50 + K_e} = \frac{50/60+1}{1+1} \doteqdot 0.92 \quad \therefore 8\% 減 \cdots\cdots 答$$

〔**例題 6.8**〕 5〔kVA〕の変圧器がある．無誘導全負荷において銅損は 120〔W〕，鉄損は 80〔W〕である．全負荷の 1/2 の無誘導負荷における効率を求めよ．

6.5 効率と鉄損

〔解〕

$$\eta = \frac{5000/2}{(5000/2)+(120/2^2)+80} \times 100$$

$$= \frac{2500}{2500+30+80} \times 100 = \frac{2500}{2610} \times 100 = 95.8 \;\text{[%]} \cdots\cdots 答$$

〔例題6.9〕 定格出力10〔kVA〕，定格電圧における鉄損120〔W〕，定格電流における銅損180〔W〕の単相変圧器を，定格電圧で遅れ力率0.8，定格の 3/4 の負荷に使用した場合の効率を計算せよ．

〔解〕

$$\eta = \frac{10000 \times 0.8 \times (3/4)}{10000 \times 0.8 \times 3/4 + 120 + 180 \times (3/4)^2} \times 100$$

$$= \frac{6000}{6000+120+101} \times 100 = \frac{6000}{6221} \times 100 = 96.45 \;\text{[%]}$$

〔例題6.10〕 出力2〔kW〕および定格出力8〔kW〕(いずれも力率100〔%〕)でともに効率96〔%〕となる単相柱上変圧器がある．

(1) 出力8〔kW〕における鉄損および銅損はいくらか．
(2) 最大効率はいくらの出力で得られるか．
(3) 最大効率の値はいくらか．

〔解〕
(1) 鉄損を W_i，出力8〔kW〕のときの銅損を W_c，出力2〔kW〕のときの銅損を W_c' とすると $W_c' = (1/4)^2 W_c$ であるから，題意より

$$\frac{2000}{2000+W_i+(1/4)^2 W_c} = \frac{8000}{8000+W_i+W_c} = 0.96$$

上式により

$$W_i + \frac{1}{16} W_c = 83.4 \qquad W_i + W_c = 333.5$$

ゆえに

$$W_i = 66.7 \;\text{[W]} \qquad W_c = 267 \;\text{[W]} \cdots\cdots 答$$

(2) 最大効率は鉄損と銅損が等しいときであるから $W_i = m^2 W_c$ より

$$66.5 = m^2 \times 267 \qquad \therefore\ m = \frac{1}{2} \cdots\cdots\cdots 答$$

最大効率時の出力

$$P_{\eta m} = 8000 \times \frac{1}{2} = 4000 = 4 \ \text{[kW]}$$

(3) 最大効率 η_m は

$$\eta_m = \frac{4000}{4000 + 2 \times 66.7} = 96.8 \ [\%] \cdots\cdots\cdots 答$$

〔柱上変圧器の特性例〕

6000〔V〕級の柱上変圧器に対する JIS-C-4304 を掲げる.

表6.3

定格出力 〔kVA〕	効率〔%〕	電圧変動率 〔%〕	無負荷電流 〔%〕	無負荷損 〔W〕
3	96.3 以上	3.1 以下	5.5 以下	27 以下
10	97.2 〃	2.3 〃	3.5 〃	58 〃
20	97.6 〃	1.9 〃	2.8 〃	101 〃
50	98.0 〃	1.6 〃	2.5 〃	214 〃

6.6 変圧器の三相結線

三相電圧を変圧するには三相変圧器,または同じ3個の単相変圧器を用いるが,その場合の巻線の結線方法の基本的なものを上げると,つぎのようである.

$Y\text{-}\varDelta,\ \varDelta\text{-}\varDelta,\ Y\text{-}\varDelta\text{-}Y$ ($\varDelta$ は3次巻線利用)

$V\text{-}V$ (単相変圧器2個)

a. $Y\text{-}\varDelta$ 結線

図6.19は $Y\text{-}\varDelta$ の結線法を具体的に示したもので,結線にあたって巻線の極性を誤らないようにすることが大切である.

図6.20は $Y\text{-}\varDelta$ の等価回路で,

6.6 変圧器の三相結線

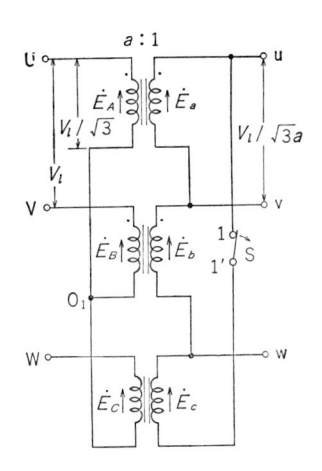

図 6.19 Y-Δ 結線

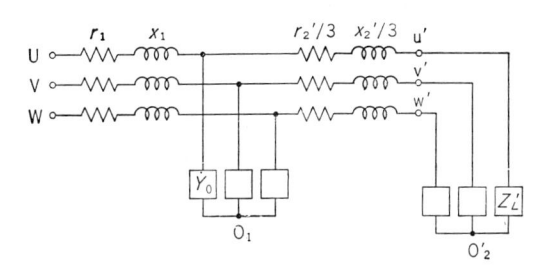

図 6.20 Y-Δ の等価回路

$\dot{Y}_0$：励磁アドミタンス

$\dot{Z}_1 = r_1 + jx_1$：1次漏れインピーダンス

$\dot{Z}_2' = r_2' + jx_2'$：1次換算（換算係数 a^2）の2次漏れインピーダンス

である．ここで $(r_2'+jx_2')/3$ の 3 はなぜかは読者の研究に委ね，あえて説明しない．実際の2次の星形電圧 $\overrightarrow{O_2u}$ とこの等価回路から得られる電圧 $\overrightarrow{O_2'u'}$ との間には

$$\overrightarrow{O_2u} = \frac{n_2/\sqrt{3}}{n_1}\overrightarrow{O_2'u'}\, e^{j30°} \qquad (6.24)$$

の関係があり，30°の位相差のあること，電圧の換算係数が n_2/n_1 ではなく，

$(n_2/\sqrt{3})/n_1$ であることに注意したい.

b. V–V 結線

図 6.21 は $\it{\Delta}$–$\it{\Delta}$ 結線をしていた変圧器の 1 個が故障したため, これを除去したもので, この状態でも出力を下げて運転は継続できる. この状態の結線を V–V 結線 (または **V 結線**) という.

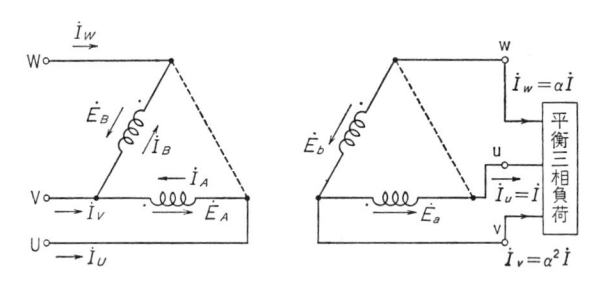

図 6.21 V 結 線

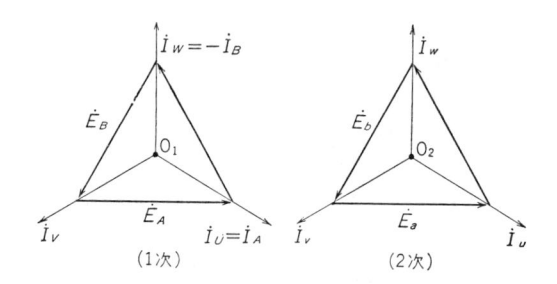

図 6.22 V結線のベクトル図 $(a=1)$

2次に平衡三相電流が流れているときの1次電流は, 励磁電流を無視して

$$\dot{I}_U = \dot{I}_A = \dot{I}_u/a \equiv \dot{I}/a$$
$$\dot{I}_V = \dot{I}_B - \dot{I}_A = -\dot{I}_w/a - \dot{I}_u/a = -\alpha \dot{I}/a - \dot{I}/a = \alpha^2 \dot{I}/a$$
$$\dot{I}_W = -\dot{I}_B = \dot{I}_w/a = \alpha \dot{I}/a$$

負荷が純抵抗負荷であるとして, ベクトル図に示すと図 6.22 となり, 変圧器の電圧と電流 (たとえば図 6.21 の $\dot{E}_B$ と $\dot{I}_B$) との間には位相差 30° を生ずる. したがって変圧器の利用率は $\cos 30° = \sqrt{3}/2 = 86.6\%$ になり, V 結線時の許容出力は, 変圧器の容量を $P[\mathrm{kVA}]$ とすれば, $2P\sqrt{3}/2 = \sqrt{3}P[\mathrm{kVA}]$ に

なる．したがってこの V 結線は利用率が低く，かつ漏れインピーダンス降下などを考慮に入れると，3 相は不平衡になりがちであるから，故障時の応急対策として，あるいは将来の負荷増加が見込まれるような場合，それまでの暫定期間として用いられ，一般には用いられない．

c. 三相結線における不平衡負荷時の電流分布の計算例

図 6.23 の場合の 1 次の流入電流は次のように求められる．点 n に流入した電流 $\dot{I}$ は（i）n-b-m,（ii）n-c-a-m の 2 つの枝路に分流するが，この分配を決定するのは，その枝路の変圧器巻線の漏れインピーダンスである．

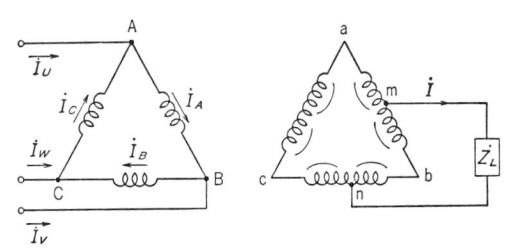

図 6.23

いま，2 次換算の漏れインピーダンスを $\dot{Z}$ とすると，

(i) の回路：$(\dot{Z}/2)\cdot 2=\dot{Z}$
(ii) 〃 ：$(\dot{Z}/2)\cdot(1+2+1)=2\dot{Z}$

電流はインピーダンスに反比例するから，(i) には $(2/3)\dot{I}$, (ii) には $\dot{I}/3$ となる．したがって各相の 1 次電流は，励磁電流を無視して，

$$\dot{I}_A=(n_2/2)(2\dot{I}/3-\dot{I}/3)/n_1=\dot{I}/6\,a \quad (a\equiv n_1/n_2)$$
$$\dot{I}_B=(n_2/2)(2\dot{I}/3-\dot{I}/3)/n_1=\dot{I}/6\,a$$
$$\dot{I}_C=n_2(\dot{I}/3)/n_1=-\dot{I}/3\,a$$

また線電流は，

$$\dot{I}_U=\dot{I}_A-\dot{I}_C=\dot{I}/2\,a$$
$$\dot{I}_V=\dot{I}_B-\dot{I}_A=0$$
$$\dot{I}_W=\dot{I}_C-\dot{I}_B=-\dot{I}/2\,a$$

となる．

6.7 励磁電流中に含まれる高調波成分とその影響

図6.19において，無負荷時に図に示したスイッチ S をオフして，2次の Δ 回路を切り開くと，今までの知識だけでは理解できない現象が生ずる．すなわち，端子 1-1′ 間に現われる電圧は $\dot{E}_a+\dot{E}_b+\dot{E}_c$ で，$\dot{E}_a,\dot{E}_b,\dot{E}_c$ はスイッチのオンオフにかかわらず変化がなく，平衡の三相電圧であるから，そのベクトル和は 0 と考えられるが，実際にはたとえば，$V_l=3\,000$〔V〕のとき 300〔V〕ものかなりの高い電圧が現われる．

これは変圧器の磁化曲線 $(\phi\sim i_{00})$ が非線形のために，励磁電流中にかなりの高調波成分が含まれ，b項に説明するようにこれが基本的な原因になっている．

a. 変圧器の励磁電流の高調波成分

励磁電流 $\dot{I}_0$ は磁化電流 $\dot{I}_{00}$ と鉄損電流 $\dot{I}_{0w}$ のベクトル和であるが，これらの全負荷電流 I_1 に対する割合の一例は，普通に設計された電力用変圧器では表 6.4 のようである．この表から明らかなように励磁電流の大部分は磁化電流と考えてよい．

表6.4

変圧器容量〔kVA〕	使用電圧〔kV〕	I_0/I_1〔%〕	I_{00}/I_1〔%〕	I_{0w}/I_1〔%〕
1	3	15	14	3.7
15	3	6	5.86	1.25
100	11	5.88	5.52	0.83
3 000	66	4.63	4.66	0.52
15 000	169	3.00	2.99	0.38
22 000	140	2.14	2.08	0.49

変圧器の励磁電圧を正弦波とすると，これに対抗する逆起電力もまた正弦波でなくてはならないし，このような起電力を誘導する鉄心中の磁束もまた正弦波でなくてはならない．そして正弦波形の交番磁束を作るための磁化電流は鉄

6.7 励磁電流中に含まれる高調波成分とその影響

心の磁気飽和性のために，表6.5に示す程度の第3，第5，……などの高調波を含み波形は著しくひずんだものになる．

図6.24は変圧器の無負荷電流（励磁電流）の波形のオシログラムで，第3高調波成分 $I_{00}{}^3$ がかなり強く含まれていることがわかる．

表6.5

I_{00} の高調波成分	熱間圧延の けい素鋼板	冷間圧延の けい素鋼板
基本波 $I_{00}{}^1$	1	1
第3高調波 $I_{00}{}^3$	0.15〜0.55	0.40〜0.50
第5高調波 $I_{00}{}^5$	0.03〜0.25	0.10〜0.25
第7高調波 $I_{00}{}^7$	0.02〜0.10	0.05〜0.10

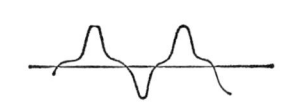

図6.24 i_0 の波形

〔例題6.11〕 変圧器の磁化曲線が非線形のとき，正弦波磁束に対する磁化電流には高調波が含まれることを，(a)図式的に求めよ．(b)数式的に説明せよ．

〔解〕 (a) 変圧器の磁化曲線は図6.25(a)とする．図6.25(b)の曲線 ϕ は変圧器の鉄心磁束で正弦波である．いまこの曲線上の $\phi=\phi_a, \phi_b, \cdots\cdots$ に対する磁化電流の大きさ $a, b, \cdots\cdots$ は図に示した方法で求められる．$a, b, \cdots\cdots$ の時刻は $\phi_a, \phi_b, \cdots\cdots$ と同時刻であるから図(b)上に $a, b, \cdots\cdots$ を図に示したように移して，これらを結ぶと i_{00} の波形が得られ，図6.24の i_0 とほぼ同じ波形になる．

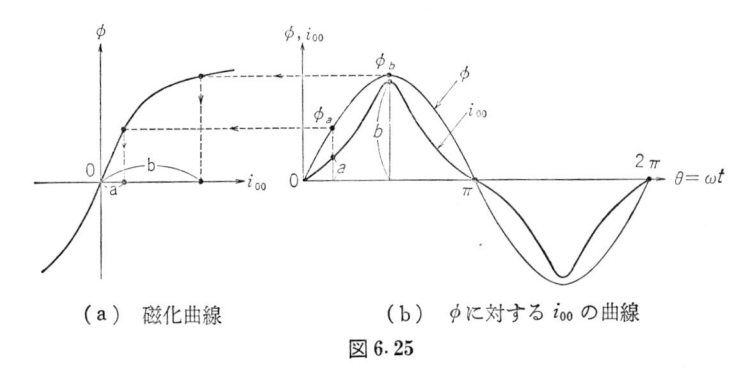

(a) 磁化曲線　　(b) ϕ に対する i_{00} の曲線

図6.25

(b) 磁化曲線を近似的に次式のようなべき級数で表わすことができる．

$$i_{00}=\alpha_1\phi+\alpha_3\phi^3+\alpha_5\phi^5+\cdots\cdots \tag{6.25}$$

上式に $\phi=\phi_m \sin\theta$, $\theta=\omega t$ を代入し，かつ簡単のために第3項以下を省略すると，

$$i_{00}=\alpha_1\phi_m\sin\phi+\alpha_3\phi_m{}^3\sin^3\theta=\sqrt{2}I_{00}{}^1\sin\theta-\sqrt{2}I_{00}{}^3\sin 3\theta \quad (6.26)$$

ただし

$$I_{00}{}^1=\left(\alpha_1\phi_m+\frac{3}{4}\alpha_3\phi_m{}^2\right)/\sqrt{2}, \quad I_{00}{}^3=\alpha_3\phi_m{}^3/4\sqrt{2}$$

となり，i_{00} には第3高調波成分が含まれる．もし，式(6.25)で第3項以上も考慮すると第5，第7高調波も含まれてくる．

b. 三相結線における第3高調波電流の影響

$\varDelta$-Y 結線　図 6.26 は1次を $\varDelta$，2次を Y に結線して三相変圧をしようとする場合である．いま2次は無負荷で，1次には平衡三相電圧が印加されているものとする．

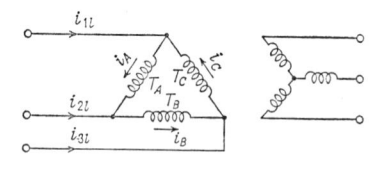

図 6.26　$\varDelta$-Y 結線

変圧器 T_A の電流（励磁電流）i_A は第3高調波まで考えるとして近似的に

$$i_A=\sqrt{2}I_1\sin\theta-\sqrt{2}I_3\sin 3\theta \quad (6.27)$$

とする．変圧器 T_B の電流 i_B はこれより位相が $2\pi/3$ だけ遅れているから

$$i_B=\sqrt{2}I_1\sin(\theta-2\pi/3)-\sqrt{2}I_3\sin 3(\theta-2\pi/3)$$
$$=\sqrt{2}I_1\sin(\theta-2\pi/3)-\sqrt{2}I_3\sin 3\theta \quad (6.28)$$

同様に変圧器 T_C では

$$i_C=\sqrt{2}I_1\sin(\theta-4\pi/3)-\sqrt{2}I_3\sin 3\theta \quad (6.29)$$

となる．したがって各変圧器の第3高調波成分は全部同相となり，$\varDelta$回路の循環電流となり，$i_{1l}(=i_A-i_C)$, $i_{2l}(=i_B-i_A)$, $i_{3l}(=i_C-i_B)$ の中には含まれない．

したがって変圧器の1次電流 $i_\varDelta$ の波形と入力線電流 i_l の波形とは非常に異なるし，電流計の指示も必ずしも，前者は後者の $1/\sqrt{3}$ 倍を示さない．すなわち

$$I_\varDelta=\sqrt{I_1{}^2+I_3{}^2} \quad (6.30)$$
$$I_l=\sqrt{3}I_1 \quad (6.31)$$

6.7 励磁電流中に含まれる高調波成分とその影響

$$\therefore \frac{I_\Delta}{I_1/\sqrt{3}} = \sqrt{1+\left(\frac{I_3}{I_1}\right)^2} \fallingdotseq 1+\frac{1}{2}\left(\frac{I_3}{I_1}\right)^2 \qquad (6.32)$$

いま $I_3/I_1 \fallingdotseq 0.4$ とすると，上式の値は 1.08 となり 8 [%] の差を生ずる．

Δ-Δ 結線 Δ-Δ 結線では励磁電流の第3高調波成分は必ずしも1次側だけに流れる必要はない．この場合の1次，2次の分配は次のようにして定められる．

いまかりに第3高調波電流がないとすれば，鉄心には第3高調波磁束が生じ，これが1次，2次に第3高調波起電力 $\dot{E}_{1h}$, $\dot{E}_{2h}(=\dot{E}_{1h}/a)$ を誘導し，1次，2次に第3高調波電流 $\dot{I}_{1h}$, $\dot{I}_{2h}$ を循環せしめる．このときの等価回路は図6.27で示され，2次を1次に換算すると図6.28になる．ただし，この図でインピ

図6.27

図6.28

ーダンスはすべて第3高調波に対するものである．$\dot{I}_h$ が普通の磁化電流の第3高調波成分で，これがあれば鉄心中の第3高調波磁束がほぼ0になるが，これは図6.28の等価回路で漏れインピーダンス $(r_{1h}+jx_{1h}, r_{2h}'+jx_{2h}')$ を無視し

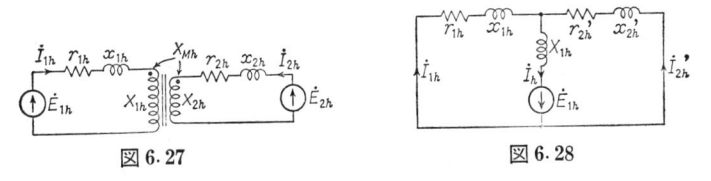

$$\dot{E}_{1h}-jX_{1h}\dot{I}_h=0 \qquad (6.33)$$

に対応しているとみなせる（実際には $r_{1h}+jx_{1h}$, $r_{2h}'+jx_{2h}'$ が0でないために鉄心中には第3高調波磁束が幾分残存する）．また，1次，2次の漏れインピーダンスはほぼ等しいとみて，1次の循環電流は Δ-Y の場合に比べて約半減する．

Y-Y 結線 この場合は第3高調波成分は1次の中性点が接地されていなければ流れることはできないので鉄心磁束はひずみ，各相の2次電圧波形には第3高調波成分が生ずるが，2次の線間には現われない．

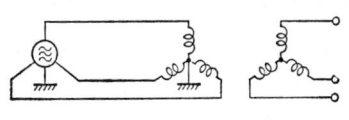

図6.29 第3高調波電流

図 6.29 のように中性点が接地されている場合は1次の送電線中に第3高調波電流(全部同相)が流れて，付近の通信線に誘導障害をひき起こす恐れがあるので，このような結線は一般に用いられない．このような場合には図 6.34 のような Y-$\varDelta$-Y にする．

Y-$\varDelta$ 結線　　図 6.30 の場合は1次の送電線に含まれる第3高調波成分は著しく減少し，実際上0とみなし得る．これは送電線には長距離のため相当のインピーダンス r_h+jx_h があるためで，磁束を正弦波にするために必要な第3高調波電流の大部分は2次の $\varDelta$ 回路を循環する．

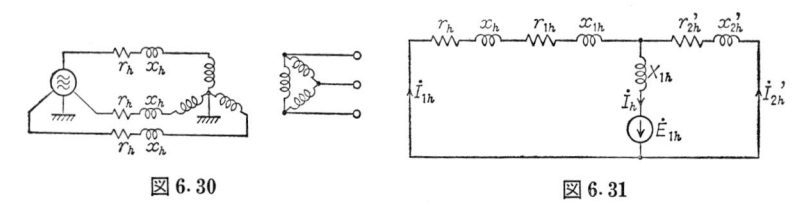

図 6.30

図 6.31

　すなわち第3高調波成分に対する等価回路は，図 6.31 になり，I_h の大部分は低インピーダンスの2次側に流れてしまうからである．かくして Y-$\varDelta$ 結線では，たとえ1次側が接地されていても第3高調波による通信線への誘導障害は起こらない．

〔**例題 6.12**〕　ある変圧器に定格電圧を印加するときの無負荷電流は近似的に次式で示される．

$$i = 5\sin \omega t - 1.7 \sin 3\omega t \qquad (6.34)$$

この変圧器3個を Y-$\varDelta$ 結線し，1次に定格電圧の $\sqrt{3}$ 倍の平衡三相電圧を印加したとき，2次の $\varDelta$ 回路の循環電流はいくらか．

　ただし変圧器の巻数比は5であり，1次中性点は非接地とする．

〔**解**〕　$I_C = 1.7 \times 5/\sqrt{2} = 6.0$ 〔A〕

〔**例題 6.13**〕　Y-$\varDelta$ 結線で2次の $\varDelta$ 回路の一端を切り開いて電圧を測定したところ図 6.32 のように 3 000, 223, 300〔V〕であった．

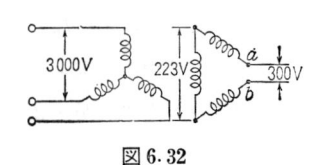

図 6.32

(i) 300〔V〕の電圧が現われた理由を述べよ．

(ii) 変圧器の巻数比を求めよ．

ただし，1次は平衡三相の正弦波電圧とする．

〔解〕

(i) 励磁電流に第3高調波成分が流れ得ないから，鉄心磁束には第3高調波磁束が生じ，1次，2次に第3高調波起電力を誘起し，これは各変圧器同相となり，これが 300〔V〕になって現われた．

(ii) 2次1相の第3高調波起電力 E_{2h} は

$$300/3 = 100 \text{〔V〕}$$

2次の 223〔V〕は基本波と第3高調波成分の合成であるから，その基本波 E_2 は

$$E_2 = \sqrt{E_h{}^2 - E_{2h}{}^2} = \sqrt{223^2 - 100^2} = 200 \text{〔V〕}$$

1次一相の基本波電圧 E_1 は

$$E_1 = 3\,000/\sqrt{3} = 1\,732 \text{〔V〕}$$

$$\therefore \quad a = \frac{E_1}{E_2} = \frac{1\,732}{200} \fallingdotseq 8.66 \cdots\cdots\cdots \text{答}$$

〔例題 6.14〕 前問で a, b 点を短絡しても $\varDelta$ 回路の循環電流はさほど大きなものにはならない理由を説明せよ．

〔解〕 a, b 点を開放した状態では 300〔V〕の第3次高調波起電力が生じていたが，ab 点を短絡すれば，第3高調波の電流が流れ，第3高調波磁束，したがって第3高調波起電力も減少してしまう．

演 習 問 題

(1) つぎの術語を説明せよ．

  (i) イナーテア変圧器 (ii) 段絶縁 (iii) 内鉄形と外鉄形 (iv) インピーダンスボルト

(2) 絶縁物の耐熱区分につき述べ，つぎの絶縁物は何に属するか．

  (i) 木綿 (ii) 木綿を油中に浸したもの (iii) マイカ (iv) エポク

シ樹脂　（ⅴ）シリコン樹脂
（3）冷間圧延のけい素鋼の特徴を述べよ．
（4）変圧器の電圧変動率 ε は次式で与えられる．
$$\varepsilon \fallingdotseq p\cos\theta + q\sin\theta$$
上式の p, q, θ はそれぞれどんなものか．

（5）30〔kVA〕の変圧器がある．その効率は1/2定格の抵抗負荷のとき最高で95%であるという．全負荷時の効率を求めよ．

答　93.8〔%〕

（6）まったく同じ定格の3個の変圧器が $\mathit{\Delta}$-Y に結線されている．無負荷時における1次の入力電流を測定したところ，下図の線電流 I_{1l} は3.67〔A〕，相電流 I_1 は2.18〔A〕になった．励磁電流の第5高調波，第7高調波成分などは無視し得るものとして，このときの第3高調波成分を求めよ．

答　0.52〔A〕（実効値）

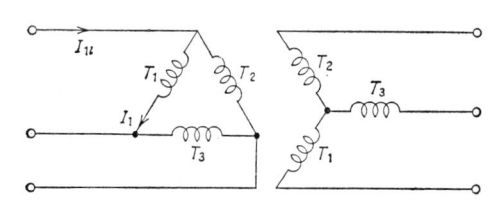

図 6.33

（7）図6.34はある変電所の変圧器の三相結線を示したものである．3次巻線を設けているのは何のためか．

答　高調波電流の抑制，力率の改善，電圧の調整

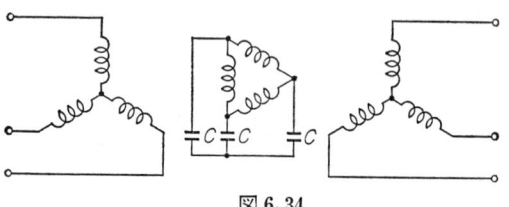

図 6.34

（8）$\mathit{\Delta}$-$\mathit{\Delta}$ 結線の変圧器バンクに2次線電流 $\dot{I}_a$, $\dot{I}_b$, $\dot{I}_c$ なる三相不平衡負荷をかけたとき，各相変圧器電流を求めよ．
答 $(\dot{I}_a-\dot{I}_b)/3$, $(\dot{I}_b-\dot{I}_c)/3$, $(\dot{I}_c-\dot{I}_a)/3$

（9）$\mathit{\Delta}$-$\mathit{\Delta}$ 結線において，2端子間に単相負荷をかけた場合，各変圧器の負荷電流はどうか．

演 習 問 題　　　　113

(10) 巻数比が等しく漏れインピーダンスがそれぞれ $\dot{Z}_u=R_1+jX_1$, $\dot{Z}_v=R_2+jX_2$, $\dot{Z}_w=R_3+jX_3$ なる3個の変圧器で，⊿-⊿ 結線して2次に平衡三相負荷 P〔kVA〕をかけるとき，各変圧器の負担する〔kVA〕は

$$\left.\begin{aligned}[\text{kVA}]_u &= \frac{P}{\sqrt{3}\varDelta}\sqrt{\left(R_2+\frac{R_3}{2}+\frac{\sqrt{3}X_3}{2}\right)^2+\left(X_2+\frac{X_3}{2}-\frac{\sqrt{3}}{2}R_3\right)^2} \\ [\text{kVA}]_v &= \frac{P}{\sqrt{3}\varDelta}\sqrt{\left(R_3+\frac{R_1}{2}+\frac{\sqrt{3}X_1}{2}\right)^2+\left(X_3+\frac{X_1}{2}-\frac{\sqrt{3}}{2}R_1\right)^2} \\ [\text{kVA}]_w &= \frac{P}{\sqrt{3}\varDelta}\sqrt{\left(R_1+\frac{R_2}{2}+\frac{\sqrt{3}X_2}{2}\right)^2+\left(X_1+\frac{X_2}{2}-\frac{\sqrt{3}}{2}R_2\right)^2}\end{aligned}\right\} \quad (6.35)$$

$$\varDelta=\sqrt{(R_1+R_2+R_3)^2+(X_1+X_2+X_3)^2}$$

なることを証明せよ。

(11) 下図に示したように，15〔kVA〕の単相変圧器3個を使用し30〔kW〕(入力)，力率0.8(遅れ)の平衡三相負荷を負っている変圧機バンクがある．今変圧器の中点 n に1線を接続し，an，nc 間に同数の電球を点灯しようとする．使用電球を 30〔W〕とし，変圧器を過負荷せしめざる限りにおいて何個の電球を接続し得るか．答 152〔個〕

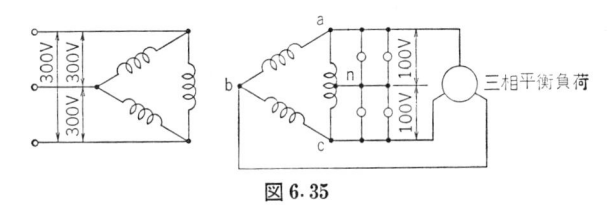

図 6.35

(12) 定格電圧 3 000〔V〕/200〔V〕の単相変圧器3個および抵抗 r_1, r_2 を下図のように接続し，その1次側に平衡三相電圧 3 000〔V〕を加えれば A_1, B_1, C_1；A_2, B_2, C_2 の各線電流はいかほどか．ただし，変圧器の励磁電流漏れインピーダンスは無視するものとする．　　　　答 $I_{A1}=I_{B1}=3.33$〔A〕，$I_{C1}=4$〔A〕
$I_{A2}=I_{B2}=30$〔A〕，$I_{C2}=40$〔A〕

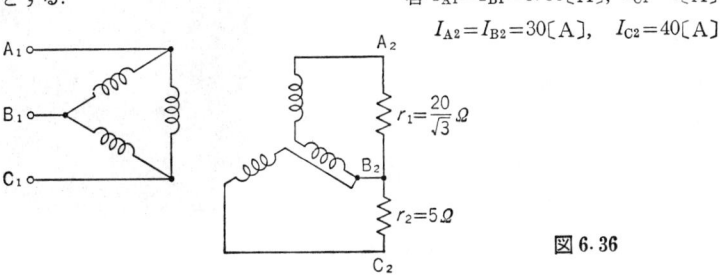

図 6.36

7. リアクトル

7.1 概　説

　リアクトルは電気回路のインダクタンス素子となる静止器で，大は送電系統の大容量のものから，小は通信器部品に至るまで，その形態・大きさ・用途・用法はさまざまである．

a.　構造上の分類

　構造的には空心にコイルを構成した**空心リアクトル**と鉄心にコイルを巻いた**鉄心リアクトル**とがある．鉄心リアクトルはさらにできる限りギャップのないように努めたものと，わざとギャップを入れたものとがある．後者を**ギャップ入り鉄心リアクトル**という．

　図7.1は電力系統で，送電線の短絡時の過大電流を抑制するために用いる用途上は限流リアクトルで，構造的には空心リアクトルの一種である．大電流が流れるとコイルには大きな電磁力が働くので，コンクリートでしっかりとコイルを支えている．そこでこれを俗に**コンクリートリアクトル**などともいっている．

　空心リアクトルは磁束の通路を数学的に把握しがたいので，そのリアクタンスの計

図7.1　コンクリートリアクトル

算は多分に経験にたよらざるを得ない．

図7.2は電力用のギャップ入り鉄心リアクトルの一例で，ギャップをいくつかに分割して設けるのはギャップ部における磁束の漏れを小さくするためである．

また図7.3は螢光灯などに用いられるリアクトルの鉄心の一例を示したもので，$l_g \fallingdotseq 0.7$〔mm〕程度にとられている．

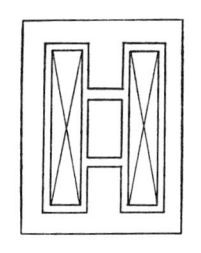

図7.2 ギャップ入り鉄心リアクトル

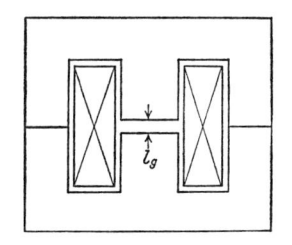

図7.3 リアクトルの鉄心

b. 特性上の分類

インダクタンスLが普通の使用領域において一定か可変かによってつぎのように分れる．

線形リアクトル　Lがほぼ一定とみなされるもので，空心リアクトル，ギャップ入り鉄心リアクトルなどはこれに属する．

非線形リアクトル　飽和リアクトルともいい，Lが大幅に変わるものでギャップのない鉄心リアクトルなどはこれに属する．すでに4.5節で述べた可飽和リアクトルなどもこの一種である．

7.2 電磁エネルギー

図7.4で電源vからdt間に注入される電気エネルギーdW_eは

$$dW_e = vidt \tag{7.1}$$

ここで電圧v(作用)に対する反抗起電力 e_i(反作用)は

$$e_i = N\frac{d\phi}{dt} \tag{7.2}$$

で，$v=e_i$ の関係にあるから，dW_e は

$$dW_e = vidt = iNd\phi = id(N\phi) \tag{7.3}$$

となる．したがって $t=0 \sim t_1$ までの間に ϕ は 0 から ϕ_1 に，i は 0 から i_1 に増加したとすると，この間に電源から注入された電力 W_e は

$$W_e = \int_{t=0}^{t=t_1} dW_e = \int_0^{\phi_1} id(N\phi) \tag{7.4}$$

一方鉄心の磁化曲線は図 7.5 の曲線に示すように一般に非線形であるから，式(7.4)の計算は簡単ではないが，図 7.5 の斜線を施した面積が W_e になることは明らかである．

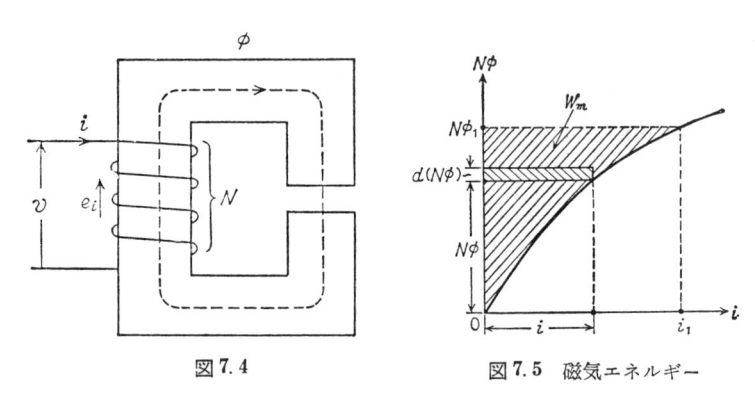

図 7.4

図 7.5　磁気エネルギー

この電源側から注入されたエネルギー W_e は，電磁エネルギーとしてギャップと鉄心内に蓄積されている．

いま簡単のために磁化曲線が直線であると仮定すると，電磁エネルギー W_m は

$$W_m = \frac{1}{2}N\phi_1 i_1 \quad [\text{J}] \tag{7.5}$$

一方巻線のインダクタンスを L とすると，$N\phi_1 = Li_1$ なる関係があり，これを上式に代入して

$$W_m = \frac{1}{2} L i_1^2 \quad [\text{J}] \tag{7.6}$$

この電磁エネルギーがどんな形で, どんな部分にどんな割合で蓄えられているかを以下に調べてみる.

まず図7.4の鉄心部の長さを l_i, ギャップ長を l_g, 鉄心部の磁界の強さを H_i, ギャップのそれを H_g とすると, 閉磁路法則より

$$N i_1 = H_i l_i + H_g l_g \quad [\text{A}] \tag{7.7}$$

鉄心部もギャップ部も有効断面積は一様に $S [\text{m}^2]$ であるとすると, 磁束密度は鉄心もギャップも同じく, これを $B [\text{T}]$ とすれば

$$\phi_1 = BS \quad [\text{Wb}] \tag{7.8}$$

式(7.7), (7.8)を式(7.5)に代入すると

$$W_m = \frac{1}{2}(H_i l_i + H_g l_g) BS$$

$$= \frac{1}{2} H_i B (l_i S) + \frac{1}{2} H_g B (l_g S)$$

$$= \frac{1}{2} H_i B V_i + \frac{1}{2} \cdot \frac{B^2}{\mu_0} V_g \quad [\text{J}] \tag{7.9}$$

ただし, $V_i = l_i S$ (鉄心の体積), $V_g = l_g S$ (ギャップの体積).

式(7.9)の右辺の第1項は鉄心部の磁気エネルギーであり, 第2項はギャップ部の磁気エネルギーである.

この両者の比 σ は

$$\sigma = \frac{1}{2} \cdot \frac{B^2}{\mu_0} V_g \Big/ \left(\frac{1}{2} H_i B V_i\right) = \frac{\mu_i}{\mu_0} \cdot \frac{l_g}{l_i} = \mu_s \frac{l_g}{l_i} \tag{7.10}$$

ただし　　$\mu_i = B/H_i$: 鉄心の透磁率 $[\text{H/m}]$

$\mu_s = \mu_i/\mu_0$: 鉄心の比透磁率

μ_s は磁束密度 B により異なるが, 一般に 1000～数千の値をとるから, かりにギャップがわずかであって, l_g が l_i の 1/1000 程度であっても, ギャップ部に蓄えられているエネルギーは鉄心部に蓄えられているエネルギーと等しいか, またそれ以上になることがわかる.

7. リアクトル

〔例題 7.1〕 1〔T〕の直流磁束密度をもったギャップの 1〔cm³〕あたりのエネルギー w_m は何ジュールか.

〔解〕

$$w_m = \left(\frac{1}{2}\frac{B^2}{\mu_0}\right) \times 10^{-6} = \frac{1}{2}\frac{1^2}{4\pi \times 10^{-7}} \times 10^{-6}$$

$$= \frac{10}{8\pi} = 0.4 \text{ 〔J/cm}^3\text{〕} \cdots\cdots\cdots 答$$

〔例題 7.2〕 あるけい素鋼板の, 磁束密度 $B=1.3$〔T〕に対する μ_s は, 約 2600 である. 鉄心長 $l_i=50$〔cm〕, ギャップ長 $l_g=1$〔mm〕である.

いま, この鉄心に, $B=1.3$〔T〕の磁束密度が与えられているときの, ギャップ部のエネルギーは鉄心部の何倍か.

〔解〕 式(7.10)より

$$\sigma = \mu_s \frac{l_g}{l_i} = 2600 \times \frac{1 \times 10^{-3}}{50 \times 10^{-2}} = 5.20 \text{ 〔倍〕} \cdots\cdots\cdots 答$$

〔例題 7.3〕 図 7.6(a)のリアクトルの鉄心の磁化曲線は図 7.6(b)で与えられる. いま $i=i_1$ の直流が流れているとき, 突然スイッチをオフにすれば, 電磁エネルギーはどうなるか.

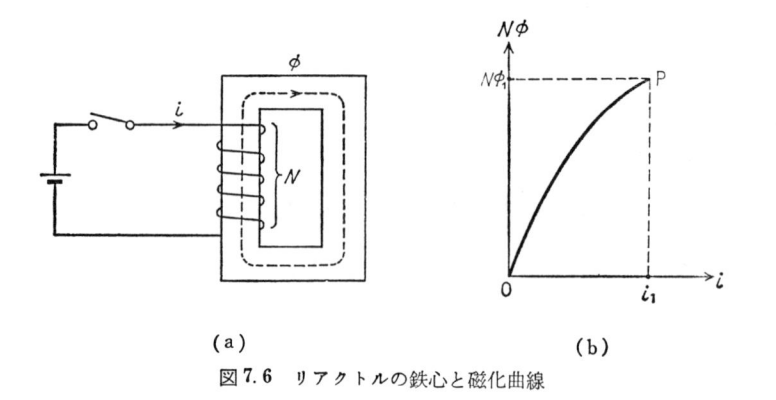

(a)　　　　　　　　　　(b)

図 7.6　リアクトルの鉄心と磁化曲線

〔解〕 スイッチをオフすると $i=0$ となり, 磁化曲線は図 7.7 の点線をたどって点Pから点Qにくる.

この図において鉄心内に蓄えられていた電磁エネルギーは面積 OP $N\phi_1$ であり，これが面積 OPQ だけ鉄損として鉄心内に熱として消費され残りの面積 QP $N\phi_1$ に等しいエネルギーは，コイル内の静電容量に静電エネルギーとしてうつる．

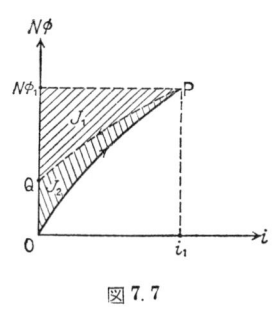

一般に巻線間の静電容量はきわめて小さく，これに蓄えるには電圧は著しく高くなり，絶縁破壊を起こす．実際問題としてはこのような場合，スイッチはアークなしには切れない．

図 7.7

7.3 リアクトルの容量

あるリアクトルの容量とはそれにかけ得る定格周波の電圧 E と，流し得る電流 I との積で表わされる．

すなわち

$$p = EI = XI^2 \quad [\text{VA}] \quad (E = XI) \tag{7.11}$$

上式の p とリアクトル中に蓄えられる磁気エネルギーの関係について調べてみる．

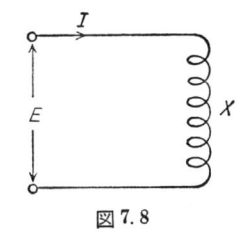

いま電流 $i = \sqrt{2} I \sin \omega t$ がインダクタンス L に流れているときの電磁エネルギー W_m は

$$W_m = \frac{1}{2} Li^2 = \frac{1}{2} LI^2 (1 - \cos 2\omega t) \tag{7.12}$$

よって W_m の平均値 W_{av} は

$$W_{av} = \frac{1}{2} LI^2 \quad [\text{J}] \tag{7.13}$$

図 7.8

上式の両辺に 2ω を乗ずると

$$p = XI^2 = 2\omega W_{av} \quad [\text{VA}] \tag{7.14}$$

すなわち，リアクトル容量は電磁エネルギー W_{av} の 2ω 倍に等しい．したが

って p を大きくするには W_{av} を大なるように設計すべきで，必ずしもインダクタンスを大きくすることをねらうべきではない．このためには鉄心に適度のギャップを設けるとよい．

たとえば図7.9で曲線①がリアクトルのギャップのないときの磁化曲線でこれに，ある長さのギャップを設けると曲線②になる．鉄心には許容磁束密度があるため，磁束 ϕ には限度がある．いまこれを ϕ_1 とすると鉄心にギャップを設けないときの磁気エネルギーは面積 S_1 のみであるが，これにギャップを設けると点の部分の面積だけ増加する．

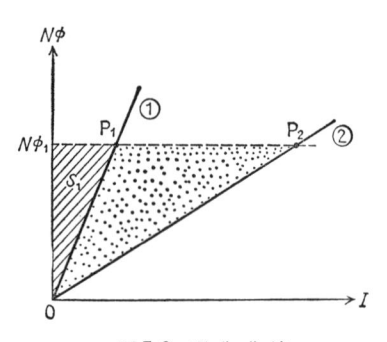

図7.9 磁化曲線

このような理由でリアクトルを経済的につくろうとして鉄心にギャップを設けるのが普通である．

〔例題7.4〕 50〔Hz〕，1〔kVA〕のギャップ付きリアクトルをつくるにはギャップの総体積はどの程度あったらよいか．ただし鉄心，ギャップの最大磁束密度は1〔Wb/m²〕とする．

〔解〕 式(7.14)より

$$W_{av}=\frac{p}{2\omega}=\frac{1\times 10^3}{2\times 2\pi\times 50}=\frac{10}{2\pi} \ \text{〔J〕}$$

例題7.2からもわかるように，ほとんど鉄心部のエネルギーは無視できる．また例題7.1から，直流の磁束密度が1〔T〕の磁界をもった1〔cm³〕あたりのエネルギーは $10/8\pi$〔J〕であるが，これはこの場合は最大値で，その平均値は1/2 になる．したがって所要ギャップの体積 V_g は

$$V_g=\frac{W_{av}}{w_m}=\frac{10}{2\pi}\bigg/\frac{10}{16\pi}=8 \ \text{〔cm³〕}\cdots\cdots\cdots 答$$

7.4 鉄と銅の分配

7.3節に述べた範囲では,ギャップ長を大きくするほど,リアクトル容量は大となり経済的設計になるように思われる.実際にはギャップ長をある程度に抑えないと,リアクトルの**品質**(quality)が低下して使用に耐えなくなる.以下にこれを説明する.

ギャップを大きくすると磁気回路の抵抗が増大するため,鉄心またはギャップの磁束密度をある大きさに保って経済的使用をはかるためには大きな起磁力を必要とする.このために巻線の巻数を多くするとともに,その断面積を大きくして大きな電流を流し込むようにする.いま巻線の全長を l_c [m], その断面積を S_c [mm²], 銅の抵抗率を $\rho=0.021$ [Ωmm²/m] とすると巻線抵抗 R_c は

$$R_c = \rho \frac{l_c}{S_c} \quad [\Omega] \tag{7.15}$$

また電流密度を $\varDelta$ [A/mm²] とすると,全銅損 W_c は

$$W_c = R_c I^2 = R_c (\varDelta \cdot S_c)^2 = \rho \varDelta^2 l_c S_c \quad [W] \tag{7.16}$$

銅の目方を G_c [kg] とすると

$$G_c = g_c (S_c \cdot 10^{-2})(l_c \cdot 10^2) \cdot 10^{-3} = S_c l_c g_c \cdot 10^{-3} \quad [kg] \tag{7.17}$$

ただし g_c:銅の比重 $=8.9$ [g/cm³]

よって1 [kg] あたりの銅損 w_c は

$$w_c = \frac{W_c}{G_c} = \frac{\rho \cdot \varDelta^2}{g_c} \cdot 10^3 \quad [W/kg] \tag{7.18}$$

上式に $g_c=8.9$, $\rho=0.021$, $\varDelta=3$ を代入すると

$$w_c = 21 \quad [W/kg] \tag{7.19}$$

したがって,巻線をどんな太さのものを直並列などいかように巻こうが,全負荷時の銅損は w_c に銅の目方を乗じたものになり,使用銅量の多いほど銅損は大になる.

一方ギャップを減らして鉄量 G_i [kg] を多くすると,鉄損 W_i は

7. リアクトル

$$W_i = w_i G_i \quad [\text{W}] \tag{7.20}$$

w_i：1 kg あたりの鉄損で普通 2 [W/kg] 程度

もともとリアクトルは L 素子であって R 素子ではないから，できる限り $W_i + W_c$ を小さくする必要があるが，$W_i = W_c$ のとき一番良質（このときは力率最小）のリアクトルが得られることがつぎのように証明できる。

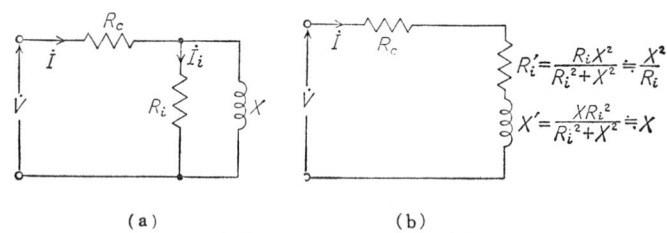

証明 リアクトルの等価回路は図 7.10(a) になる。R_c は巻線抵抗，R_i は鉄損の等価抵抗である。図(a)に $R_i \gg X$ の条件を入れて，直列形に変換すると図(b)になる。

(a) (b)
図 7.10 リアクトルの等価回路

$$R_i' = \frac{R_i X^2}{R_i^2 + X^2} \fallingdotseq \frac{X^2}{R_i}$$

$$X' = \frac{X R_i^2}{R_i^2 + X^2} \fallingdotseq X$$

図 7.10(b) から，$\cot \theta$（θ は力率角）を求めれば

$$\cot \theta = \frac{R_i' + R_c}{X'} \fallingdotseq \frac{X}{R_i} + \frac{R_c}{X} \tag{7.21}$$

これを変形すると

$$\cot \theta = \left(\sqrt{\frac{X}{R_i}} - \sqrt{\frac{R_c}{X}} \right)^2 + 2\sqrt{\frac{R_c}{R_i}} \tag{7.22}$$

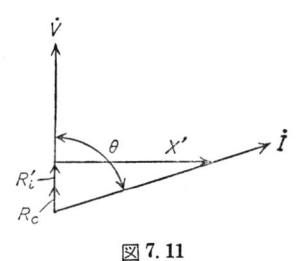

図 7.11

ゆえに $X^2 = R_i R_c$ のとき $\cot \theta$ は最小，θ は最大になる。図(a)から

$$W_i = R_i I_i^2 = R_i I^2 \frac{X^2}{R_i^2 + X^2} = I^2 \frac{X^2}{R_i} \tag{7.23}$$

上式に $X^2 = R_i R_c$ を代入すると

$$W_i = I^2 R_c = W_c \tag{7.24}$$

したがってこのときの G_i と G_c の比は

$$\frac{G_i}{G_c} = \frac{w_c}{w_i} = \frac{21}{2} \fallingdotseq 10 \tag{7.25}$$

となる．上の数値は銅の電流密度，鉄心の磁束密度のとり方により，また必ずしも $W_i=W_c$ を固執しないことなどにより実際のものは変動するけれども，一応の目安として記憶しておいてよい数値であろう．

このような考え方は変圧器，回転機など他の電磁機器にも成り立つことで，銅と鉄の分配をどうするかが電磁機器の設計の基礎になる．

7.5 非線形リアクトルの応用—並列鉄共振

図 7.12 で，$\dot{V}_2$ は周波数は一定で電圧 V_2 の大きさは自由にかえられる電源とする．

リアクトル L_0 の鉄損，銅損などの損失は無視するものとすると

$$\left.\begin{array}{l} \dot{I}_2=\dot{I}_L+\dot{I}_C \\ \dot{I}_L=\dot{V}_2/j\omega L_0, \quad \dot{I}_C=j\omega C_0\dot{V}_2 \end{array}\right\} \quad (7.26)$$

となる．

ここで L_0 は非線形リアクトルで V_2 の増加に対し L_0 は減少するため I_L は著しく増加する．一方 C_0 は V_2 に無関係に一定であるから I_C は V_2 に比例する．かくして $V_2 \sim I_L$，$V_2 \sim I_C$，$V_2 \sim I_2$ の曲線は図 7.13 のようになる．

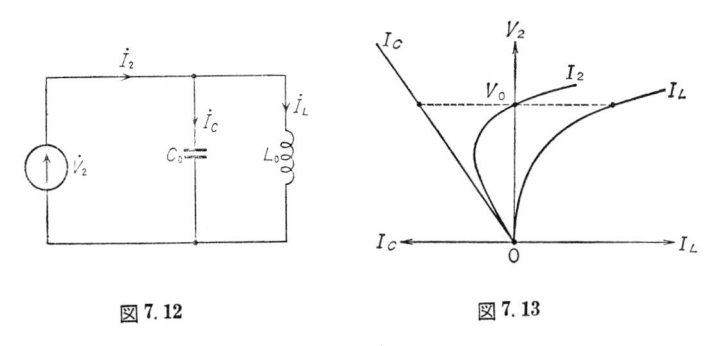

図 7.12   図 7.13

図 7.13 で明らかなように $V_2=V_0$ では $I_L=I_C$，$I_2=0$ になっている．このような状態を並列共振，V_0 を共振電圧といい，この電圧より低い電圧では $\dot{I}_2$ は進み電流，高い電圧では遅れ電流になる．このような現象を **並列鉄共振**

(parallel ferro-resonace) といい，この場合はリアクトル L_0 の鉄心の磁気飽和性により得られるものである．

この並列鉄共振を用いて図7.14に示すような定電圧装置をつくることができる．

この定電圧装置は

(1) いままで述べた並列鉄共振の現象．

図7.14 並列鉄共振を用いた定電圧装置

(2) リアクトル中を進み電流が流れると端子電圧は上昇し，遅れ電流が流れると降下する．

の2つの現象を巧みに組合わせたものである．この(2)の現象は図7.15の回路で $\dot{I}$ が $\dot{V}_2$ に対して 90°進み，90°遅れの場合はそれぞれ図7.16の(a)(b)のようになることから明らかである．

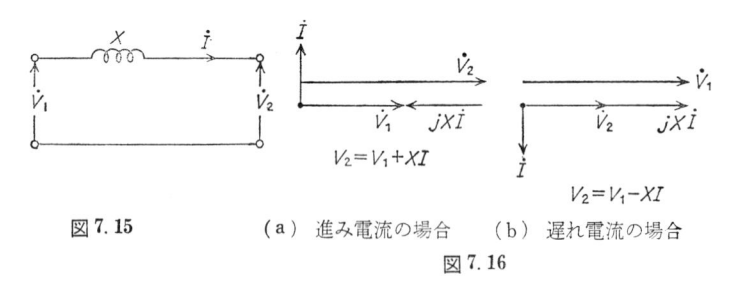

図7.15　　(a) 進み電流の場合　(b) 遅れ電流の場合

図7.16

さて図7.14で C_0, L_0 は (1) の並列鉄共振回路であり，L_1, L_2, M は(2)のためのリアクトル(線形リアクトル)である．いま簡単なために

$$L_1 = L_2 = M \equiv L$$

$$I_3 = 0 \text{（無負荷）}$$

の場合について，入力電圧 V_1 が共振電圧 V_0 を中心として上下に変動しても出力電圧 V_3 はつねに V_0 の一定に保たれることを以下に説明しよう．

たとえば V_1 が V_0 より $\varDelta V$ だけ高く，図7.17の点aで示されるときは V_2

は $V_0+\varDelta V/2$(点b)となり,共振電圧より $\varDelta V/2$ だけ高いため遅れ電流 $I_2(\overline{bb'})$ が流れ,これが L_1 を流れて生ずる電圧降下が $\varDelta V/2$ になるように L_1 の大きさは設計されている.また L_2 と L_1 との相互誘導 M により,L_2 には電流 I_3 と逆方向に $\varDelta V/2$ の起電力が誘導されるために V_3 は V_0 になる.

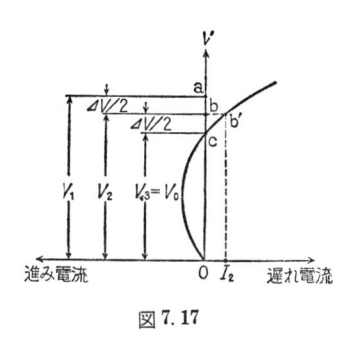

図 7.17

市販の鉄共振を用いた定電圧装置はこのような原理を用いたもので,V_1 が V_0 の 85～115〔%〕位の範囲に変動しても,V_3 はつねに 0.5〔%〕位の誤差で定電圧 V_0 に保たれる.

演 習 問 題

(1) リアクトルの鉄心に適当なギャップを設けるのは何のためか.
(2) リアクトル中に蓄えられている電磁エネルギーは
  (i) 鉄心中 (ⅱ) 付近の空気中 (ⅲ) 鉄心のギャップ中
 のどれに一番多いか.
(3) 電力用リアクトルの構成にあたって鉄心を用いるのは何のためか.
(4) 並列鉄共振を用いた定電圧装置の主要構造を述べ,その作用を説明せよ.
(5) 右図のリアクトル鉄心のギャップ長は 0.5〔mm〕,その断面積は 10〔cm²〕である.鉄心の最高許容磁束密度は 1〔T〕とする.このとき 50〔Hz〕用のリアクトルとして,何〔kVA〕まで期待できるか.
  　　　　　　　答 0.0625〔kVA〕

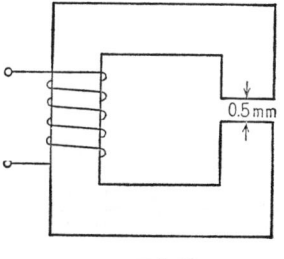

図 7.18

8. 電　磁　石

8.1　電磁力の計算

図8.1で鉄心の透磁率を無限大とし，ギャップ長をx〔m〕，ギャップの有効断面積をS〔m²〕，コイルの巻数をN〔回〕とすると，つぎのような関係が成り立つことは，すでに 4.3, 4.4 節で学んだことである．

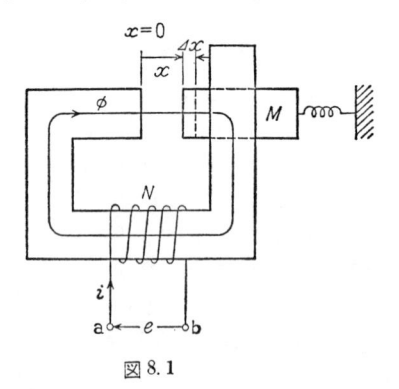

図 8.1

磁気抵抗：$R = \dfrac{1}{\mu_0} \dfrac{x}{S} = R(x)$ 〔H⁻¹〕, $\mu_0 = 4\pi \cdot 10^{-7}$ 〔H/m〕

ギャップの磁束：$\phi = Ni/R$ 〔Wb〕

巻線のインダクタンス：$L = N\phi/i = N^2/R = L(x)$ 〔H〕

磁気エネルギー：$W_m = \dfrac{1}{2}Li^2 = W_m(i, x)$ 〔J〕

または $\quad W_m = \dfrac{1}{2}(Li)i = \dfrac{1}{2}(N\phi)i$

または $\quad\quad\quad = \dfrac{1}{2}(Ni)\phi = \dfrac{1}{2}(R\phi)\phi$

$\quad\quad\quad\quad\quad = \dfrac{1}{2}\phi^2 R = W_m(\phi, x) \quad \text{〔J〕}$

上記の R, ϕ, L, W_m などの変化量は 最も基本的な 変数, すなわち独立変数は i と x か, ϕ と x である. そして

(i) **独立変数に i と x を選んだ場合**　この場合は

$$R = R(x), \quad L = L(x), \quad \phi = \phi(i, x), \quad W_m = W_m(i, x)$$

などとなる.

またこの場合は i と x とは互いに無関係な数であるから

$$\dfrac{di}{dx} = 0, \quad i\dfrac{d\phi}{dx} = \dfrac{d}{dx}(i\phi) \tag{8.1}$$

などとなる.

(ii) **独立変数に ϕ と x を選んだ場合**　この場合は

$$R = R(x), \quad L = L(x), \quad i = i(\phi, x), \quad W_m = W_m(\phi, x)$$

などとなり, ϕ と x とは互いに無関係な数であるから

$$\dfrac{d\phi}{dx} = 0 \tag{8.2}$$

となる.

このような点に留意して, 可動片 M に作用する電磁力の 式を 誘導してみよう. まず可動片 M が Δt 間に Δx だけ変位したとすると, この間に 電源側から電気エネルギー ΔW_e が流入する. また 電磁石内の 電磁エネルギーには ΔW_m の変化が生ずるし, 外部には f (x の方向の発生電磁力) で, その方向に Δx だけ変位するから $f \cdot \Delta x$ の機械仕事がなされたことになる. エネルギー不滅則より, 上の3つのエネルギーの間には

$$\Delta W_e = \Delta W_m + f \cdot \Delta x \tag{8.3}$$

の関係がなくてはならない. ここで ΔW_e は

$$\varDelta W_e = ei\varDelta t = \left(N\frac{\varDelta\phi}{\varDelta t}\right)i\varDelta t = Ni\varDelta\phi \tag{8.4}$$

となるから f は

$$f = \frac{\varDelta W_e - \varDelta W_m}{\varDelta x} = \frac{Ni\varDelta\phi}{\varDelta x} - \frac{\varDelta W_m}{\varDelta x} \quad [\text{N}] \tag{8.5}$$

上式で $\varDelta x$ を限りなく小さくとったとすると，微分の定義から

$$f = Ni\frac{d\phi}{dx} - \frac{dW_m}{dx} \quad [\text{N}] \tag{8.6}$$

いまここで，独立変数に i と x を選んでいる場合*は上式より

$$f = \frac{d}{dx}(Ni\phi - W_m) = \frac{dW_m(i, x)}{dx} \quad [\text{N}] \tag{8.7}$$

ϕ と x を独立変数に選んだ場合**は，式(8.6)右辺の第1項は0となり

$$f = -\frac{dW_m(\phi, x)}{dx} \quad [\text{N}] \tag{8.8}$$

ここで式(8.7)，(8.8)の重要な式が得られた．電磁エネルギーを x で微分して力 f が得られるが，その場合独立変数に i と x をとっている場合と，ϕ と x をとっている場合とでは符号が反対になる．

電磁エネルギー W_m が $W_m = L(x)i^2/2$ のように i と x で与えられている場合は式(8.7)を用いて

$$f = \frac{dW_m(i, x)}{dx} = \frac{1}{2}i^2 \cdot \frac{dL(x)}{dx} \quad [\text{N}] \tag{8.9}$$

また $W_m = \phi^2 R(x)/2$ のように ϕ と x で与えられているときは式(8.8)を用いて

$$f = -\frac{dW_m(\phi, x)}{dx} = -\frac{1}{2}\phi^2 \cdot \frac{dR(x)}{dx} \quad [\text{N}] \tag{8.10}$$

となる．どちらからしても

---

* ** を物理的表現にかえればつぎのようになる．
　* i を一定に保って x だけ変化するものとすれば……
　** ϕ を一定に保って x だけ変化するものとすれば……

$$f = -\frac{1}{2}\phi^2 \cdot \frac{dR(x)}{dx} = -\frac{1}{2}\left(\frac{Ni}{R(x)}\right)^2 \cdot \frac{dR(x)}{dx}$$

$$= \frac{1}{2}i^2 \cdot \frac{d}{dx} \cdot \frac{N^2}{R(x)} = \frac{1}{2}i^2 \cdot \frac{dL(x)}{dx}$$

となり，その結果は当然一致する．

今まで述べたのは可動片の直線運動であった．もし，回転運動を扱う場合は

変位 x [m] ⟶ 回転角 θ [rad]

力 f [N] ⟶ トルク T [N·m]

におきかえればよく

$$\left.\begin{aligned}T &= \frac{1}{2}i^2 \cdot \frac{dL(\theta)}{d\theta} \quad [\text{N·m}] \\ T &= -\frac{1}{2}\phi^2 \cdot \frac{dR(\theta)}{d\theta} \quad [\text{N·m}]\end{aligned}\right\} \quad (8.11)$$

となる．

[例題 8.1] 図 8.1 で端子 ab に 50 [Hz]，100 [V] の交流正弦波電圧を印加したとき，ギャップ長 $x = 5 \times 10^{-3}$ [m] のときの吸引力と流入電流を求めよ．ただし，鉄心の断面積 S は 10×10^{-4} [m²]，コイルの巻数 N は 400 [回]，巻線抵抗は 0.5 [Ω] とする．

[解] 巻線抵抗による電圧降下を無視すると，ギャップに生ずる磁束 ϕ は

$$\phi = \Phi_m \sin \omega t \tag{8.12}$$

ただし

$$\Phi_m = \frac{V}{4.44 fN} = \frac{100}{4.44 \times 50 \times 400} = 1.152 \times 10^{-3} \quad [\text{Wb}]$$

となり，ϕ は x に無関係に一定である．また磁気抵抗 R は

$$R(x) = \frac{1}{\mu_0} \frac{x}{S} = \frac{10^7}{4\pi} \times \frac{x}{10 \times 10^{-4}} = \frac{10^{10}}{4\pi} x \quad [\text{H}^{-1}] \tag{8.13}$$

ゆえに式(8.10)より

130   8. 電 磁 石

$$f = -\frac{1}{2}\phi^2 \cdot \frac{dR(x)}{dx} = -\frac{1}{2}\Phi_m{}^2 \cdot \frac{10^{10}}{4\pi} \cdot \sin^2\omega t \qquad (8.14)$$

$$= -\frac{1}{2} \cdot 1.152^2 \cdot 10^{-6} \cdot \frac{10^{10}}{4\pi} \cdot \frac{1}{2}(1-\cos 2\omega t)$$

$$= -264.5(1-\cos 2\omega t) \quad [\text{N}] \qquad (8.15)$$

負の符号は x と反対方向の力, すなわち吸引力を表わす. したがって吸引力の平均値は 264.5 [N] である.

また流入電流 i は

$$i = \frac{N\phi}{L} = \frac{R\phi}{N} = \frac{1}{400} \times \frac{10^{10}}{4\pi} \times 5 \times 10^{-3} \times 1.152 \times 10^{-3} \sin \omega t$$

$$= 11.5 \sin \omega t \qquad (8.16)$$

∴ $I = 11.5/\sqrt{2} = 8.13$ [A] ……… 答

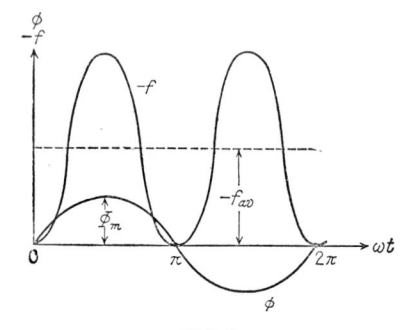

図 8.2

〔例題 8.2〕 前問において直流電圧 4.065 [V] を印加したときの吸引力はどうか.

〔解〕 このとき電流 i は, つぎのようにすぐわかるから, f の計算には式 (8.9) を用いた方が便利である.

$$i = \frac{E}{R} = \frac{4.065}{0.5} = 8.13 \quad [\text{A}] \qquad (8.17)$$

またインダクタンス $L(x)$ は

8.1 電磁力の計算

$$L(x) = \frac{N^2}{R(x)} = \frac{N^2}{(1/\mu_0)(x/S)} = \frac{\mu_0 S N^2}{x} \tag{8.18}$$

ゆえに

$$f = \frac{1}{2}i^2 \cdot \frac{dL(x)}{dx} = -\frac{1}{2}i^2 \cdot \frac{\mu_0 S N^2}{x^2} \tag{8.19}$$

$$= -\frac{1}{2} \times 8.13^2 \times \frac{4\pi \times 10^{-7} \times 10 \times 10^{-4} \times 400^2}{5^2 \times 10^{-6}}$$

$$= -264.5 \ [\text{N}] \cdots\cdots\cdots 答 \tag{8.20}$$

したがって吸引力は264.5〔N〕になる．

以上2つの例題で示したように，交流電源に対しては一般に $f = -\phi^2/2 \cdot dR(x)/dx$ の方が，直流電流に対しては $f = i^2/2 \cdot dL(x)/dx$ の方が一般に便利である．変数 x のいかんに関せず前者では ϕ が(抵抗降下無視)，後者では i がそれぞれ一定となるからである．

〔例題8.3〕 図8.3(a)のくまとりコイル形電磁石の等価回路は図8.3(b)で示される(これは図9.28で述べる)．これから I_f を用いてこの電磁石の吸引力の式を求めよ．ただし

l_A, l_B : ギャップ長〔m〕

S_A, S_B : 断面積〔m²〕

$r_s' + jx_s'$: くまとりコイルの漏れインピーダンス(1次換算値)

L_A, L_B : ϕ_A, ϕ_B の磁束によるインダクタンスで

$$L_A = N^2 \mu_0 S_A / l_A \qquad L_B = N^2 \mu_0 S_B / l_B$$

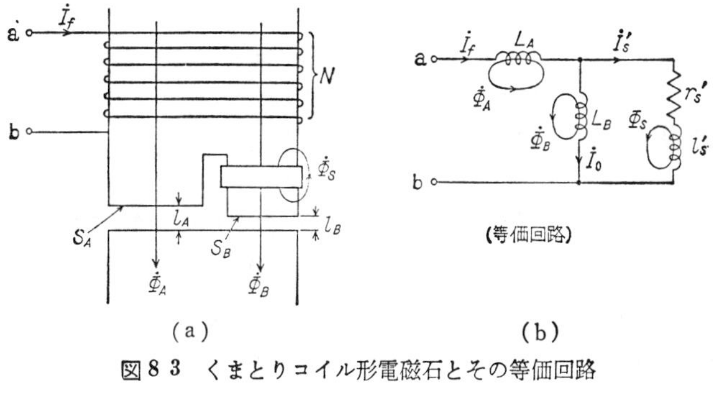

(a) (b)

図8.3 くまとりコイル形電磁石とその等価回路

〔解〕　$W_m = \frac{1}{2}L_A i_f^2 + \frac{1}{2}L_B i_0^2 + \frac{1}{2}l_s' i_s'^2$

∴　$f = \frac{\partial W_m}{\partial x} = \frac{1}{2}i_f^2 \frac{\partial L_A}{\partial l_A} + \frac{1}{2}i_0^2 \frac{\partial L_B}{\partial l_B} = -\frac{1}{2}i_f^2 \frac{L_A}{l_A} - \frac{1}{2}i_0^2 \frac{L_B}{l_B}$

(l_s' は x に無関係に一定とする)

ここで $i_f = \sqrt{2}I_f \cos\omega t$ とすると, i_0 は $i_0 = \sqrt{2}I_f K \cos(\omega t - \alpha)$ となる. ただし

$$K = \sqrt{\frac{r_s'^2 + x_s'^2}{r_s'^2 + (X_B + x_s')^2}}, \quad \alpha = \tan^{-1}\frac{x_s' + X_B}{r_s'} - \tan^{-1}\frac{x_s'}{r_s'}$$

∴　$f = -\frac{L_A}{l_A}I_f^2 \cos^2\omega t - \frac{L_B}{l_B}K^2 I_f^2 \cos^2(\omega t - \alpha)$

$= -\frac{1}{2}\left(\frac{L_A}{l_A}(1 + \cos 2\omega t) + \frac{L_B}{l_B}K^2\{1 + \cos(2\omega t - 2\alpha)\}\right)I_f^2$　〔N〕

$f_{\mathrm{av.}} = -\frac{1}{2}\left\{\frac{L_A}{l_A} + \frac{L_B}{l_B}K^2\right\}I_f^2$　〔N〕　　(－は吸引力を表わす) ……… 答

$f_{\mathrm{pulsation}} = -\frac{1}{2}\left\{\frac{L_A}{l_A}\cos 2\omega t + \frac{L_B}{l_B}K^2 \cos(2\omega t - 2\alpha)\right\}I_f^2$

$= -\frac{1}{2}I_f^2\left\{\left(\frac{L_B}{l_B}K^2 \sin 2\alpha\right)\sin 2\omega t + \left(\frac{L_A}{l_A} + \frac{L_B}{l_B}K^2 \cos 2\alpha\right)\cos 2\omega t\right\}$

$= -\frac{1}{2}I_f^2 \sqrt{\left(\frac{L_A}{l_A}\right)^2 + 2K^2 \frac{L_A L_B}{l_A l_B}\cos 2\alpha + \left(\frac{L_B}{l_B}K^2\right)^2} \times$

$\sin(2\omega t + \beta)$　〔N〕 ……… 答

$\beta = \tan^{-1}\left\{\left(\frac{L_A}{l_A} + \frac{L_B}{l_B}K^2 \cos 2\alpha\right) \Big/ \left(\frac{L_B}{l_B}K^2 \sin 2\alpha\right)\right\}$

8.2　電磁石の性能

　電磁石の特性は, (1)吸引力　(2)可動片の動き得る距離(これを**ストローク**という)が基本的なものである. 吸引力は式(8.14)に示すように交流電源の場合は可動片の位置 x に無関係にほぼ一定であるが, 直流電源に対しては式(8.19)に示すように x^2 に反比例し, 図8.4のようになる.

図8.4   図8.5

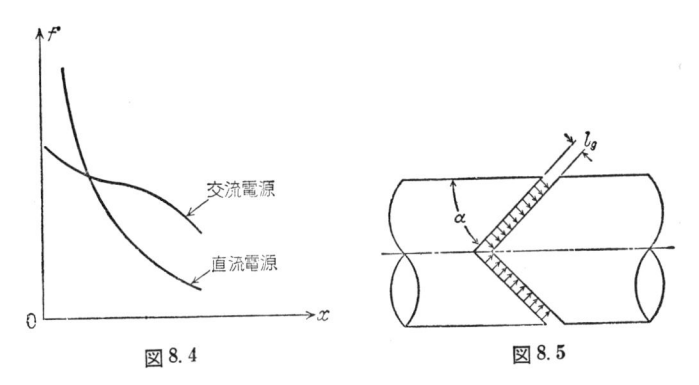

電磁石の容量は全ストローク中で最も小さな吸引力(一般に吸引し始めの力)とストロークの積をもって表わしている.

電磁石の性能を高めるのに電磁石のギャップ部を図8.5に示すように円錐形にすることがしばしばある. このようにするとギャップ l_g は $l_g = x\sin\alpha$ となり, l_g のある限度に対してストローク x が増大するからである.

〔例題8.4〕 自動制御系に用いられる電磁石は交流が多い. その主なる理由を考えよ.

〔解〕 直流の場合はスイッチを投入して電流が, ある一定値に達するにはある時間が必要である. またスイッチを切った場合にも残留磁気が残って離脱の確実性が得られない.

交流の場合は上記のようなことがない.

8.3 ステップモータ (step motor)[*]

図8.6(a)で回転子が $\theta = \theta_0$ の位置で静止しているとき電流 i をステップ状に加える $(t=0)$ と, 回転子には電磁石作用により, 図(b)に示すような時計方向のトルク T が働く. もし回転子に負荷トルク T_L が加わっているときは, これに対応した θ_L の位置で静止するが, これにおちつくまでには図(c)に示す

---

[*] ステッピングモータともいう.

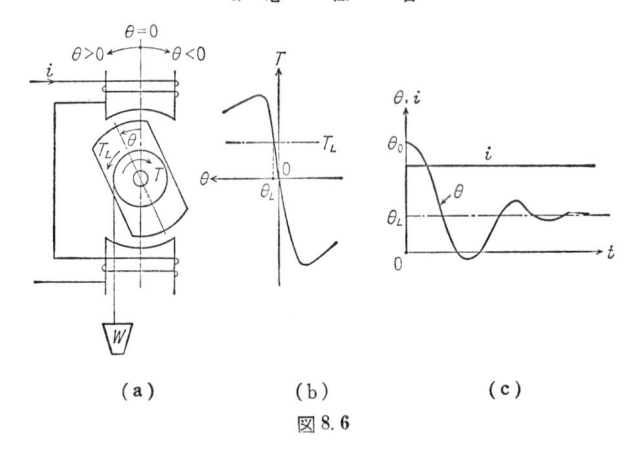

134   8. 電 磁 石

(a)　　　　　(b)　　　　(c)

図 8.6

ような時間的経過をたどるのが普通である.

　図 8.7 はステップモータの基本原理を示すもので簡単のために負荷トルクは 0 としておこう. いま 1, 1′ に電流を流した状態では, 図 8.7 に示すような位置で回転子は止っている. この状態にあるとき, 端子 2, 2′ にステップ状のパルスを加えると同時に 1, 1′ の電流を切ると回転子は 30° 時計方向に回転して静止する. つぎに端子 3, 3′ にパルスを加えると同時に 2, 2′ の電流を切ると, さらに 30° 回転する. 以下同様で結局回転子は 1 パルスごとに 30° 回転する. このようにして回転子の回転角度はパルス数に正確に比例する.

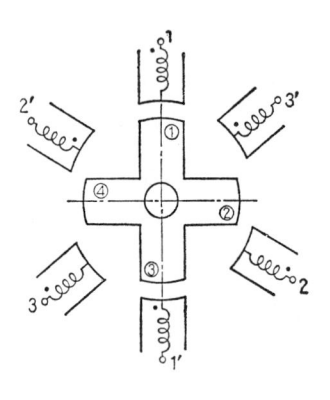

図 8.7　ステップモータの基本原理

　またパルスの順序を 11′−33′−22′ のように逆にすれば回転方向も逆になる. ステップモータは, 工作機械の数値制御などによく用いられている. このような用途に対するステップモータは

(1)　mechanical rad./pulse が小さいこと. 逆に pulse/revolution が大なること.

(2) 応答できる入力信号の〔pulse/sec〕の高いこと，このためには回転子の慣性モーメントが小さいこと．
(3) 誤動作のないこと(回転角がパルス数に正確に比例していること)．このためには図8.6(c)に示したような振動の減衰が大きいこと．
などが必要である．

現在数十〔pulse/revolution〕，応答パルス数では，2000〔pulse/sec〕程度のものまでが開発されている．

8.4 2巻線によるトルク

ギャップ一様の固定子と回転子に巻線を図8.8(a)に示すように巻いてあるものとする．このとき，図の f を固定子巻線の巻線軸，r を回転子巻線の巻線軸という．そして巻線の表示は図8.8(b)に示すように この軸上にコイルを描いて表示するのが普通である．

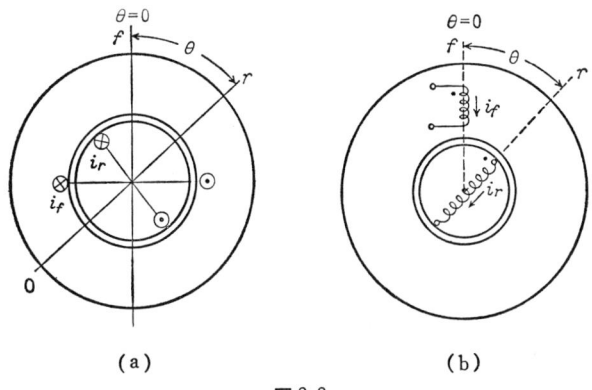

図8.8

いま巻線軸 f の位置を $\theta=0$ とし，θ の正方向を時計方向にとって巻線軸 r の位置を θ としよう．f 巻線の電流 i_f または r 巻線の電流 i_r による磁束密度の分布は正弦波と仮定し，2つの巻線軸が一致したとき($\theta=0$)の2巻線間の相互誘導係数を M とすれば，図(b)のように巻線軸が θ の角をなしていると

きの相互誘導係数は $M\cos\theta$ になる.

固定子,回転子巻線の自己インダクタンスを L_f, L_r とし,巻線電流を i_f, i_r とすると,この中に蓄えられる電磁エネルギー W_m は,

$$W_m = \frac{1}{2}L_f i_f{}^2 + \frac{1}{2}L_r i_r{}^2 + M(\theta) i_f i_r \quad [\text{J}] \qquad (8.21)$$

である.したがってこの状態で回転子に働くトルク T は,式 (8.11) より

$$T = \frac{dW_m(i,\theta)}{d\theta} = i_f i_r \frac{dM(\theta)}{d(\theta)} = -i_f i_r M \sin\theta \quad [\text{N·m}] \qquad (8.22)$$

となる.上式を i_f, i_r のいろいろの場合につき以下に吟味してみよう.

(i) i_f, i_r が正の直流 I_f, I_r の場合

式 (8.21) から

$$\left.\begin{array}{l}\pi > \theta > 0 \text{ では } T < 0 \quad (\text{反時計方向のトルク})\\ -\pi < \theta < 0 \text{ では } T > 0 \quad (\text{時計方向のトルク})\end{array}\right\} \qquad (8.23)$$

したがって回転子がどんな位置にあろうが,つねに 2 巻線軸は一致しようとする.

もし回転子が一定速度 ω_m で回転し,たとえば

$$\theta = \omega_m t$$

などと表わされる場合には式 (8.22) からトルク T は正弦波で振動し,その平均トルクは 0 になるから,このような電動機はあり得ない.

(ii) i_f, i_r が同一周波の交流の場合

$$i_f = \sqrt{2} I_f \sin\omega t$$
$$i_r = \sqrt{2} I_r \sin(\omega t - \varphi)$$

とすると式 (8.22) は

$$T = M I_f I_r \sin\theta \{\cos(2\omega t - \varphi) - \cos\varphi\} \qquad (8.24)$$

この平均トルク $T_{\text{av.}}$ は

$$T_{\text{av.}} = -M I_f I_r \cos\varphi \sin\theta \quad [\text{N·m}]$$

すなわち,2 つの電流が同一周波の交流の場合は,トルクに平均値をとること,その電流値に実効値をとること,2 電流間の位相差の余弦を乗ずることを

除けば(i)の場合とまったく同じ結果になり、2巻線軸を一致しようとする方向に平均トルクは生ずる.

演 習 問 題

(1) $f=\partial W_m/\partial x$ を誘導せよ．またこの式の適用にあたって注意すべき点は何か．

(2) ステップモータの主要動作と設計上留意すべき点を述べよ．

(3) 図8.9(b)は(a)に対して固定子と回転子にスロットを設けて極数を2つにしたものである．(a)，(b)ともにギャップ磁束密度は等しく B_g とすれば，それぞれの

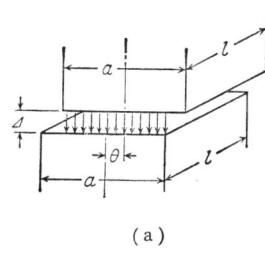

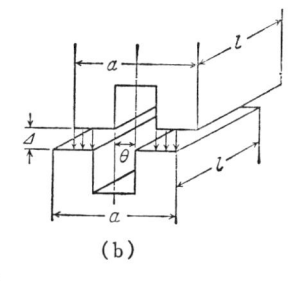

(a)　　　　　　　　(b)

図 8.9

場合のトルク T_a, T_b は

$$T_a = -\frac{B_g^2}{2\mu_0}l\varDelta \qquad T_b = -2\cdot\frac{B_g^2}{2\mu_0}l\varDelta$$

であることを証明せよ．またこの結果は電磁石の設計上どんなことを意味しているかを考えよ．ただし，ギャップ磁束は図に示すように両磁極が重なっている部分のみに生じるものとする．

(4) 図8.10に示すような電磁石がある．10.2 [kg](保持子Kも含まれる)の質量をつり上げるための励磁アンペアターンを求めよ．ただし鉄心の比透磁率はつぎのようである．

B [T]	0.36	0.44	0.48	0.60	0.72
μ_s	3300	3000	2900	2600	2300

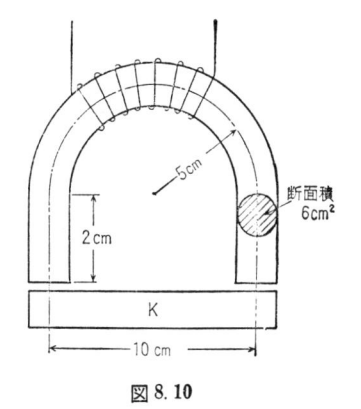

図 8.10

138　　　　　　　8. 電磁石

またKの鉄心に対するギャップは最大0.5[mm]程度であるものとする.

答　396.5[AT]

(5) 図8.11において, 巻線f, rの軸が一致したときの相互誘導係数 M は1[H]であるとする. しかるとき図のように巻線軸が60°の角をなし, しかも巻線f, rを直列に接続し, これに20[A](実効値)の正弦波交流を流したときの回転子に働くトルク T について下の問に答えよ.

(ⅰ) その方向はどうか.
(ⅱ) 瞬時値はいくらか.
(ⅲ) 平均値はいくらか.

ただし, 巻線の起磁力分布は正弦波であるとする.

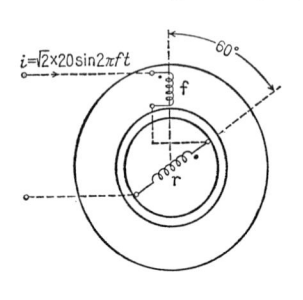

図8.11

答　(ⅰ) 反時計方向
(ⅱ) $200\sqrt{3}(1-\cos 2\omega t)$ [N·m]
(ⅲ) $200\sqrt{3}$ [N·m]

9. 交流機の基礎
―回 転 磁 界―

9.1 回転磁界と交番磁界

　図9.1の永久磁石NSによる磁束の空間的分布波形は正弦波とする．この永久磁石を一定角速度ωで動かすときの磁界を静止点からみて**回転磁界**(rotating magnetic field)，または進行磁界(travelling magnetic field)という．いま時刻$t=0$における磁束密度の空間的分布が図9.1の曲線①で示され，これは$B=B_m\sin\theta$で表わされる．これから時間tを経過すれば，磁束分布は曲線②のようになり，この時刻におけるある位置θの磁束密度$B(\theta,t)$は

$$B(\theta, t) = B_m \sin(\theta - \omega t) \tag{9.1}$$

で表わされる．

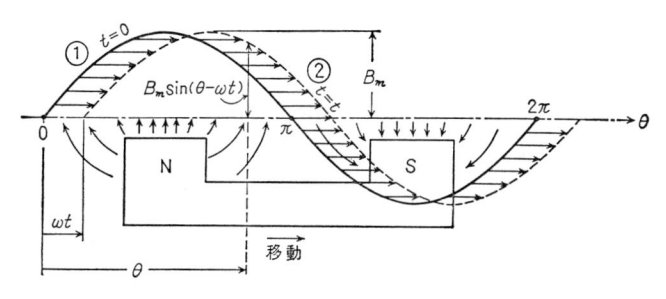

図9.1　回 転 磁 界

　これに対し図9.2で示すように，位置的に固定した鉄心を交流電流iで励磁

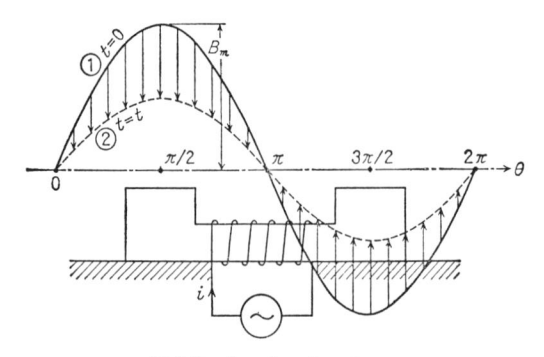

図9.2 交番磁界

するときに生ずる磁界は、i の時間的変化により図の曲線①、②などのようになり、いかなる瞬時も $\theta=0, \pi, 2\pi$ では 0、$\theta=\pi/2, 3\pi/2$ では最大となり、磁界は進行しない。このような磁界を**交番磁界**(alternating magnetic field)という。したがってこの磁界の時刻 t における位置 θ の磁束密度 $B(\theta, t)$ は

$$B(\theta, t) = B_m \cos \omega t \sin \theta \tag{9.2}$$

で表わされる。この式を変形すると

$$B(\theta, t) = \frac{1}{2} B_m \sin(\theta - \omega t) + \frac{1}{2} B_m \sin(\theta + \omega t)$$

$$= \underset{B_f}{\Downarrow} + \underset{B_b}{\Downarrow} \tag{9.3}$$

上式の B_f, B_b はそれぞれ回転方向の異なる回転磁界である。よって

"1つの交番磁界は大きさ 1/2 の回転方向の異なる2つの回転磁界に分けることができる"

これを **2回転磁界理論**(two revolution theory)という。いまこの理論を別の角度から説明してみよう。

$B(\theta, t) = B_m \sin \theta \cos \omega t$ の交番磁界は $\theta = \pi/2$ の位置では $B = B_m \cos \omega t$ となる。図9.3で点 O を中心とし、B_m を半径として円を描き、y 軸から時計方向に ωt の位置における半径 OP の y 軸への正射影 $\overrightarrow{OP'}$ が $B_m \cos \omega t$ になる。すなわち点 P を O を中心、B_m を半径とする円周上に角速度 ω で運動させたときの OP' が交番磁界を示している。

ところが OP の中点を Q とし，y 軸に関して Q の対称点を R とすると，$\overrightarrow{OQ}$，$\overrightarrow{OR}$ のベクトル和は $\overrightarrow{OP'}$ になって

$$\overrightarrow{OQ}+\overrightarrow{OR}=\overrightarrow{OP'} \qquad (9.4)$$

上式の $\overrightarrow{OP'}$ は交番磁界であり，$\overrightarrow{OQ}$，$\overrightarrow{OR}$ は大きさ $1/2$ の回転磁界で，しかも $\overrightarrow{OQ}$ の回転角速度は ω，$\overrightarrow{OR}$ のそれは $-\omega$ で，$\overrightarrow{OQ}$ を B_f とすれば $\overrightarrow{OR}$ は B_b になる．

以上で $\theta=\pi/2$ における交番磁界は 2 つの回転磁界からなることを幾何学的に説明した．$\theta \neq \pi/2$ における交番磁界もまったく同様に考えられる．

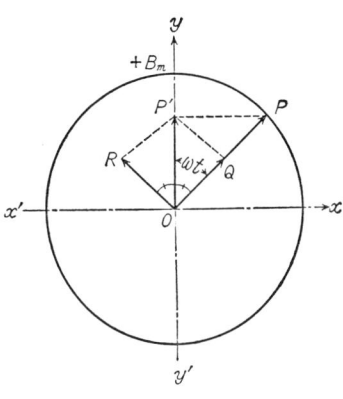

図 9.3

〔**例題 9.1**〕 図 9.4 に示すような極間隔 τ，最大値 B_m の正弦波分布磁界の位置 x における磁束密度 B_x を数式で表わせ．ただし $x=0$ は磁束密度が 0 の位置とする．

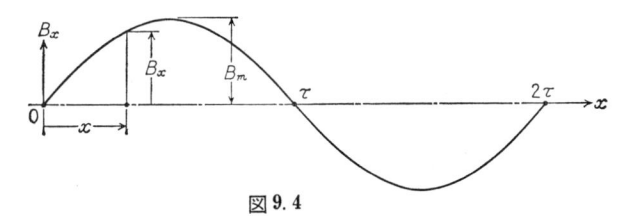

図 9.4

〔解〕 $\tau : x = \pi : \theta$ ∴ $\theta = (\pi/\tau) \cdot x$

∴ $B_x = B_m \sin\theta = B_m \sin\left(\dfrac{\pi}{\tau}x\right)$ (9.5)

〔**例題 9.2**〕 図 9.5 で

 $\varDelta$：ギャップ長で 0.2×10^{-3} 〔m〕
 N：巻数 20 〔回〕
 l：軸方向有効長で 10×10^{-2} 〔m〕
 r：ギャップの平均半径で 5×10^{-2} 〔m〕

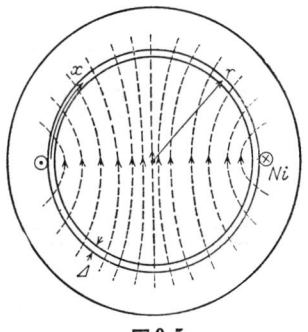

図 9.5

であり，$i=\sqrt{2}\cos(2\pi\times50\,t)$〔A〕の電流が流れるとき，位置 x に生ずる（ⅰ）磁束密度 B_x，（ⅱ）B_x に対する起磁力分布 F_x，を求めよ．ただし，鉄心の透磁率は無限大とし，求める B_x，F_x は基本波の正弦波成分のみをとるものとする．

〔**解**〕（ⅰ）$\phi=F/R$ において

$$F=Ni, \qquad R=\frac{1}{\mu_0}\cdot\frac{2\varDelta}{\pi rl}$$

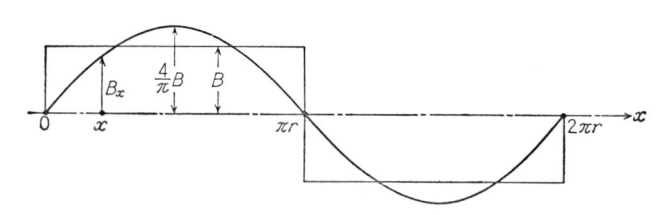

図 9.6 磁束密度の波形

鉄心の透磁率を無限大とすると，ギャップの磁束密度の波形は図 9.6 に示す方形波になり，その高さは

$$B=\frac{\phi}{\pi rl}=\frac{F\mu_0}{2\varDelta}=\frac{Ni\mu_0}{2\varDelta} \tag{9.6}$$

これをフーリエ級数に分解し，その基本波のみをとると

$$B_x=\frac{4}{\pi}\frac{B}{\pi}\sin\left(\frac{\pi}{\pi r}x\right)=\frac{4}{\pi}\cdot\frac{N\mu_0}{2\varDelta}\cdot i\sin\frac{x}{r}$$

$$=\frac{4}{\pi}\cdot\frac{20\times4\pi\times10^{-7}}{2\times2\times10^{-4}}\cdot\sqrt{2}\cos(2\pi\times50\,t)\cdot\sin\frac{x}{5\times10^{-2}}$$

$$=0.4\sqrt{2}\cos(100\pi t)\cdot\sin(20\,x) \quad \text{〔Wb/m}^2\text{〕}\cdots\cdots\text{答}$$

（ⅱ）B_x に対する磁気抵抗は $2\varDelta/\mu_0$ であるから

$$F_x=B_x\cdot2\varDelta/\mu_0=(4/\pi)Ni\sin(x/r) \tag{9.6}'$$

9.2 三相起電力──三相同期発電機の起電力

図 9.7 は三相同期発電機でまったく同じ巻線 a，b，c が 120° の等間隔に配置されている．このような巻線を**三相対称巻**という．回転子巻線 f には直流 I_f

9.2 三相起電力—三相同期発電機の起電力

が流れて正弦波分布の直流磁界をつくっている.

巻線 f と巻線 a との巻線軸が一致しているときの巻線 a の磁束鎖交数 Ψ は,両巻線の相互誘導係数を M とすると

$$\Psi = MI_f \qquad (9.7)$$

となる.図 9.7 のように a の巻線軸の位置を $\theta=0$ とし,f の巻線の位置を θ とすれば,I_f による各巻線の磁束鎖交数はそれぞれ

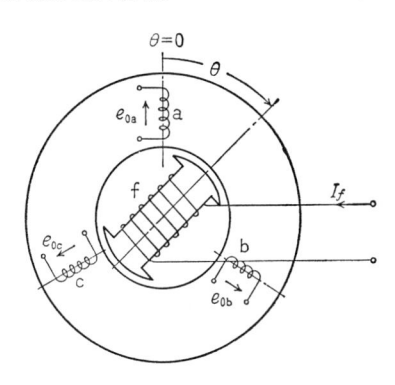

図 9.7

$$\left.\begin{array}{l} \phi_a = \Psi \cos\theta \\ \phi_b = \Psi \cos\left(\theta - \dfrac{2\pi}{3}\right) \\ \phi_c = \Psi \cos\left(\theta - \dfrac{4\pi}{3}\right) \end{array}\right\} \qquad (9.8)$$

いま,回転子が時計方向に n_0 [rps] の一定速度で回転すれば,ギャップには回転磁界が生じ,各巻線には起電力が誘導される.回転子が $\theta=0$ の位置にある瞬時を $t=0$ とすれば,時刻 t における回転子の位置 θ は

$$\theta = 2\pi n_0 t \equiv \omega_m t \qquad (9.9)$$

となり,各巻線の起電力 e_{0a}, e_{0b}, e_{0c} はファラデーの法則より,

$$\left.\begin{array}{l} e_{0a} = -\dfrac{d\phi_a}{dt} = \omega_m \Psi \sin(\omega_m t) \\ e_{0b} = -\dfrac{d\phi_b}{dt} = \omega_m \Psi \sin\left(\omega_m t - \dfrac{2\pi}{3}\right) \\ e_{0c} = -\dfrac{d\phi_c}{dt} = \omega_m \Psi \sin\left(\omega_m t - \dfrac{4\pi}{3}\right) \end{array}\right\} \qquad (9.10)$$

これら 3 つの起電力は,大きさ等しく位相がそれぞれ $2\pi/3$ ずつ違っている.このような 3 つの起電力を**平衡三相起電力**といい,これを図示すると図 9.8,ベクトル図で示すと図 9.9 のようになる.起電力の実効値を E_0 とすると

$$E_0 = \frac{\omega_m \Psi}{\sqrt{2}} = \frac{\omega_m M I_f}{\sqrt{2}} \quad [\text{V}] \qquad (9.11)$$

図 9.8　平衡三相起電力　　　　図 9.9　ベクトル図

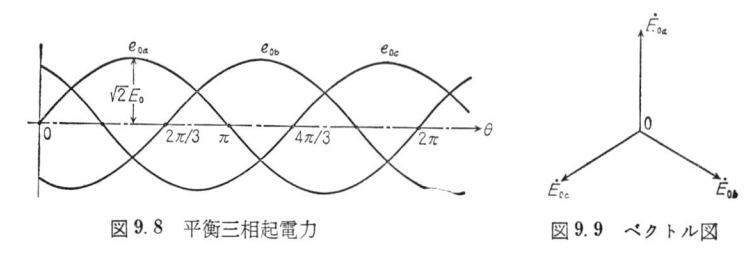

起電力の周波数 f は

$$f = \frac{\omega_m}{2\pi} = n_0 \quad [\text{Hz}] \tag{9.12}$$

ただし　n_0：回転子の回転速度〔rps〕

以上は極対数 $p=1$ の場合であるが，$p>1$ の場合は機械角速度 ω_m のかわりに電気角速度 ω を用い，式(9.11)，(9.12)はそれぞれ

$$E_0 = \frac{p\omega_m M I_f}{\sqrt{2}} = \frac{\omega M I_f}{\sqrt{2}} = 4.44 f M I_f \quad [\text{V}] \tag{9.11}'$$

$$f = \frac{p\omega_m}{2\pi} = p n_0 \quad [\text{Hz}] \tag{9.12}'$$

になる．発電機を一定速度で回転し，界磁電流 I_f を種々かえ，そのときの固定子巻線の起電力 E_0 を実測し，i_f を横軸に E_0 を縦軸にとって曲線をプロットすると図 12.5 の曲線①のようになる．この曲線を **無負荷飽和曲線** といい，I_f の小さい範囲ではほぼ直線であるが，I_f が大になるにつれて飽和の傾向を示す．これは式(9.11)′ で磁気飽和のため M が減少するためである．

〔例題 9.3〕　佐久間発電所には主発電機としては三相，93000〔kVA〕のものが4基ある．これらは 50〔Hz〕に対しては 167〔rpm〕，60〔Hz〕に対しては 200〔rpm〕で回転する．この発電機の極数はいくらか．

〔解〕　$2p = \dfrac{2f}{n_0} = \dfrac{2 \times 60}{200/60} = 36$　〔極〕………答

〔例題 9.4〕　4〔極〕，50〔Hz〕の三相同期発電機(図 9.10)があり，その界磁電流が 5〔A〕のときの無負荷端子電圧は 220〔V〕である．このときの固定子 1 相の巻線と界磁巻線との相互誘導係数 M は何ヘンリーか．

図 9.10

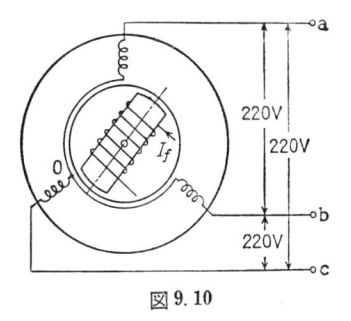

〔解〕 式(9.11)′において

$$E_0=\frac{220}{\sqrt{3}}, \quad p=2, \quad \omega_m=2\pi\frac{f}{p}=2\pi\times\frac{50}{2}=50\pi, \quad I_f=5$$

$$\therefore\ M=\frac{\sqrt{2}E_0}{p\omega_m I_f}=\frac{\sqrt{2}(220/\sqrt{3})}{2\times 50\pi\times 5}=0.305\ \text{〔H〕} \cdots\cdots\text{答}$$

9.3 回転磁界によるトルクの発生

a. 同期電動機

(i) 一様ギャップで回転子が励磁されている場合　図9.11(a)では固定子(ただしここでは自由に回転し得るようになっている)，回転子とも永久磁石からなっている．いまハンドルhをもってn_0〔rps〕の速度で固定子を反時計方

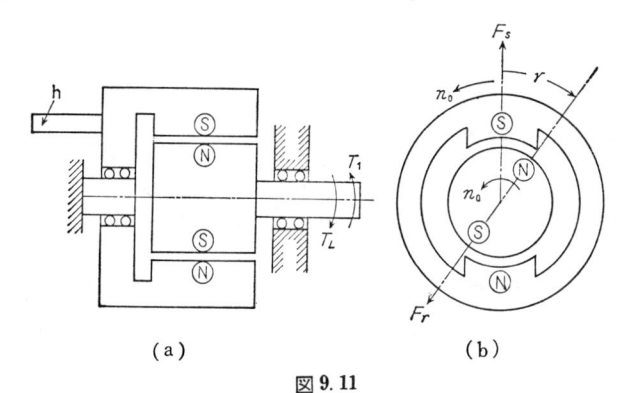

図 9.11

向にまわすと回転磁界が生じ,回転子は図 9.11(b)でわかるように異性極間の吸引力のために,固定子と等速度 n_0〔rps〕で回転する.もしこのとき回転子の速度が別の速度 n_2 であれば,あるときは吸引力,あるときは反発力が働き,平均すると回転子に働くトルクは 0 になり,回転子はついに止ってしまう.すなわち回転子は固定子の回転磁界と等速度においてのみトルクが働き荷を負うことができる.このようにして固定子と回転子とはなんら機械的に結ばれていないにもかかわらず,固定子の運動が回転子に伝わり,一種の磁気カップリング(magnetic coupling)になる.

回転子が回転磁界と同じ速度で回転していることを**同期**,回転磁界の速度を**同期速度**(synchronous speed)という.

さて回転子が一定負荷トルク T_L を負って同期しているときは,固定子・回転子の磁極間の相対的な関係は,たとえば図 9.11(b)のようにつねに固定している.このときの 2 つの極軸 F_s と F_r のなす角から π を引いたものを γ とすれば,出力のトルク T_1 は $\sin\gamma$ に比例し

$$T_1 = T_{m1}\sin\gamma \tag{9.13}$$

となり,これが負荷トルク T_L とつり合うような γ の値をとっている.

図 9.12 から明らかなように T_L が増大し,$\gamma \geqq \pi/2$ になると,もはや安定な運転は期待できず,ついに回転子は同期をはずれて静止してしまう.これを**脱調**という.

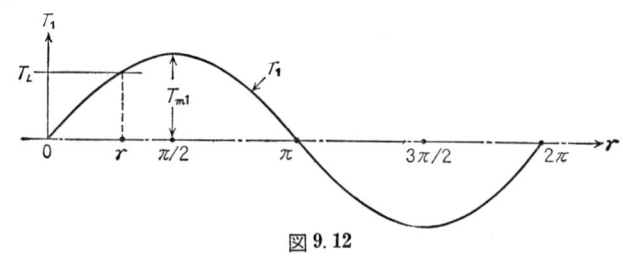

図 9.12

(ⅱ) **回転子が突極で無励磁の場合**(図 9.14 で回転子が励磁されていない場合)　図 9.11 のように回転子が非突極の場合には回転子を磁化しなければトルクは生じない.しかし突極の場合はたとえ無励磁でも電磁石作用により同期

9.3 回転磁界によるトルクの発生

速度ではトルクを出し負荷を負うことができる．電磁石作用によるトルク T_2 はつねに磁気抵抗が最小になるような向きに生ずるから，図9.14(ただし 回転子無励磁)で，反時計方向のトルクを正，時計方向のトルクを負とすれば，

$\gamma=0$ のとき $T_2=0$
$\pi/2>\gamma>0$ のとき $T_2>0$
$\gamma=\pi/2$ のとき $T_2=0$
$\pi/2<\gamma<\pi$ のとき $T_2<0$
$\gamma=\pi$ のとき $T_2=0$

などとなり，これらの中間では T_2 は正弦波状に変化するとすれば図9.13のようになり，式で示せばつぎのようになる．

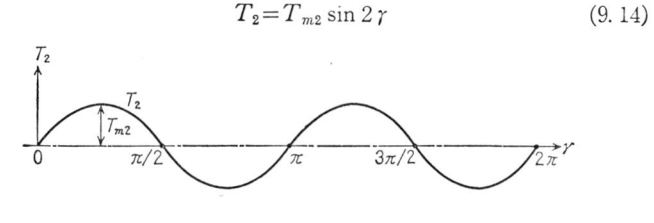

$$T_2 = T_{m2}\sin 2\gamma \tag{9.14}$$

図 9.13

式(9.14)のトルクは突極性のために生ずるもので，式(9.13)のトルクとは発生の原因を異にしている．このようなトルクを**反動トルク**(reaction torque) または**リラクタンストルク**(reluctance torque)という．

(iii) 回転子が突極でかつ励磁されている場合(図9.14) この場合は同期速度では前記(i)(ii)のトルクが同時に発生するから，トルク T は

$T = T_1 + T_2$
$= T_{m1}\sin\gamma + T_{m2}\sin 2\gamma \tag{9.15}$

となり，図9.15のようになる．この γ を**トルク角**(torque angle) または **出力角**(power angle)などという．

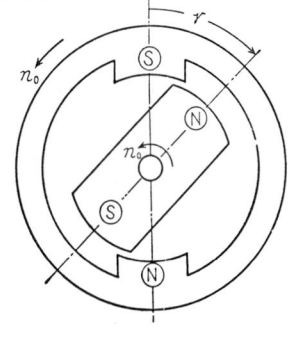

図 9.14

図 9.15

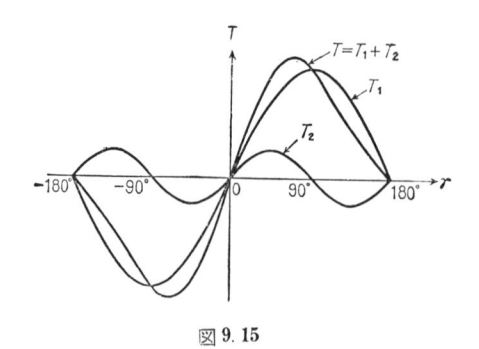

　さていままでは固定子側の回転磁界は機械運動によってつくられたのであるが，固定子を固定し，なんらかの方法で電気的に回転磁界をつくれば，回転子は回転磁界と同じ速度で回転し，ここで初めて電気エネルギーが機械エネルギーに変換されたことになる．これが**同期電動機**(synchronous motor)である．

　図 9.16 は**単相同期電動機**で，回転子は直流 I_f で励磁されているため，図に示したように永久磁石で構成されたと同じ結果になっている．固定子巻線には角周波 ω の電圧 v が印加されて交番磁界 $B(\theta, t) = B_m \cos \omega t \sin \theta$ が生じている．この交番磁界を角速度 $\pm\omega$ の 2 つの方向相反する回転磁界 B_f, B_b に分け

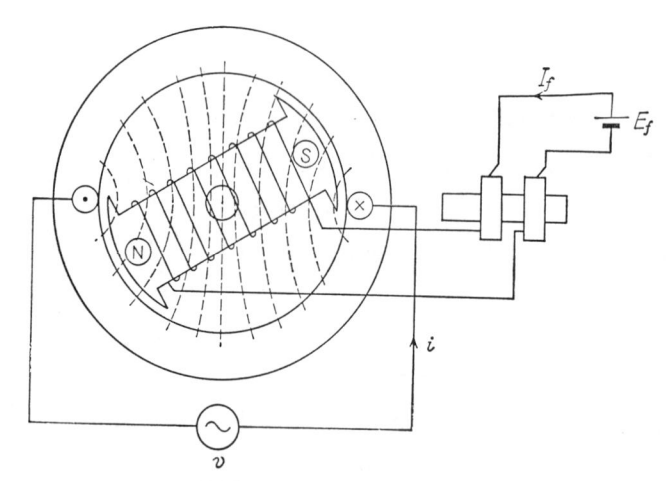

図 9.16　単相同期電動機

て考えることができる. そこでもし回転子がなんらかの方法で $+\omega$ の角速度に上昇し得たとすれば, その後は B_f と回転子の磁極との間にトルクが生じ, (B_b との間には脈動トルクは生じるが, その平均は0) 負荷を負って $+\omega$ の速度で回転することができる.

b. 誘 導 電 動 機

図9.17は回転子に磁極のかわりに導体があるところが, 図9.11と異なっている. この導体にはいかなる起電力も直接には挿入されていないので, 固定子からの誘導によるほかは電流は流れない.

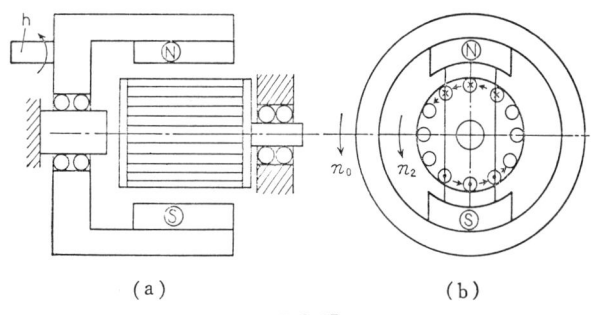

(a)   (b)
図 9.17

いま図9.17(a)のハンドルhをもって固定子を n_0 [rps] の速度で反時計方向に回転すれば, 回転子はその方向に n_0 よりも低い速度 n_2 [rps] で追従する. そして n_0 が大きいと n_2 も大きく, n_0 が小さいと n_2 も小さく, つねに

$$n_2 < n_0 \tag{9.16}$$

の関係が保たれる.

これは図9.17(b)で磁界が反時計方向に動くため, 相対的には固定子の磁界が静止し, 回転子導体が時計方向に動くのと同一の結果になり, フレミングの右手法則により, 図(b)に示すような起電力が各導体に誘導されて電流が流れる. この誘導電流と固定子の磁界との間に, フレミングの左手法則により反時計方向の電磁力が生じるためである.

図9.17のままでは, 図9.11と同様に一種の電磁カップリングにはなるが, 電動機とはいえない. これを電動機にするためには回転磁界を電気的につくる

必要がある. これをうまく解決してでき上ったものが **誘導電動機** (induction motor) である.

〔例題 9.5〕 図 9.17 で固定子が毎秒 50 回転し, 回転子が 45 回転しているとき, 回転子のある導体に誘導される起電力について

(1) 波形はどうか. (2) 周波数はいくらか.

〔解〕 (1) 固定子の磁界(反時計方向)に対する回転子の相対速度は, n_0-n_2(時計方向)である. そしてこのときの回転子導体の起電力 e は

$$e = vBl \qquad (9.17)$$

であり, lv は一定であるから e の波形は B の空間的分布波形に一致する. したがって B が正弦波分布ならば, e も正弦波交流になる.

(2) 回転子は固定子の磁界を 1 秒間に $n_0-n_2=50-45=5$〔回〕回転する. 1 回転して 1 サイクルになるから, この場合は $f=5$〔Hz〕になる.

〔例題 9.6〕 例題 9.5 で回転子が静止しているとき, 回転子導体 1 本の起電力の実効値が 2〔V〕であれば, 45 回転しているときはいくらか.

〔解〕 回転子の相対速度は静止の場合の $(50-45)/50=0.1$ 倍

$$\therefore \quad 2 \times 0.1 = 0.2 \;\text{〔V〕}$$

〔例題 9.7〕 図 9.17 で回転子を外力を加えて止めているときの回転子導体 1 本の起電力が E_2〔V〕, 周波数が f〔Hz〕であれば, 回転子が n_2〔rps〕回転しているときの起電力 E_{2s}, 周波数 f_{2s} はいくらか.

〔解〕 回転子導体の起電力の大きさと周波数は回転子の回転磁界に対する相対速度に比例する. そしてこの場合の相対速度は n_0-n_2 であるから

$$\left. \begin{array}{l} E_{2s} = E_2 \cdot \dfrac{n_0-n_2}{n_0} = sE_2 \cdots\cdots 答 \\[4pt] f_{2s} = f \cdot \dfrac{n_0-n_2}{n_0} = sf \cdots\cdots 答 \end{array} \right\} \qquad (9.18)$$

ただし $\quad s=(n_0-n_2)/n_0 \qquad (9.19)$

式 (9.19) の s を **すべり** (slip) という. すべりは回転子の回転磁界に対する相対速度 n_0-n_2 の回転磁界の速度(同期速度) n_0 に対する比である. ここで n_2 は

9.4 回転磁界の発生

回転磁界の回転方向にとられた値で，たとえば

　　回転磁界：1500〔rpm〕で時計方向

　　回　転　子：1500〔rpm〕で反時計方向

のような場合には $n_2 = -1500$ として，s は

$$s = \frac{1500-(-1500)}{1500} = 2$$

となる．

9.4 回転磁界の発生

a. 直流より回転磁界の発生

図9.18で6個のSCRはスイッチの作用し，そのオン・オフの順序とその期間は表9.1のようにする．

そこで表9.1のモードⅠではSCR₁とSCR₅が$2\pi/6$の期間導通になっているため，図9.18の太線で示すような回路が構成され，巻線AA′に直流電圧が印加される．モードⅡではSCR₁とSCR₆が導通となり，巻線C′Cに電圧が印加される．したがってモードⅠに対してモード

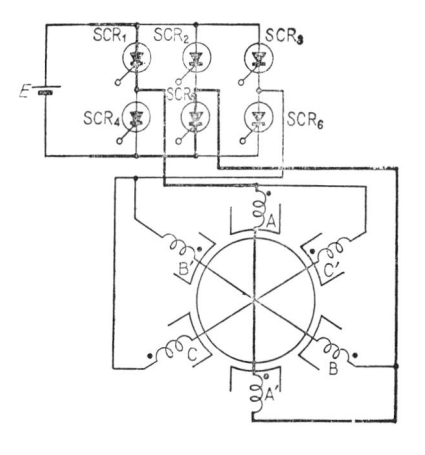

図 9.18

表 9.1

モード	Ⅰ	Ⅱ	Ⅲ	Ⅳ	Ⅴ	Ⅵ
導通の SCR	SCR₁		SCR₂		SCR₃	
	SCR₅	SCR₆		SCR₄		SCR₅
印加電圧	A→A′	C′→C	B→B′	A′→A	C→C′	B′→B

← 2π →

Ⅱでは磁極が空間的に $2\pi/6$ だけ時計方向に回転したことになる．モードⅢ，Ⅳ，Ⅴ，Ⅵに対してもまったく同様で，各モードごとに磁界は $2\pi/6$ ずつ移動する．またこの回転速度は SCR のオン，オフの速度をかえて自由に調整できる．このような直流から回転磁界をつくる方法は，回転磁界の発生を工夫しだした初期には電鍵を用いて行なわれたことがある．その後はほとんど顧みられなかったが，SCR が登場した現在，その電鍵の代りに SCR を用いて回転磁界をつくり，誘導電動機や同期電動機を駆動している．

b．三相交流による回転磁界の発生

図 9.19 の対称三相巻線に図 9.20(a)に示すような平衡三相交流 i_a, i_b, i_c が流れると，図の $t=t_1$ では，$i_a=I_m$, $i_b=i_c=-I_m/2$ となり，これによる各巻線の起磁力 F_a, F_b, F_c* は図 9.20(b)に示すように a 相では巻線軸の正方向に，b, c 相では巻線軸の負方向になる．これら3つの起磁力の空間ベクトルの和として図に示す $F(=(4/\pi)(3/2)NI_m)$ になる．同様なことを $t_2, t_3, t_4, \cdots$ $\cdots, t_7$ について行なうと，図(b)に示すように F は時計方向に回転することがわかる．図 9.20 をよく観察すると

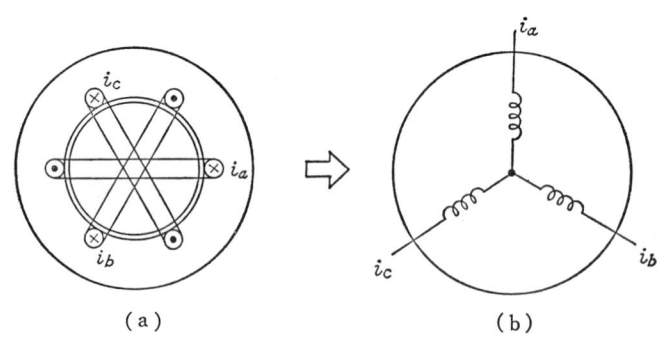

図 9.19 三相対称巻

(1) ある巻線電流が最大の瞬時には，合成回転磁界の磁軸はその巻線軸上にある．たとえば t_5 では i_c が最大で，回転磁界の磁軸は巻線 c の軸上にある．

---

* F_a, F_b, F_c は正弦波起磁力分布の最大値で，式 (9.6)′ より類推され
$$F_a=\frac{4}{\pi}NI_m, \quad F_b=\frac{4}{\pi}\cdot\frac{1}{2}NI_m, \quad F_c=\frac{4}{\pi}\cdot\frac{1}{2}NI_m$$

9.4 回転磁界の発生

(a)

(b)

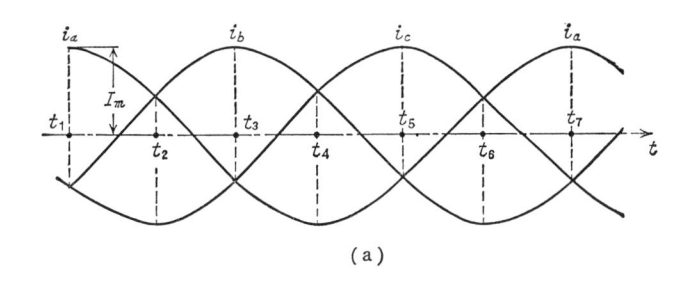

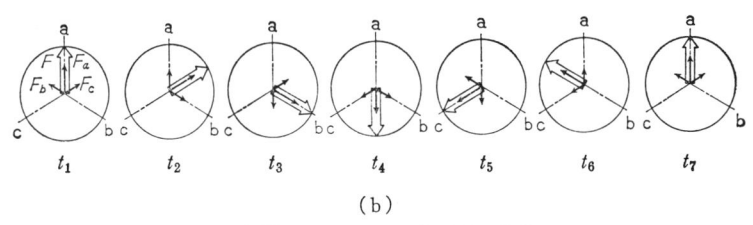

図9.20 三相による回転磁界の発生

(2) 回転磁界が1回転に要する時間は，i_a の最大からつぎの最大になるまでの時間，すなわち交流電流の周期 T に等しい．したがって回転磁界の回転数 n_0 は

$$n_0 = \frac{1}{T} = f \quad \text{[rps]} \tag{9.20}$$

(3) 磁界の回転方向は a→b→c で電流の位相の順序に一致している．

以上は巻線が2極巻の場合である．すなわち図9.19で i_a が最大の瞬時の磁束分布を図示すると図9.21のようになり，明らかに2極が形成されている．これに対し図9.22(a)のように巻線を施したとする．これに平衡三相交流が流れた場合の磁束を i_a が最大の瞬時につき描くと図9.22(b)のようになり，4極が形成されている．すなわち図9.22の巻線は4極巻である．

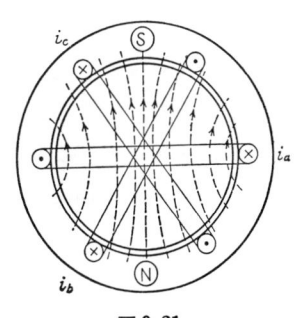

図9.21

9. 交流機の基礎

(a)

(b)

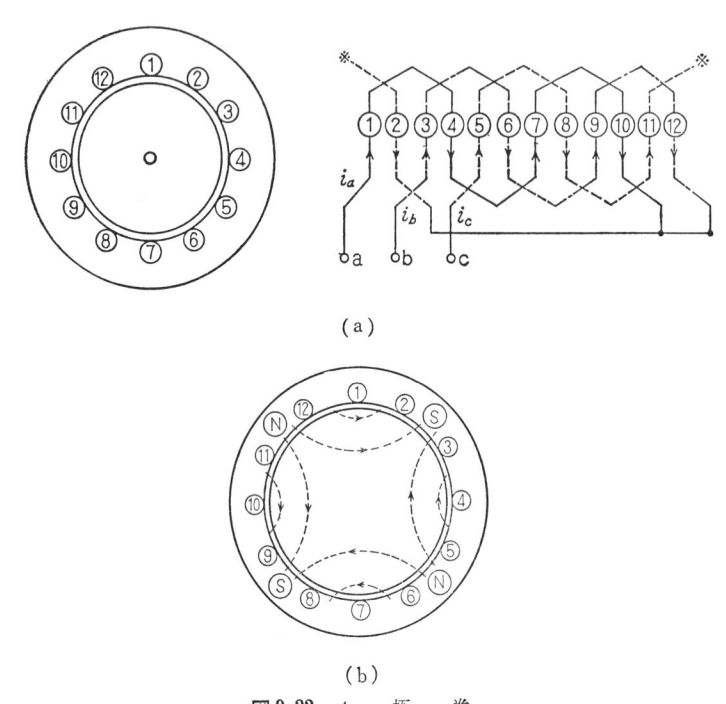

図9.22 4 極 巻

図9.23は実際の巻線の外観を示したものである.

6極巻, 8極巻, ……などもこれに準じて考えることができる. このような多極巻では, その極対数を p とすると, 回転磁界は1周期に $T=1/p$ 回転しか回転しないから, 磁界の回転数 (同期速度) n_0 は

$$n_0 = f/p \quad [\text{rps}] \quad (9.21)$$

になる.

このようにして三相対称巻に平衡三相電流を加えることにより容易に回転磁界

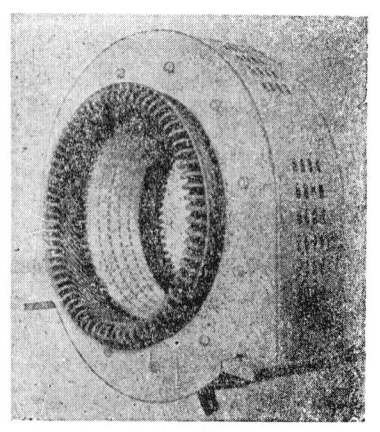

図9.23 巻線の外観

を発生さもることができる．これを応用したのが三相同期電動機，三相誘導電動機である．

〔例題 9.8〕 4〔極〕，50〔Hz〕の三相誘導電動機が 1450〔rpm〕で回転しているとき，つぎの諸量はいくらか．

（1）同期速度〔rpm〕　（2）すべり　（3）2次起電力の周波数

〔解〕　（1）　$n_0 = \dfrac{f}{p} \times 60 = \dfrac{50}{2} \times 60 = 1500$〔rpm〕

（2）　$s = \dfrac{n_0 - n_2}{n_0} = \dfrac{1500 - 1450}{1500} = \dfrac{1}{30}$

（3）　$f_{2s} = sf = \dfrac{1}{30} \times 50 = 1.67$〔Hz〕

〔例題 9.9〕 図 9.24 で（a）のように接続すると，三相誘導機は時計方向に回転する．もし図（b）のようにb相とc相が入れかわって電源の三相に接続されると，回転子の回転方向はどうなるか．

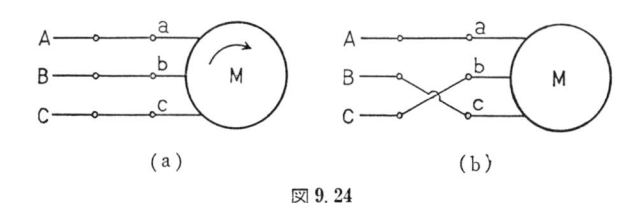

図 9.24

〔解〕　反時計方向に回転する．

〔例題 9.10〕 4〔極〕，50〔Hz〕の三相誘導機が 1450〔rpm〕で回転しているとき，電源のb相とc相とを入れかえれば，このときのすべりはどうか．

〔解〕　回転磁界は反対方向に回転するが，回転子は慣性のため切り換え直後はまだ今までの方向に同じ速度で回転する．したがって回転子は回転磁界と反対方向に回転していることになるから

$$n_2 = -1450 \text{〔rpm〕}$$

としなければならない．

$$\therefore \quad s = \dfrac{n_0 - n_2}{n_0} = \dfrac{1500 + 1450}{1500} = \dfrac{59}{31} = 1.97 \cdots\cdots\cdots \text{答}$$

c. 二相交流による回転磁界の発生

図 9.25 はブラウン管の X, Y 軸に電圧をかけた場合に，ブラウン管上の波形がどうなるかを示したものである．図(a)では大きさと位相の同じ電圧を加えた場合で，この場合は直線を示す．図(b)は大きさは等しいが，e_y の方が e_x より位相が 90° 進んでいる場合で，ブラウン管の図形は真円を示す．もし e_y が e_x より 90° 遅れている場合は真円には変わりはないが回転方向が反対になる．

図 9.25 ブラウン管上の波形

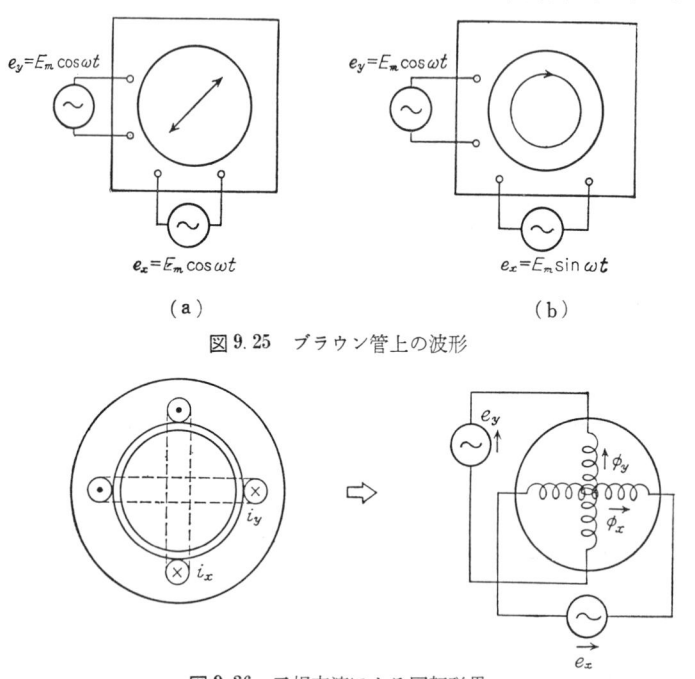

図 9.26 二相交流による回転磁界

二相による回転磁界をつくろうとする場合は，これとまったく同じに考えられる．すなわち図 9.26 に示すように，二相対称巻を施し，これに e_x, e_y の平衡二相電圧を印加すると，各巻線軸には ϕ_x, ϕ_y の二相交流磁束が生じ，この合成は回転磁界になる．

d. 単相交流より回転磁界の発生

(i) くまとりコイル形　図 9.27 に示すように突極の一部にくまとりコイ

9.4 回転磁界の発生

ル s を設け，巻線 f に交流電圧 e を印加すると，移動磁界（または進行磁界）が生じる．いまこの理由を示そう．図 9.27(a) では磁束が増大する場合で，くまとりコイルでしゃへいされない部分（A 部）は磁束が遅帯なく増大して磁束密度は大になるが，くまとりコイルの部分（B 部）は短絡コイルが磁束の変化を妨げるため，B 部の磁束密度は依然として前の粗の状態にとどまる．やがて図(b)に示すようにB部も密の状態になる．図(c)ではA部の磁束は減少し始めるが，B部はくまとりコイルが前の密の状態を維持する方向に電流を誘導するため密の状態を持続する．そしてやがて図(d)に示すようにB部もまた粗になる．以上の説明から，A部からB部へ磁界が移動することは明らかである．

以上の現象を解析的に考察するとつぎのようになる．図 9.28(a) の ϕ_A, ϕ_B

図 9.27 くまとりコイルによる磁界の移動

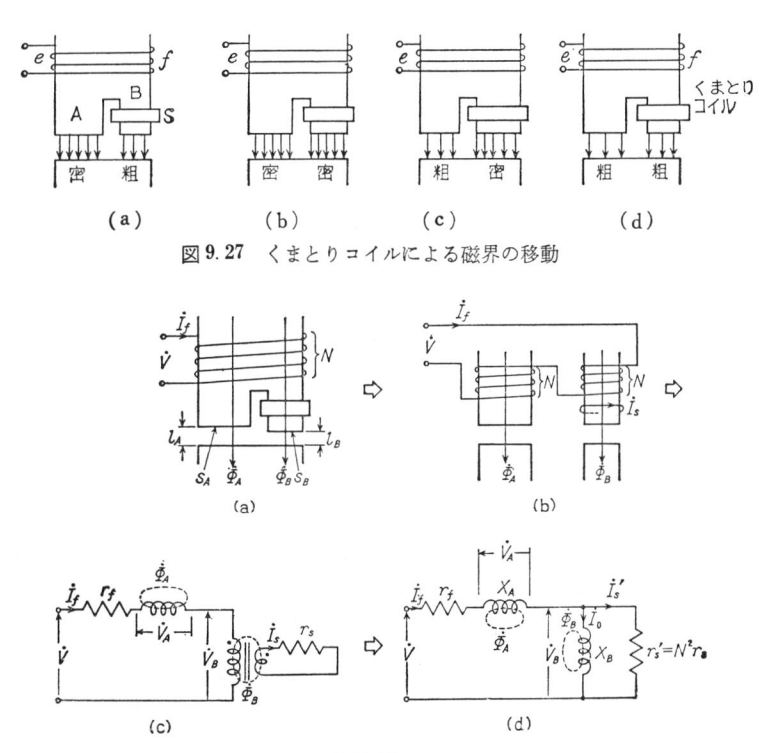

図 9.28

に対する起磁力を考えると図(b)になり，ϕ_Bに対する1次，2次の漏れリアクタンスを無視しくまとりコイルの抵抗をr_sとすると容易に図(c)が誘導される．変圧器の2次測を1次測に換算して，図(d)が得られる．そこで図(d)から電流，電圧のベクトル図を描くと図9.29のようになる．ここで$\dot\Phi_A, \dot\Phi_B$は式(4.25)より

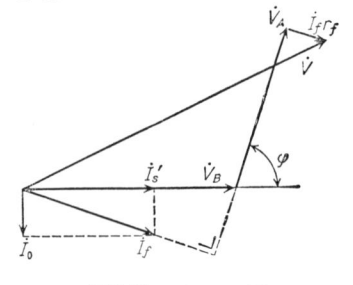

図9.29　ベクトル図

$$\left.\begin{array}{l}\dot\Phi_A=\dot V_A/j\omega N\\ \dot\Phi_B=\dot V_B/j\omega N\end{array}\right\} \qquad (9.22)$$

$$\therefore \quad \frac{\dot\Phi_A}{\dot\Phi_B}=\frac{\dot V_A}{\dot V_B} \qquad (9.23)$$

すなわち，$\dot\Phi_A$と$\dot\Phi_B$との位相差は$\dot V_A$と$\dot V_B$との位相差φに等しい．

この移動磁界は完全な回転磁界ではないが，簡単な方法でできるので，広く応用されている．

例1　くまとりコイル形単相誘導電動機(図9.30)

図9.30はくまとりコイル形単相誘導機で，電源vに100〔V〕の商用周波の交流電圧を印加すると，同期速度は

$$n_0=60\times\frac{f}{p}=3000 \ 〔\text{rpm}〕$$

普通の運転時における回転子の速度は2000〔rpm〕程度になる．くまとりコイルに銅損が生じるので効率が悪く，速度変動率は大きいのであまり特性のよい電動機とはいえないが，安価で堅牢が特徴である．安価な電蓄，扇風機などに用いられている．

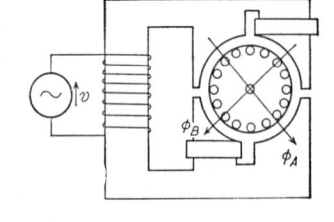

図9.30　くまとりコイル形単相誘導電動機

例2　くまとりコイル付き電磁石

交流の電磁石の電磁力は0から最大値の間を脈動する．このためにかなりの

振動(騒音)が伴う. これをさけるために図 9.31 のようにくまとりコイルを施すと, 図の ϕ_A と ϕ_B に位相差が生じ ϕ_A, ϕ_B により発生する電磁力 f_A, f_B との間に位相差が生じるため f_A が 0 のときでも $f_B > 0$, f_B が 0 のときでも $f_A > 0$ などとなり, $f_A + f_B \equiv f$ の脈動はかなり小さくなる.

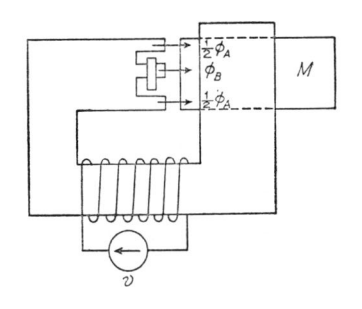

図 9.31 くまとりコイル付き電磁石

(ii) **コンデンサ分相形** 図 9.32(a) のようにまったく相等しい抵抗 R, リアクタンス X_L の 2 つのコイルを空間的に直交させ, 一方にコンデンサ X_C を挿入し, 図のように結線して単相電圧を印加すると, 図に示した電流 $\dot{I}_M$, $\dot{I}_A$ は

$$\left. \begin{aligned} \dot{I}_M &= \frac{\dot{V}}{R + jX_L} \\ \dot{I}_A &= \frac{\dot{V}}{R + j(X_L - X_C)} \end{aligned} \right\} \quad (9.24)$$

となり, $X_C > X_L$ の場合の $\dot{I}_M$, $\dot{I}_A$ のベクトル図は, 図 9.32(b) のようになって, $\dot{I}_M$ と $\dot{I}_A$ との間に位相差 φ を生じる. この分相法を用いたのが 11.4 節に述べるコンデンサモータである.

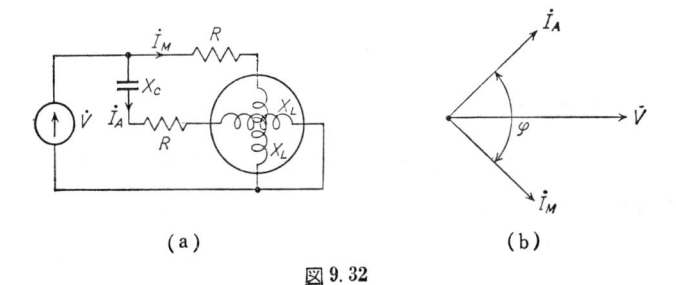

図 9.32

9.5 対称座標法

交流回路の計算で，電流 $\dot{I}$ を電圧 $\dot{V}$ の同相成分 $\dot{I}_r$ と直角成分 $\dot{I}_x$ に分けることは読者がすでに実際行なっていることである．どんな分け方をしてもよいが計算上便利な分け方としては，このような分け方がよいのである．

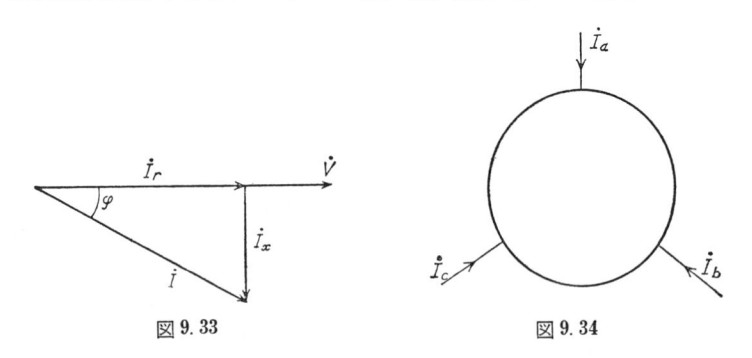

図 9.33

図 9.34

a. 三相対称座標法

図 9.34 は三相同期機または三相誘導機の固定子三相対称巻線の三相電流 $\dot{I}_a$, $\dot{I}_b$, $\dot{I}_c$ を示している．$\dot{I}_a$, $\dot{I}_b$, $\dot{I}_c$ を独立な3つの変数 $\dot{I}_0$, $\dot{I}_1$, $\dot{I}_2$ に分解して

$$\left.\begin{aligned}\dot{I}_a &= \dot{I}_0 + \dot{I}_1 + \dot{I}_2 \\ \dot{I}_b &= \dot{I}_0 + \alpha^2 \dot{I}_1 + \alpha \dot{I}_2 \\ \dot{I}_c &= \dot{I}_0 + \alpha \dot{I}_1 + \alpha^2 \dot{I}_2\end{aligned}\right\} \tag{9.25}$$

ただし $\alpha = e^{j2\pi/3} = -\dfrac{1}{2} + j\dfrac{\sqrt{3}}{2}$

として計算を進めるのを**三相対称座標法**という．この方法によると図 9.34 は図 9.35(a)(b)(c)のような3つに分解することができる．

図 9.35(a)は三相対称巻線の入力電流が同相であるので，起磁力の総和は 0 になり，これによるギャップ磁束は生じない．図(b)は三相対称巻線への入力電流が平衡三相で，しかも位相の順序が a→b→c であるから時計方向の回転磁界をつくる．図(c)は同じく平衡三相電流ではあるが，位相の順序は a→c→b と

9.5 対称座標法

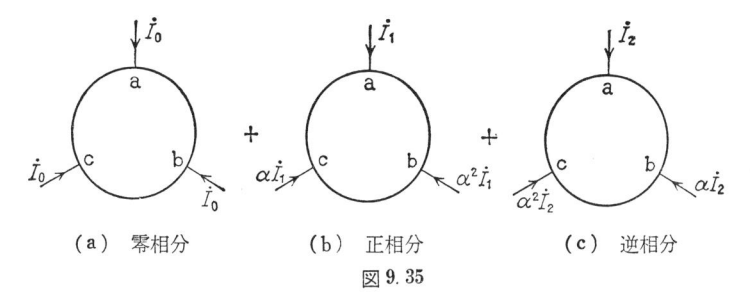

(a) 零相分　　(b) 正相分　　(c) 逆相分

図 9.35

なるから回転方向は反時計方向になる．このようなことから $\dot{I}_0$ を零相電流 (zero phase sequence current), $\dot{I}_1$ を正相電流 (positive phase sequence current), $\dot{I}_2$ を逆相電流 (negative phase sequence current) という．式 (9.25) から逆に $\dot{I}_0$, $\dot{I}_1$, $\dot{I}_2$ を求めると

$$\left.\begin{array}{l}\dot{I}_0=\dfrac{1}{3}(\dot{I}_a+\dot{I}_b+\dot{I}_c)\\[4pt]\dot{I}_1=\dfrac{1}{3}(\dot{I}_a+\alpha\dot{I}_b+\alpha^2\dot{I}_c)\\[4pt]\dot{I}_2=\dfrac{1}{3}(\dot{I}_a+\alpha^2\dot{I}_b+\alpha\dot{I}_c)\end{array}\right\} \quad (9.26)$$

したがって $\dot{I}_a+\dot{I}_b+\dot{I}_c=0$ のときは $\dot{I}_0=0$ となり，零相分は存在しない．

また $\dot{I}_a, \dot{I}_b, \dot{I}_c$ が平衡三相電流 ($\dot{I}_b=\alpha^2\dot{I}_a, \dot{I}_c=\alpha\dot{I}_a$) のときは

$$\dot{I}_2=0 \quad \dot{I}_0=0$$
$$\dot{I}_a=\dot{I}_1, \ \dot{I}_b=\alpha^2\dot{I}_1, \ \dot{I}_c=\alpha\dot{I}_1$$

となり，図 (b) の場合のみになる．

逆に三相電流が不平衡のときは一般に逆方向に回転する磁界 (逆相磁界) も生じる．

b. 二相対称座標法

図 9.36 (a) の二相対称巻線の入力電流 $\dot{I}_a$, $\dot{I}_b$ を分解して

$$\left.\begin{array}{l}\dot{I}_a=\dot{I}_1+\dot{I}_2\\\dot{I}_b=j\dot{I}_1-j\dot{I}_2\end{array}\right\} \quad (9.27)$$

とする．ただし，ここでは $\dot{I}_b$ の方が $\dot{I}_a$ より位相が進んでいるものとしている．

もし，位相関係が逆の場合は $\dot{I}_b=-j\dot{I}_1+j\dot{I}_2$ とする方がよい．図(a)は図(b)図(c)の2つの場合の合成と考えることができる．ところで図(b)は反時計方向の回転磁界，図(c)は時計方向の回転磁界になることは説明を要しない．式(9.27)より

$$\left.\begin{array}{l}\dot{I}_1=\dfrac{1}{2}(\dot{I}_a-j\dot{I}_b)\\[4pt]\dot{I}_2=\dfrac{1}{2}(\dot{I}_a+j\dot{I}_b)\end{array}\right\} \qquad (9.28)$$

平衡二相電流の場合は $\dot{I}_b=+j\dot{I}_a$ であるから $\dot{I}_2=0$ となり，図(b)のみになる．

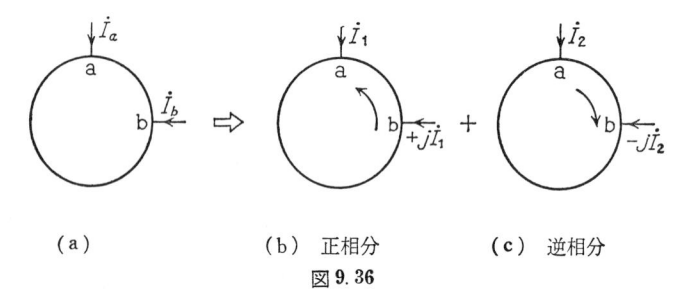

(a)　　　　　(b) 正相分　　　(c) 逆相分

図 9.36

〔例題 9.11〕 三相電圧が次式で示される．

$$\left.\begin{array}{l}v_a=\sqrt{2}\times 105\sin(2\pi\times 50\,t)\\v_b=\sqrt{2}\times 95\sin(2\pi\times 50\,t-\pi/2)\\v_c=\sqrt{2}\times 110\sin(2\pi\times 50\,t+\pi/2)\end{array}\right\}$$

このときの三相対称座標軸成分を求めよ．

〔解〕　　$\dot{V}_a=105$　($\dot{V}_a$ 基準)

$\dot{V}_b=-j95$

$\dot{V}_c=j110$

∴ $\dot{V}_0=\dfrac{1}{3}(\dot{V}_a+\dot{V}_b+\dot{V}_c)=\dfrac{1}{3}(105-j95+j110)$

$\qquad =35+j5$

演 習 問 題

$$\dot{V}_1 = \frac{1}{3}(\dot{V}_a + \alpha \dot{V}_b + \alpha^2 \dot{V}_c)$$

$$= \frac{1}{3}\left\{105 + \left(-\frac{1}{2} + j\frac{\sqrt{3}}{2}\right)(-j95) + \left(-\frac{1}{2} - j\frac{\sqrt{3}}{2}\right)(j110)\right\}$$

$$= 94.3 - j2.5$$

$$\dot{V}_2 = \frac{1}{3}\{\dot{V}_a + \alpha^2 \dot{V}_b + \alpha \dot{V}_c\} = -27.7 - j2.5$$

演 習 問 題

(1) 回転磁界,交番磁界を表わす式を記せ.

(2) 交番磁界は2つの回転磁界に分けられることを数式を用いて説明せよ.

(3) 極数4の正弦波分布で,その最大値1.0〔T〕の直流の磁界中を,有効巻数300の巻線が毎分1500〔回〕で回転するとき,その巻線にはどんな起電力が誘導されるか.波形,周波数,実効値について明らかにせよ.ただし回転子の直径と軸方向有効長は8〔cm〕とする.

　　　　　　　　　　　　　　　　　答　正弦波, 50〔Hz〕, 212〔V〕

(4) 同期発電機の周波数 f〔Hz〕,回転数 n_0〔rpm〕,極数 p の間にはどんな関係があるか

　　　　　　　　　　　　　　　　　答　$f = n_0 p / 60$

(5) 22極の三相同期発電機がある.発生周波数は50〔Hz〕で,界磁電流を50〔A〕にしたとき,三相無負荷端子電圧は9900〔V〕であった.界磁巻線と電機子巻線1相との相互誘導係数はいくらか.ただし,電機子巻線は星形結線とする.

　　　　　　　　　　　　　　　　　答　0.515〔H〕

(6) つぎの術語を説明せよ.
　　(i)同期速度　　(ii)すべり　　(iii)電気角　　(iv)リラクタンストルク

(7) 不平衡三相電圧で駆動されている4〔極〕,50〔Hz〕の三相誘導電動機がある.1450〔rpm〕で回転しているときの電動機のすべりは
　　(i)正相分に対してはいくらか.
　　(ii)逆相分に対していくらか.

　　　　　　　　　　　　　　　　答　(i)0.033　　(ii)1.967

(8) 回転磁界をつくる方法を分類して簡単な説明を加えよ.

(9) 図9.37において固定子，回転子ともに4〔極〕の三相対称巻で，固定子には50〔Hz〕，200〔V〕の平衡三相電圧が印加されている．回転子が静止時には150〔V〕の平衡三相電圧が誘導される．

いま，回転子巻線は開放のままにし，他機でこれを時計方向に1000〔rpm〕で回転したとすれば，2次の起電力の周波数と大きさはいくらか．また反時計方向に1000〔rpm〕に回転したときはどうか．

答 50〔V〕，250〔V〕，0.33，1.67

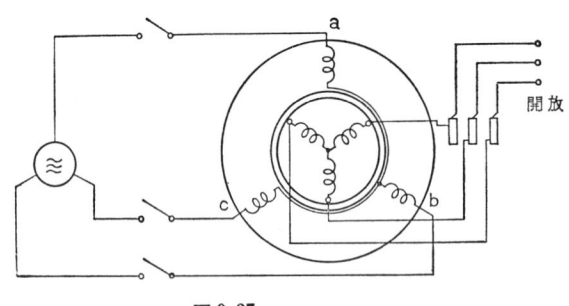

図9.37

(10) 交流電磁石においてくまとりコイルを付ける目的とその作用を説明せよ．
(11) $\dot{V}_a=100$（基準），$\dot{V}_b=100\angle 120°$ の二相交流電圧の正相分電圧 $\dot{V}_1$，逆相分電圧 $\dot{V}_2$ を図上で計算せよ．
(12) 単相交流より回転磁界をつくる方法を3種上げて簡単な説明を加えよ．

10. 三相誘導電動機

10.1 誘導電動機の種類

a. 回転子構造からの分類

誘導電動機は回転子構造から，つぎのように分類される．

$$\begin{cases} 巻\ 線\ 形(\text{wound-rotor type}) \\ か\ ご\ 形(\text{squirrel-cage rotor type}) \end{cases} \begin{cases} 普通かご形 \\ 特殊かご形 \end{cases}$$

巻線形は図10.1(a)のように回転子に通常三相の巻線を施し，3個のスリップリングをもち抵抗などの挿入が自由に行なわれるようにしたもので，始動時に好都合である．図10.1(b)は巻線形回転子の外観を示す．

普通かご形は1個のスロットに1本の太い銅，またはアルミニウムの導体(bar)を絶縁を施さないまま納め，すべての導体を図10.2(a)に示すように**端絡環** (end ring) に接続してある．特殊かご形は10.4節に述べる．図10.2(b)はかご形誘導電動機の断面を示す．

b. 電源相数からの分類

誘導電動機の電源の相数からつぎのように分類される．

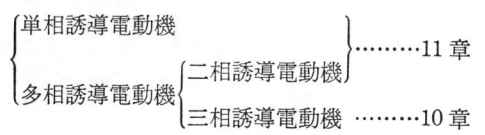

$$\begin{cases} 単相誘導電動機 \\ 多相誘導電動機 \begin{cases} 二相誘導電動機 \\ 三相誘導電動機 \end{cases} \end{cases} \begin{matrix} \cdots\cdots 11\ 章 \\ \cdots\cdots 10\ 章 \end{matrix}$$

三相誘導電動機は三相電源で完全に近い回転磁界が容易に得られて，構造簡

10. 三相誘導電動機

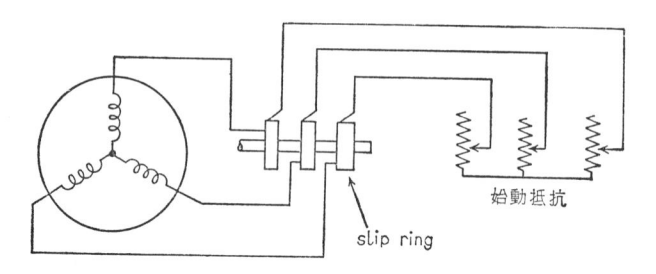

(a) 回路図

始動抵抗
slip ring

(b) 外観

図 10.1 巻線形回転子

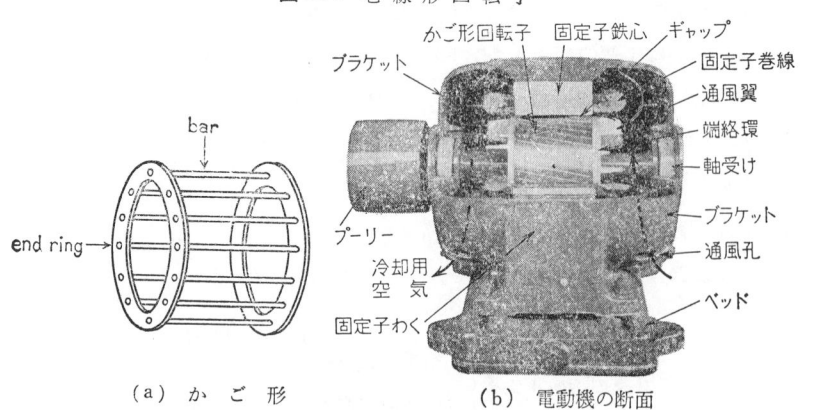

(a) かご形

bar
end ring

(b) 電動機の断面

かご形回転子　固定子鉄心　ギャップ
ブラケット　　　　　　　　固定子巻線
　　　　　　　　　　　　通風翼
　　　　　　　　　　　　端絡環
　　　　　　　　　　　　軸受け
　　　　　　　　　　　　ブラケット
プーリー
冷却用　　　　　　　　　通風孔
空気
固定子わく　　　　　　　ベッド

図 10.2 かご形誘導電動機

単・堅牢で取扱い容易,価格低廉な電動機となるため,あらゆる方面に利用され,小は 0.35 [kW] 程度から大は数千 [kW] 程度のものがある.

　二相誘導電動機は電源の関係から二相サーボモータなど特殊なもののほかはほとんど用いられていない.

　単相誘導電動機は家庭など単相電源しか得られないところでは盛んに用いられているが,その容量は主として 200〜300 [W] またはそれ以下の比較的小容量のものである.9.4 節で述べたように単相から回転磁界をつくるには,なんらかの分相装置が必要であり,この装置が単相誘導電動機を出力の割には高価にし,しかも故障を起こしやすくしている.最近は小形で信頼性の高いコンデンサができるようになったのでコンデンサ分相の単相誘導電動機が普及し,電気洗濯機,電気冷蔵庫,扇風機などにはほとんどこの電動機を用いるようになってきた.この単相誘導電動機については次章で述べる.

10.2 等 価 回 路

　三相誘導電動機には前節で述べたように巻線形,かご形の 2 種類があって一見ずいぶん異なるように考えられる.しかし普通かご形回転子の巻線も等価的に三相巻線(その極対数は固定子巻線の極対数と同じ)に置換して考えられるので理論的にはまったく同一になる.ただ巻線形はスリップリングを通して 2 次巻線に抵抗などを挿入できるが,かご形の場合はこれができないだけである.そこでこれから等価回路を誘導するにあたっては,図 10.3 のような三相巻線形誘導電動機について行ない,その定数はつぎのとおりとする.

　　極 対 数：p,電源周波数：f
　　電源電圧：V_1(線間電圧 V_l の $1/\sqrt{3}$)
　　1 次巻線：星形接続,1 相の有効巻数 N_1,漏れインピーダンス r_1+jx_1
　　2 次巻線：星形接続,1 相の有効巻数 N_2,漏れインピーダンス r_2+jx_2
　　励磁アドミタンス：$\dot{Y}_0=g_0-jb_0$

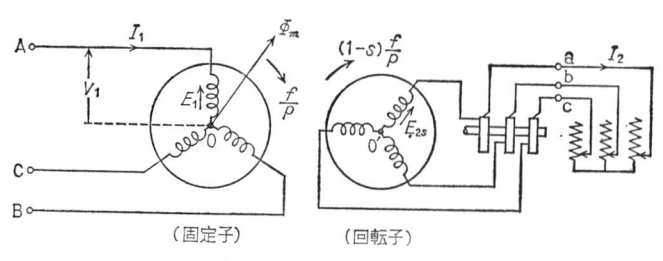

図 10.3 三相巻線形誘導電動機

a. 無負荷運転時

無負荷で回転子が同期速度 f/p 〔rps〕で回転しているものとする．この場合は回転磁界と回転子との相対速度は 0 であるから，2 次巻線には電流は誘導されない．したがって発生トルクはないが，風損，ベアリング損などの摩擦損を無視すれば，回転子は慣性で同期速度で回転することができる．1 次巻線には無負荷電流(実効値 I_0)が流れて，ギャップには回転磁界が生じている．この回転磁界は固定子の各巻線からみると，大きさ Φ_m，周波数 f の交番磁界で固定子の各巻線には大きさ

$$E_1 = 4.44 f N_1 \Phi_m \tag{10.1}$$

の平衡三相電圧が誘導され，無負荷電流による漏れインピーダンス降下を無視すると，これが電源電圧 V_1 に対抗している．

$$\therefore \quad V_1 = E_1 = 4.44 f N_1 \Phi_m \tag{10.2}$$

したがって V_1 が一定である限り Φ_m も一定になる．

b. 負荷運転時

回転子に負荷トルクが加わると，回転子は減速し，すべり s を生ずる．この場合は 2 次巻線に対しては回転磁界は大きさ Φ_m，周波数 sf (すべり周波)の交番磁界になるので，各回転子巻線には実効値が

$$E_{2s} = 4.44 \, (sf) N_2 \Phi_m = s E_2 \tag{10.3}$$

ただし
$$E_2 = 4.44 f N_2 \Phi_m \tag{10.4}$$

の三相起電力が誘導される．この起電力の周波数は sf であるから巻線の漏れインピーダンスは $r_2 + jsx_2$ となり，2 次には大きさ

10.2 等 価 回 路

$$I_2 = \frac{E_{2s}}{\sqrt{r_2^2+(sx_2)^2}} = \frac{E_2}{\sqrt{(r_2/s)^2+x_2^2}} \tag{10.5}$$

の平衡三相電流が生じ，回転子上を sf/p [rps] で回転子の回転方向に回転する起磁力 $F_r(=3/2\,N_2I_2)$ が生ずる．回転子自身は $(1-s)f/p$ [rps] で回転しているから，F_r の固定子に対する回転速度は

$$\frac{sf}{p}+\frac{(1-s)f}{p}=\frac{f}{p} \quad [\text{rps}] \tag{10.6}$$

となる．この事は固定子からみると2次電流 I_2 の周波数は f とみなされることを暗示している．

1次巻線には新たに1次負荷電流 I_1' が流入して回転起磁力 $F_s(=kN_1I_1')$ をつくり*，2次電流により生じた回転起磁力 F_r を打ち消して (図10.4)，ギャップ磁界が不変に保たれる．この磁界と2次電流との間にトルクが発生し，負荷トルクに対抗して動的平衡が保たれる．

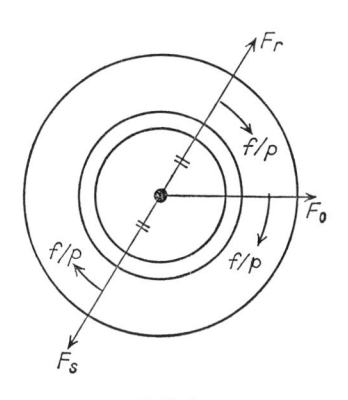

図 10.4

c. 等 価 回 路

以上 a, b で得られた結果を要約すると，

(1) 無負荷時は $s=0$ で，このときの1次電流は $\dot{I}_0$

(2) 負荷時は $s>0$ で，このときの2次電流 I_2 は

$$I_2 = \frac{E_2}{\sqrt{(r_2/s)^2+x_2^2}}$$

で，1次側からみた周波数は f とみなされる．

(3) 2次電流によるアンペアターンは1次負荷電流 $\dot{I}_1'$ によって打ち消され ($N_2\dot{I}_2=N_1\dot{I}_1'$)，ギャップ磁束はつねに一定に保たれる．

(4) $\dot{E}_1/\dot{E}_2 = N_1/N_2$

などである．このような結果はつぎの図10.5で示される．

---

* $k=(\pi/4)(3/2)$, p. 142 参照のこと．

(理想変圧器)

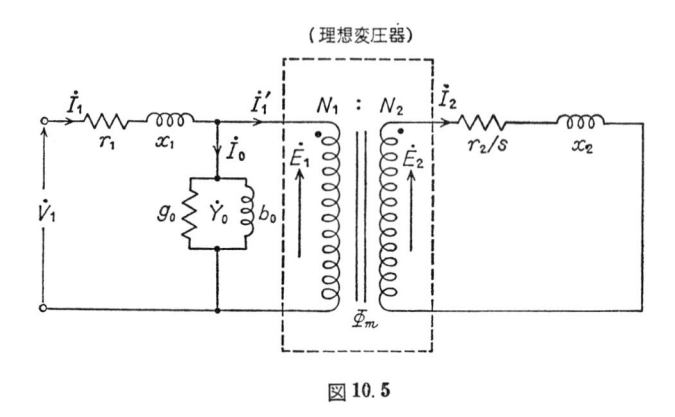

図 10.5

図 10.5 の r_2/s を

$$\frac{r_2}{s} = r_2 + r_2\frac{1-s}{s} \tag{10.7}$$

とし，かつ 6.3 節で述べた変圧器の場合と同様に，2 次側の諸量を 1 次側に換算し，かつ $\dot{I}_0$ の回路を r_1+jx_1 の前に出すと図 10.6 になる．
ただし

$$\left.\begin{array}{l} r_2' = \left(\dfrac{N_1}{N_2}\right)^2 r_2 : \quad \text{1 次側に換算した 2 次抵抗} \\[4pt] x_2' = \left(\dfrac{N_1}{N_2}\right)^2 x_2 : \quad \text{1 次側に換算した 2 次漏れリアクタンス} \\[4pt] \dot{I}_2' = \left(\dfrac{N_2}{N_1}\right) \dot{I}_2 : \quad \text{1 次側に換算した 2 次電流} \quad (=\dot{I}_1') \end{array}\right\} \tag{10.8}$$

$\dot{Y}_0 = g_0 - jb_0 \quad : \quad $ 励磁アドミタンス

図 10.6 は変圧器の等価回路とまったく同形で，$r_2'(1-s)/s$ が変圧器の負荷インピーダンスに相当し，無負荷時 $s=0$ のとき $r_2'(1-s)/s=\infty$，$\dot{I}_1'=0$ となり変圧器の 2 次開放に相当する．また始動時 $s=1$ では $r_2'(1-s)/s=0$ となり変圧器の 2 次短絡に相当する．誘導電動機では，電気エネルギーを機械エネルギーに変換するのであるから，$r_2'(1-s)/s$ で消費されるパワー $I_2'^2 r_2'(1-s)/s$ が 1 相あたりの機械出力を示している．

図 10.7 は，1 相あたりの誘導電動機の 1 次銅損，2 次銅損，鉄損，……な

10.2 等 価 回 路

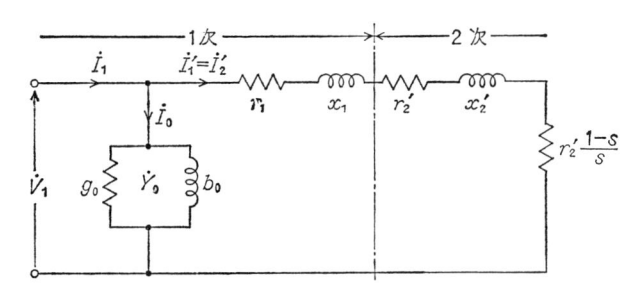

図10.6 三相誘導電動機の1相あたりの等価回路

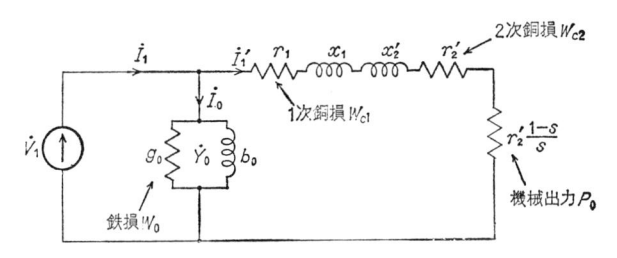

図10.7 等 価 回 路

どが，この等価回路のどこに示されているかを示したものである．

図10.8は上の結果から得られるパワーフロー(power flow)を示したものである．

図10.8で示した P_{sy} は誘導作用によって1次から2次に伝達されるパワーで，これを同期ワット(synchronous watt)という．

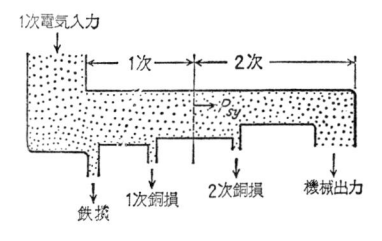

図10.8 パワーフロー

〔例題 10.1〕 6〔極〕，20〔HP〕，500〔V〕，50〔Hz〕の三相巻線形誘導電動機において

1次1相の有効巻数 N_1：169〔回〕
2次1相の有効巻数 N_2：22.9〔回〕

とすれば，

(1) 電動機の2次巻線を開放したまま定格電圧を加えたとき，2次1相の巻線に誘導される起電力を求めよ．

(2) すべり5〔%〕のときはどうか．またその周波数はいくらか．

ただし，1次，2次ともに星形結線である．

〔解〕 (1) $E_2 = \dfrac{N_2}{N_1} \cdot E_1 = \dfrac{22.9}{169} \times \dfrac{500}{\sqrt{3}} = 39$ 〔V〕

(2) $E_{2s} = sE_2 = 0.05 \times 39 = 1.95$ 〔V〕

$f_s = sf = 0.05 \times 50 = 2.5$ 〔Hz〕

〔例題 10.2〕 2〔kW〕，200〔V〕，4〔極〕，50〔c/s〕の定格をもつかご形三相誘導電動機がある．

(1) 無負荷試験

定格電圧を加えて無負荷運転したところ

入力電流：3.9〔A〕，入力：250〔W〕

(2) 拘束試験 (lock test)

回転子を拘束して40〔V〕，50〔Hz〕の平衡三相電圧を印加したところ

入力電流：9〔A〕，入力：300〔W〕

であった．

この電動機の等価回路を求めよ．ただし1次1相の巻線抵抗は0.6〔Ω〕である．

〔解〕

(1) 無負荷試験時に回転子は同期速度で回転していたものとみなせば，このときの1次1相よりみた等価回路は図10.9になる．これから

∴ $g_0 = \dfrac{W}{V_1{}^2} = \dfrac{250/3}{(200/\sqrt{3})^2} = 0.625 \times 10^{-2}$ 〔℧〕

$b_0 = \sqrt{\left(\dfrac{I_0}{V_1}\right)^2 - g_0{}^2} = \sqrt{\dfrac{3 \times 3.9^2}{200^2} - (0.625 \times 10^{-2})^2} = 3.38 \times 10^{-2}$ 〔℧〕

(2) 拘束試験時の印加電圧が低いために励磁回路を無視すると，このときの等価回路は図10.10のようになる．

10.2 等価回路

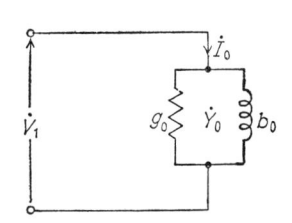

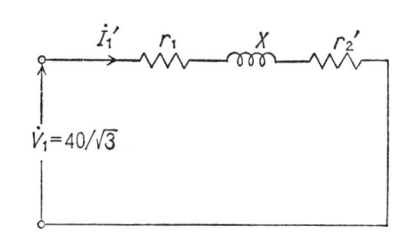

図 10.9 無負荷試験時の等価回路 **図 10.10** 拘束試験時の等価回路

この等価回路より

$$R = r_1 + r_2' = \frac{W}{I^2} = \frac{300/3}{9^2} = 1.265 \ [\Omega]$$

$$X = \sqrt{\left(\frac{V_1}{I_1'}\right)^2 - R^2} = \sqrt{\left(\frac{40/\sqrt{3}}{9}\right)^2 - 1.265^2} = 2.22 \ [\Omega]$$

$$r_2' = R - r_1 = 1.265 - 0.6 = 0.665 \ [\Omega]$$

よって求める1相あたりの等価回路は図 10.11 になる.

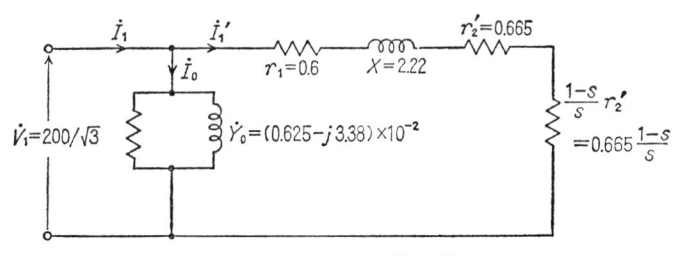

図 10.11 1相あたりの等価回路

〔**例題 10.3**〕 その等価回路が図 10.11 で与えられる4極, 50〔Hz〕の三相誘導電動機のすべり4〔%〕のときの, (1)出力, (2)発生トルク を求めよ.

〔**解**〕

(1) $I_1' = \dfrac{V_1}{\sqrt{(r_1 + r_2'/s)^2 + X^2}}$

$P_0 = 3 I_1'^2 r_2' \dfrac{1-s}{s} = \dfrac{3 V_1^2}{(r_1 + r_2'/s)^2 + X^2} \times \dfrac{r_2'(1-s)}{s}$

$= 3 \times \dfrac{200^2/3}{\{0.6 + (0.665/0.04)\}^2 + 2.22^2} \times \dfrac{0.665(1-0.04)}{0.04} = 1780 \ [W]$

……… 答

(2)　$T = \dfrac{P_0}{(2\pi f/p)(1-s)} = \dfrac{1780}{(2\pi \times 50/2)(1-0.04)} = 11.8$　〔N·m〕………答

10.3　三相誘導電動機の運転特性

　図10.12に示す三相誘導電動機の1次1相からみた電動機の等価回路は，図10.6で示されることを知った．この等価回路において一定電圧のもとでは，変数はすべり s のみであるから，電流，発生トルクなどはすべり s のみの関数になり，図10.13のようになる．この点直流機と非常に異なっている．直流機ではたとえばトルク T は界磁電流 I_f と電機子電流 I_a との積に比例し，しかも I_f は速度とは無関係に自由に変えることができた．

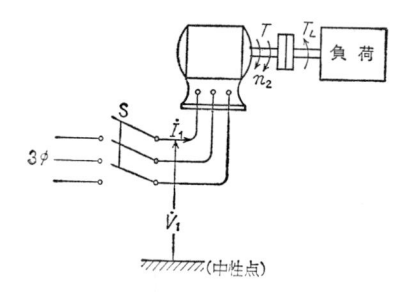

図10.12　三相誘導電動機　　　図10.13　対速度特性

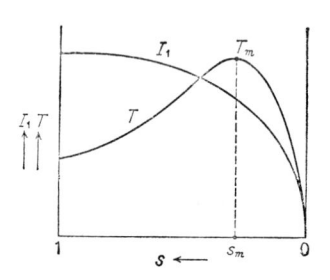

　図10.14のトルク曲線①で T_s が始動トルク，T_m が最大トルク，s_m はそのときのすべりである．負荷トルクが図10.14の曲線②で示される場合には，図10.12のスイッチSを投入すると，始動トルク T_s が発生し，$T_s - T_L$ によって電動機は加速し，曲線①と②との交点Pで加速が止り，この点で安定運転する．一般に運転時のすべり s は，$s_m > s > 0$ の斜線を施した範囲にくる

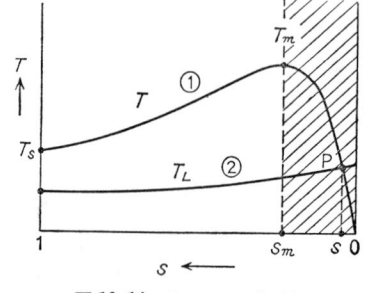

図10.14　トルク曲線

のが普通である.無負荷 $(T_L=0)$ のときの $s=0$ から,定格負荷時のすべり s_n $(s_n < s_m)$ まで負荷の増加につれて速度は低下するが,s_n はおおむね $0.5 s_m$ であり,s_m は普通 $0.1 \sim 0.2$ ぐらいの範囲にあるので,負荷トルクの変動に対する速度変動は小さくほぼ定速運転になる.

a. 機械出力,2次銅損,同期ワットの関係

図 10.7, 10.8 より

$$P_{sy} = W_{c2} + P_0$$
$$= 3 r_2' I_2'^2 + 3 r_2' \frac{1-s}{s} I_2'^2 = 3 \frac{r_2'}{s} I_2'^2 \text{ [s. W]}* \quad (10.9)$$

$$\therefore \quad P_{sy} : P_0 : W_{c2} = 1 : (1-s) : s \quad (10.10)$$

すなわち2次に伝達されたパワーのうち $(1-s)$ が機械出力に,s は2次銅損になる.式(10.10)の関係は誘導電動機の注目すべき性質で,すべりの大きいところで運転することは2次銅損が多くて効率は悪い.この点から大形機になればなるほど定格時のすべりを少なくしなければならず,数千〔kW〕のものでは 2~3〔%〕程度に設計される.

b. ト ル ク

(i) 同期ワットのトルク

トルク T は

$$T = \frac{P_0}{2\pi n_2} = \frac{P_{sy}(1-s)}{2\pi n_0(1-s)} = \frac{1}{2\pi n_0} P_{sy} \quad \text{[N·m]} \quad (10.11)$$

上式で $2\pi n_0$ は機械と電源周波により定まる定数であるから同期ワット P_{sy} をもってトルクの尺度とすることができる.これを**同期ワットのトルク**という.

(ii) トルクの最大値 $P_{sy\max}$ とそのすべり s_m

$$P_{sy} = 3 \frac{r_2'}{s} I_2'^2 = \frac{3 V_1^2 r_2'/s}{\left(r_1 + \frac{r_2'}{s}\right)^2 + X^2} = \frac{3 V_1^2}{\frac{r_1^2 + X^2}{r_2'} s + \frac{r_2'}{s} + 2 r_1}$$

$$= \frac{3 V_1^2}{\left(\frac{\sqrt{r_1^2 + X^2}}{\sqrt{r_2'}} \sqrt{s} - \frac{\sqrt{r_2'}}{\sqrt{s}}\right)^2 + 2 \sqrt{r_1^2 + X^2} + 2 r_1} \quad (10.12)$$

---

* s.W は同期ワット

$$\therefore \quad P_{sy\max} = \frac{3V_1{}^2}{2(r_1 + \sqrt{r_1{}^2 + X^2})} \tag{10.13}$$

$$s_m = \frac{r_2'}{\sqrt{r_1{}^2 + X^2}} \tag{10.14}$$

式(10.13), (10.14) より $P_{sy\max}$ は r_2' には無関係であるが,そのすべり s_m は r_2' に比例し,r_2' が小さいほど s_m は小さい.

〔例題 10.4〕 4〔極〕,50〔Hz〕の誘導電動機で1〔kW〕の同期ワットのトルクは何 kg·m か.

〔解〕

$$T = \frac{P_{sy}}{2\pi n_0} = \frac{1000}{2\pi \times (50/2)} = \frac{20}{\pi} \quad [\text{N·m}] = 0.65 [\text{kg·m}] \cdots\cdots 答$$

注:三相誘導電動機の速度特性は円線図で一目瞭然に知ることもできる.付録2の図2.7を参照せよ.

10.4　2次抵抗の影響

a.　比例推移と巻線形電動機

図 10.6 の等価回路から $\dot{I}_1$, $\dot{I}_2'$ は r_2'/s の関数であり,したがって同期ワット P_{sy} も r_2'/s の関数である.

図 10.15 (a)(b)で曲線①を巻線形三相誘導電動機で2次挿入抵抗を 0 としたときのトルクと電流の曲線とすると,この曲線をもとにして,外部抵抗を挿入して2次の全抵抗を m 倍にしたときのトルク,電流の曲線がどうなるかを知ることができる.

それはトルクも電流も r_2'/s の関数であるから 2次抵抗が m 倍になったときはすべりも m 倍にすれば,そのときのトルクも電流も前の値に変わりがない.そこでたとえば $m=3$ の場合は,図 10.15 に示すように曲線①の上の各点を左へ $(m-1)s$ 移動して曲線②が求められる.

これを**比例推移** (proportional shifting) といい,2次抵抗の増減が1次,2次の電流,トルクなどにどのような影響を与えるかを知るのにきわめて便利で

(a) トルク　　　　　　　(b) 電流 I_1

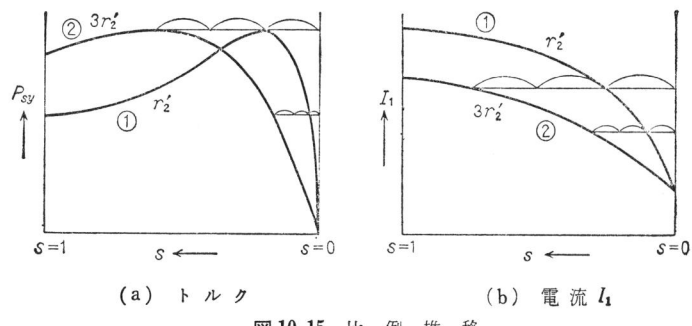

図 10.15　比例推移

ある.

この比例推移から知り得ることは,
(1) r_2' をかえてもトルクの最大値に変化がない.
(2) r_2' を大にすると s_m は大になる.
(3) r_2' を大にすると始動時の電流は減り,トルクは逆に増加する.

などである.この(3)が巻線形電動機が始動時2次に抵抗を挿入する理由である.すなわち式(10.14)から

$$r_2' = \sqrt{r_1^2 + X^2} \tag{10.15}$$

になるように始動抵抗を挿入すると,始動時 $s=1$ でトルクは最大になり,しかも電流は著しく減少し始動特性は改善される.

b. 特殊かご形誘導機の始動特性

かご形誘導機は r_2' を小さく設計し得るので,運転時のすべりが小さく,速度変動率も小さく運転効率もよい(85%程度)が,始動トルクが小さく,しかも始動電流は定格電流の5~6倍程度にも達するなど始動特性が悪い.

そこで5〔kW〕程度以上の三相かご形誘導電動機はつぎに述べる二重かご形,深みぞ形(とくにこの方が多い)の特殊かご形を用いている.

(i) **二重かご形**　二重かご形回転子は図10.16に示すような構造になっていて,上部の巻線(2次巻線)は断面積が小さく抵抗は大きいが,漏れリアクタンスは x_{2s} のみで小さい.下部巻線(3次巻線)は抵抗は小さいが,漏れリアク

タンスは $x_{23}+x_3$ で大きい．したがって始動時 2 次周波数の高いときは回転子電流は，主として 2 次巻線に流れて，その等価回路は図 10.17(a) に示される．運転時には回転子電流は主として 3 次巻線に流れて，その等価回路は 図 10.17(b) のようになる．このようにして二重かご形電動機は始動時には始動抵抗が入り，運転時は自然とこれが除かれるようになっている．

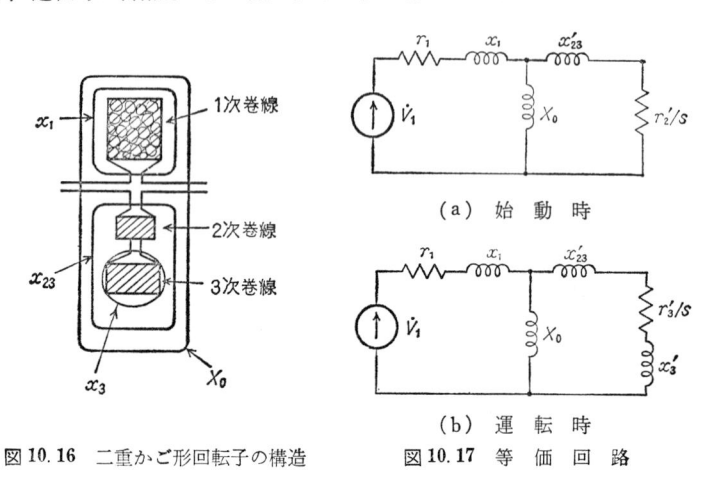

図 10.16　二重かご形回転子の構造　　　図 10.17　等 価 回 路

(ⅱ) 深みぞ形　　深みぞ形の銅棒は，図 10.18 に示すように 半径方向に細長い断面をもっている．始動時 2 次周波数の高いところでは電流が主として上部に集中してしまう結果，実効抵抗は著しく増大し，運転時 2 次電流の周波数が小さくなると一様に電流が分布するようになって，抵抗は実質的に約 1/4 程度に減るようにして始動特性を改善している．

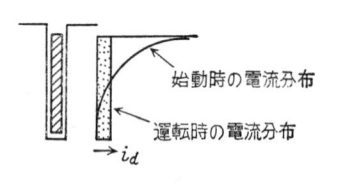

図 10.18

〔例題 10.5〕 4〔極〕，50〔Hz〕，200〔V〕の三相かご形 電動機 あり，運転時の入力電流 9〔A〕，力率 0.85，効率 80%，すべりは 5% であるとすれば，そのときの(1)出力，(2)回転数，(3)トルクはいくらか．

10.4 2次抵抗の影響

〔解〕

(1) $P_0 = \sqrt{3}\, V_l I_1 \cos\theta \cdot \eta \times 10^{-3}$
$= \sqrt{3} \times 200 \times 9 \times 0.85 \times 0.8 \times 10^{-3} = 2.12$ 〔kW〕

(2) $n_2 = \dfrac{f}{p}(1-s) = \dfrac{50}{2}(1-0.05) = 23.8$ 〔rps〕

(3) $T = \dfrac{P_0}{2\pi \times n_2} = \dfrac{2.12 \times 10^3}{2\pi \times 23.8} = 14.18$ 〔N·m〕
$= 1.45$ 〔kg·m〕

〔例題 10.6〕 出力10〔kW〕, すべり4.8〔％〕のときの運転時の2次銅損はいくらか.

〔解〕 $\dfrac{W_{c2}}{P_0} = \dfrac{s}{1-s}$

∴ $W_{c2} = P_0 \dfrac{s}{1-s} = 10 \times \dfrac{0.048}{1-0.048} = 0.5$ 〔kW〕

〔例題 10.7〕 4〔極〕, 60〔Hz〕, 220〔V〕, 30〔kW〕の三相巻線形電動機があり, その巻数比 (N_1/N_2) は2で

$$r_1 + jx_1 = 0.1 + j0.2 \ 〔\Omega〕$$
$$r_2 + jx_2 = 0.03 + j0.05 \ 〔\Omega〕$$
$$\dot{Y}_0 = 0.02 - j0.1 \ 〔\Omega〕$$

である. この電動機が1710〔rpm〕で回転するときの1次電流, 力率, トルク, 入力, 効率を求めよ. ただし1次, 2次ともに星形接続とする.

〔解〕

$$r_2' = \left(\dfrac{N_1}{N_2}\right)^2 r_2 = (2)^2 \cdot 0.03 = 0.12 \ 〔\Omega〕$$

$$x_2' = \left(\dfrac{N_1}{N_2}\right)^2 x_2 = 2^2 \cdot 0.05 = 0.2 \ 〔\Omega〕$$

$$n_0 = \dfrac{f}{p} \times 60 = \dfrac{60}{2} \times 60 = 1800 \ 〔\text{rpm}〕$$

$$s = \dfrac{n_0 - n_2}{n_0} = \dfrac{1800 - 1710}{1800} = 0.05$$

$r_2'/s = 0.12/0.05 = 2.4$ 〔Ω〕

$V_1 = 220/\sqrt{3} = 127$ 〔V〕

よって等価回路は図 10.19 のようになる.

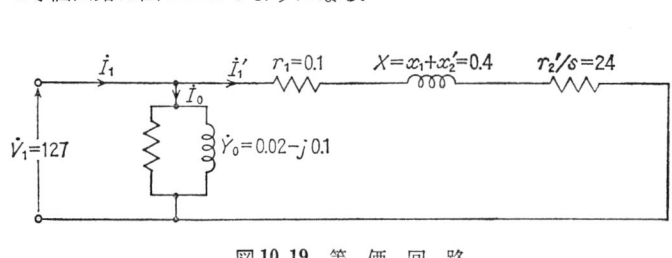

図 10.19 等 価 回 路

$$\dot{I}_1' = \frac{V_1}{r_1 + \dfrac{r_2'}{s} + jX} = \frac{127}{2.5 + j0.4} = 49.5 - j7.87 \text{ 〔A〕}$$

$I_1' = \sqrt{49.5^2 + 7.87^2} = 49.7$ 〔A〕

$\dot{I}_0 = \dot{V}_1 \dot{Y}_0 = 127(0.02 - j0.1) = 2.54 - j12.7$ 〔A〕

$\dot{I}_1 = \dot{I}_0 + \dot{I}_1' = 52.04 - j20.57$ 〔A〕

$I_1 = \sqrt{52.04^2 + 20.57^2} = 55.6$ 〔A〕

$\cos\theta = 52.04/55.6 = 93.7$ 〔%〕

$P_{sy} = 3 I_1'^2 \dfrac{r_2'}{s} = 3 \times 49.7^2 \times 2.4 = 17.7$ 〔kW〕

$T = \dfrac{1}{9.8} \cdot \dfrac{p}{2\pi f} P_{sy} = \dfrac{1}{9.8} \times \dfrac{2}{2\pi \times 60} \times 17700 = 9.55$ 〔kg·m〕

$P_0 = P_{sy}(1-s) = 17.7(1-0.05) = 16.7$ 〔kW〕

$P_i = 3 V_1 I_1 \cos\theta = 3 \times 127 \times 55.6 \times 0.937 = 19.8$ 〔kW〕

$\eta = \dfrac{P_0}{P_i} = \dfrac{16.7}{19.8} = 84.5$ 〔%〕

〔例題 10.8〕 例題 10.7 で与えられた巻線形電動機で, 始動時トルクを最大にしようとする. 挿入する 2 次抵抗の大きさを求めよ.

〔解〕 式 (10.14) で $s_m = 1$ として

$$r_2'=1\times \sqrt{0.1^2+0.4^2}=0.412 \ [\Omega]$$

$$r_2=\left(\frac{N_2}{N_1}\right)^2 r_2'=\frac{0.412}{4}=0.103 \ [\Omega]$$

よって挿入すべき抵抗を r_{20} とすれば

$$r_{20}=0.103-0.03=0.073 \ [\Omega] \cdots\cdots\cdots 答$$

演習問題

(1) 誘導機における比例推移とはどんなことか，何に適用できるか．

(2) つぎの短問に答えよ．

(i) 4〔極〕，50〔Hz〕の三相誘導電動機がある．その出力トルクは 1000〔同期ワット〕であるという．これは何 kg·m か．

答　0.65〔kg·m〕

(ii) 三相誘導電動機の同期ワット，2次銅損，出力の比はつぎのようになる．

同期ワット：2次銅損：出力＝1 : s : ☐

上式の☐の中に適当なものを入れよ．

答　$1-s$

(3) かご形誘導電動機の長所と短所をあげよ．

(4) 普通かご形と巻線形の誘導電動機を比較し，その得失を述べよ．

(5) 深みぞ形，二重かご形の誘導電動機は小容量機には用いない．なぜか．

(6) 200〔V〕，50〔Hz〕，4〔極〕，1.4〔kW〕の三相誘導電動機の全負荷効率が 80〔%〕，全負荷力率が 79〔%〕であるという．

(i) 全負荷入力・全負荷1次電流を求めよ．

答　1.75〔kW〕，6.40〔A〕

(ii) 力率を 90〔%〕に改善するために1次側にコンデンサを挿入する．コンデンサを Δ 結線にするとすれば，その全容量はいくらか．

答　40.1〔μF〕

(7) 4〔極〕，50〔Hz〕の三相巻線形電動機がある．トルクを変化しないで，全負荷回転速度を 1440〔rpm〕から 1200〔rpm〕に低下したい．2次回路に挿入する抵抗値を求めよ．ただし2次側は星形結線で各相の抵抗を r_2〔Ω〕とする．

答　$4r_2$

(8) 三相巻線形誘導電動機がある．1次，2次ともに星形結線で各1相の漏れインピ

ーダンスは

$$r_1+jx_1=1+j1.2 \quad [\Omega]$$
$$r_2+jx_2=0.5+j0.7 \quad [\Omega]$$

で有効巻数比は 1.4 である.

　この電動機の始動時に最大トルクを得るようにするには2次挿入の始動抵抗をいくらにしたらよいか.

答　$0.918 [\Omega]$

11. 単相誘導電動機

11.1 概　説

　単相電源で駆動される誘導電動機を一般に単相誘導電動機という．この電動機の回転子は小容量の三相誘導電動機と同じく，かご形回転子であり，固定子は主巻線と始動巻線または補助巻線をもっている．一般に数百ワット以下の小容量のものが多い（用途については10.1節にすでに述べた）．

　固定子に主巻線しかもたない電動機を純単相誘導電動機などといい，これに交流電圧を加えても回転磁界はできないから，自始動できない．したがって自始動できるような始動装置が必要である．これには始動巻線を設け，主巻線と位相の異なる電圧が加わるようにして回転磁界をつくるのが普通で，9.3節(d)に述べたくまとりコイル形，11.3節に述べるコンデンサ分相形などの誘導電動機は，この種に属するものである．

11.2　二相誘導電動機のトルク

　図11.2(a)の対称二相巻かご形誘導電動機に平衡二相電圧が印加されているときは，1相についての等価回路は図11.1のようになる．

　図11.1で，r_1+jx_1は固定子1相の漏れインピーダンス，r_2+jx_2は1次2相に換算した2次の漏れインピーダンス，X_0は励磁リアクタンスである．

　二相電圧$\dot{V}_M$，$\dot{V}_A$が不平衡で，すべりsで回転しているときは二相対称座

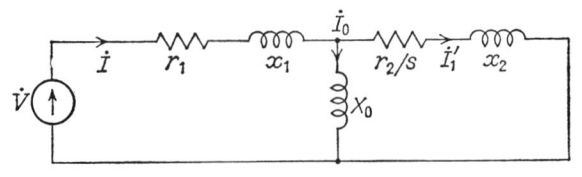

図 11.1　1相についての等価回路

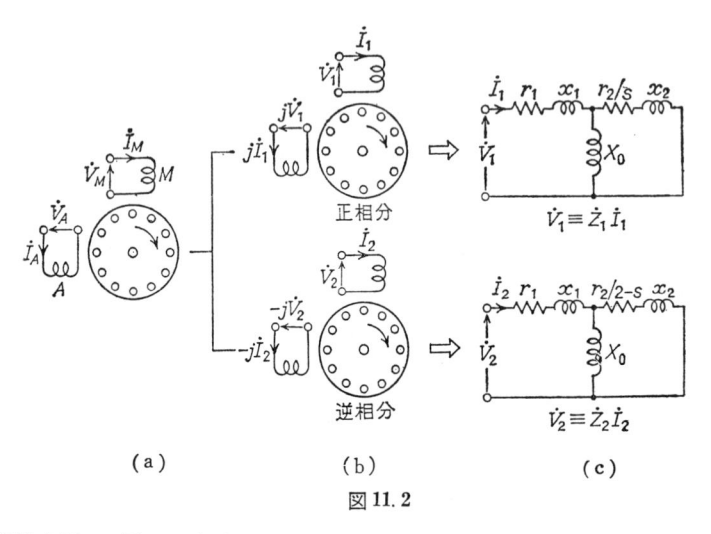

図 11.2

標法を用い，図11.2(b)のように正相分電動機と逆相分電動機の2つに分解してその特性を調べることができる．$\dot{V}_1$, $\dot{I}_1$; $\dot{V}_2$, $\dot{I}_2$ は二相対称座標軸成分で，$\dot{V}_M$ を基準にして，$\dot{V}_A$ はこれより進み位相にあるものとすれば，次式で与えられる．

$$\left.\begin{array}{l}\dot{V}_1=(\dot{V}_M-j\dot{V}_A)/2\\ \dot{I}_1=(\dot{I}_M-j\dot{I}_A)/2\\ \dot{V}_2=(\dot{V}_M+j\dot{V}_A)/2\\ \dot{I}_2=(\dot{I}_M+j\dot{I}_A)/2\end{array}\right\} \quad (11.1)$$

また逆に

11.2 二相誘導電動機のトルク

$$\left.\begin{array}{l}\dot{V}_M=\dot{V}_1+\dot{V}_2\\ \dot{I}_M=\dot{I}_1+\dot{I}_2\\ \dot{V}_A=j\dot{V}_1-j\dot{V}_2\\ \dot{I}_A=j\dot{I}_1-j\dot{I}_2\end{array}\right\} \qquad (11.2)$$

図 11.2(c) は正相分，逆相分の等価回路で，$\dot{Z}_1, \dot{Z}_2$ を正相インピーダンス，逆相インピーダンスという．この電動機が二相平衡電圧（実効値は V）が印加されているときのすべり s，$2-s$ のトルクを図 11.3 に示すように τ_s，τ_{2-s} とする．この電動機が不平衡電圧が印加されて，すべり s で回転しているときのトルク T は，つぎのように計算される．すなわちこの電動機を正相分電動機（電圧は V_1，すべりは s），逆相分電動機（電圧は V_2，すべりは $2-s$）に分けることができる．そしてトルクは電圧の2乗に比例するから，正相分電動機の発生トルクは $\tau_s(V_1/V)^2$，逆相分電動機のトルクは逆方向に $\tau_{2-s}(V_2/V)^2$ になる．したがって全トルク T は

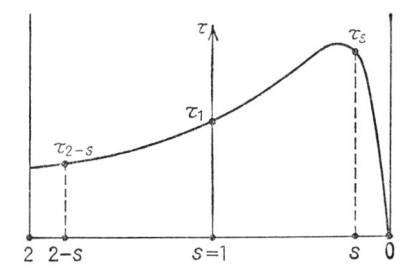

図 11.3 トルク曲線

$$T=\tau_s\left(\frac{V_1}{V}\right)^2-\tau_{2-s}\left(\frac{V_2}{V}\right)^2 \quad [\text{s}\cdot\text{W}] \qquad (11.3)$$

で与えられる．とくに始動時 $s=1$ のときは

$$\tau_s=\tau_{2-s}\equiv\tau_1 \qquad (11.4)$$

であるから始動トルク $T_{s=1}$ は

$$T_{s=1}=\tau_1\left\{\left(\frac{V_1}{V}\right)^2-\left(\frac{V_2}{V}\right)^2\right\} \quad [\text{s}\cdot\text{W}] \qquad (11.5)$$

になる．

11.3 純単相誘導電動機

a. 等価回路

純単相誘導電動機は，図11.2(a)の二相電動機の巻線 A が欠除して $\dot{I}_A=0$ の特別の場合とみなされる．この場合は式(11.1)より

$$\dot{I}_1=\dot{I}_2=\dot{I}_M/2 \tag{11.6}$$

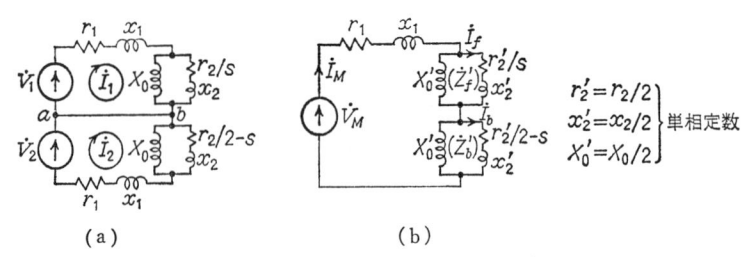

図11.4 純単相誘導電動機の等価回路

図11.4(a)は，図11.2(c)の正相分，逆相分の等価回路を1つにまとめただけである．式(11.6)の結果をこの図に入れれば，純単相誘導電動機の等価回路が得られる．すなわち図11.4(a)の枝路 ab の電流は式(11.6)より0であるから，この枝路を切り離す．すると等価回路の電源は1つにまとまって

$$\dot{V}_1+\dot{V}_2=\dot{V}_M \tag{11.7}$$

となり，この電源から流出する電流は $\dot{I}_M/2$ であるから，等価回路構成のすべてのインピーダンス素子を1/2にすれば電流は I_M となって純単相誘導電動機の等価回路は図11.4(b)のようになる．

b. トルク

図11.4(b)の等価回路からトルク T は

$$T=T_f+T_b \quad [\text{s}\cdot\text{W}] \tag{11.8}$$

$$T_f=\frac{r_2'}{s}I_f^2=\frac{X_0'^2}{(r_2'/s)^2+(x_2'+X_0')^2}\cdot\frac{r_2'}{s}I_M^2 \quad [\text{s}\cdot\text{W}] \tag{11.9}$$

$$T_b=-\frac{r_2'}{2-s}I_b^2=-\frac{X_0'^2}{(r_2'/2-s)^2+(x_2'+X_0')^2}\cdot\frac{r_2'}{2-s}I_M^2 \quad [\text{s}\cdot\text{W}] \tag{11.9}'$$

11.3 純単相誘導電動機

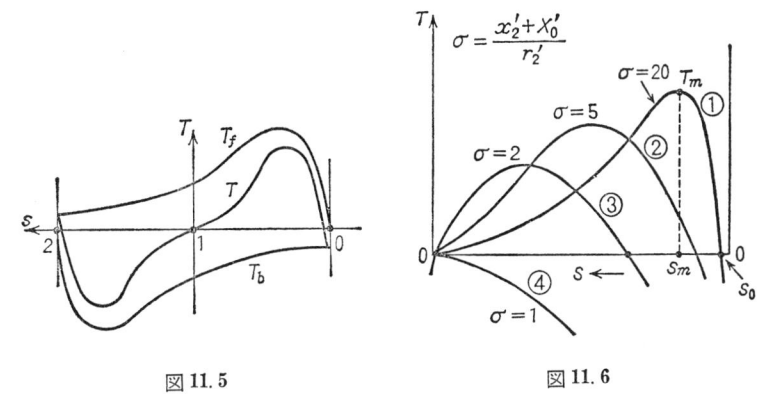

図 11.5

図 11.6

上式の T_f, T_b, T は変数 s に対して図 11.5 のようになり，始動トルク T_s は 0 であるが，なんらかの方法で始動すればその後はその方向に自力で加速する．

c. 2次抵抗の影響

多相誘導電動機では2次抵抗を変えてもトルクの最大値 T_m は変わらない．ただそのすべり s_m が変わるのみである．単相誘導電動機では図 11.6 に示すように2次抵抗を大にすれば，T_m は低下し s_m は増大する．式(11.8)，(11.9)，(11.9)' から $T=0$ のすべり s_0 を求めると

$$s_0 = 1 - \sqrt{1-\{r_2'/(x_2'+X_0')\}^2} \qquad (11.10)$$

ゆえに図 11.6 の曲線④が示すように $r_2'=x_2'+X_0'$ の2次抵抗に対しては $s_0=1$ となり，すべてのすべりに対して制動作用をする．

d. 対速度特性

一般用の単相誘導電動機の電流 I_M，トルク T，効率 η などの対速度特性を示せば図 11.7 のようになる．2次抵抗の小さいほうが s_m が小さいから運転時のすべり，速度変動が小さく，出力，効率も大となる．

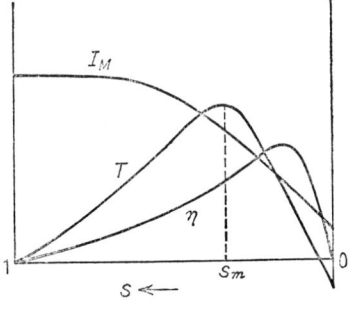

図 11.7 対速度特性

11.4 コンデンサモータ

コンデンサモータは図 11.8(a) に示すように，A 相にコンデンサを挿入して $\dot{V}_A$ が $\dot{V}_M$ より進み位相になるようにしている．図 11.8(b) はその外観である．コンデンサモータは始動時最適のコンデンサ容量 C_s と運転時に最適の容量 C_r とは異なり $C_s/C_r \fallingdotseq 5$ 程度である．始動時最適な特性が得られるようなコンデンサのままで運転したとすれば，かえって純単相時に比べ効率は低下し，騒音は大きく，コンデンサには図 11.9 の点線が示すように過大な電圧がかかるなど運転特性は悪化する．そこでコンデンサモータはコンデンサ C を始動時だけ挿入し，同期速度の 80% 程度になったときコンデンサ巻線を切り離して，純単相誘導電動機として運転する**コンデンサ始動形モータ**，始動から運転まで一定の C を挿入しておく**永久コンデンサモータ**，運転に入ったらコンデンサ容量を切り換えて小さくする **2 値コンデンサモータ**に分類される．したがって永久コンデンサモータは始動時から運転時に適したコンデンサが入っているため始

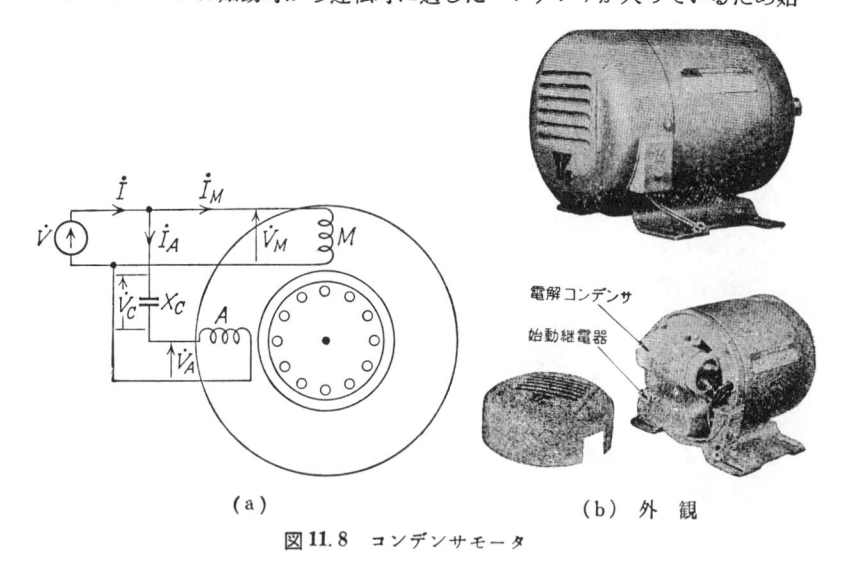

(a) (b) 外観

図 11.8 コンデンサモータ

11.4 コンデンサモータ

動特性はあまりよくないが,切り換えスイッチが省ける大きな利点がある.扇風機,電蓄,電気洗濯機など比較的始動トルクの小さいものに賞用され,最近コンデンサの進歩とともにこの種のモータがよく使われている.

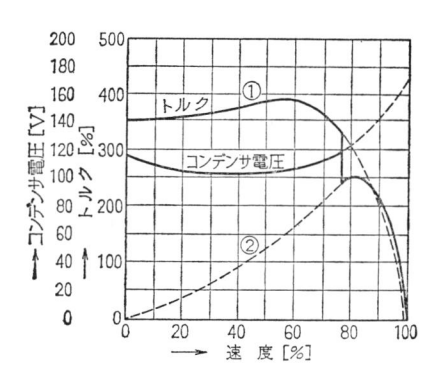

図 11.9 コンデンサ始動形

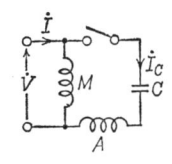

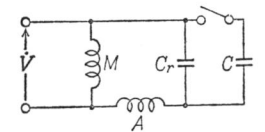

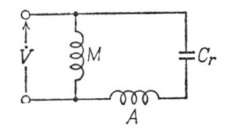

(a) コンデンサ始動形　　(b) 2値コンデンサ形　　永久コンデンサ形

図 11.10 コンデンサモータの種類

〔**例題 11.1**〕 図 11.8(a)のコンデンサモータの始動トルクの式を誘導し,これをコンデンサ容量Cによってどう変わるかを吟味せよ.

〔**解**〕 図 11.8(a)の巻線 M,A は二相対称巻とする.そこで始動トルクを知るには式(11.5)の V_1/V, V_2/V がわかればよいので,二相対称座標法を用いてまずこれを求める.

主巻線から式(11.2)を用いて

$$\dot{V} = \dot{V}_M = \dot{V}_1 + \dot{V}_2$$

$$\therefore \quad \dot{V}_1/\dot{V} + \dot{V}_2/\dot{V} = 1 \qquad (11.11)$$

補助巻線から式(11.2),図11.2(c)に示した $\dot{V}_1 = \dot{Z}_1 \dot{I}_1$, $\dot{V}_2 = \dot{Z}_2 \dot{I}_2$ を用いて

$$\dot{V}=\dot{V}_A+\dot{V}_C=jV_1-jV_2-jX_C I_A=j\dot{V}_1-j\dot{V}_2-jX_C(j\dot{I}_1-j\dot{I}_2)$$
$$=j\{\dot{V}_1-\dot{V}_2-jX_C(\dot{V}_1/\dot{Z}_1-\dot{V}_2/\dot{Z}_2)\}$$
$$\therefore\ -j=\dot{V}_1/\dot{V}(1-jX_C/\dot{Z}_1)-\dot{V}_2/\dot{V}(1-jX_C/\dot{Z}_2) \tag{11.12}$$

式(11.11),(11.12)より $\dot{V}_1/\dot{V}$, $\dot{V}_2/\dot{V}$ を求めると

$$\left.\begin{array}{l}\dfrac{\dot{V}_1}{\dot{V}}=\dfrac{1}{2}\dfrac{(1-j)\dot{V}/(-jX_C)+\dot{V}/\dot{Z}_2}{\dot{V}/(-jX_C)+(\dot{V}/\dot{Z}_1+\dot{V}/\dot{Z}_2)/2}\\[6pt]\dfrac{\dot{V}_2}{\dot{V}}=\dfrac{1}{2}\dfrac{(1+j)\dot{V}/(-jX_C)+\dot{V}/\dot{Z}_1}{\dot{V}/(-jX_C)+(\dot{V}/\dot{Z}_1+\dot{V}/\dot{Z}_2)/2}\end{array}\right\} \tag{11.13}$$

ここで始動時は

$$\dot{V}/\dot{Z}_1=\dot{V}/\dot{Z}_2\equiv I_0\equiv I_{0r}-jI_{0x} \quad (\dot{V}:\text{基準}) \tag{11.14}$$

$$\dot{V}/(-jX_C)=j\omega CV \tag{11.15}$$

式(11.14)(11.15)を式(11.13)に,さらにこれを式(11.5)に代入して整理すると

$$T_{s=1}=\tau_1\left\{\left(\dfrac{V_1}{V}\right)^2-\left(\dfrac{V_2}{V}\right)^2\right\}=\tau_1\dfrac{I_{0r}}{I_0^2/\omega CV+\omega CV-2I_{0x}} \tag{11.16}$$

よって,Cがきわめて小さい範囲では

$$T_{s=1}\fallingdotseq\tau_1\dfrac{I_{0r}}{I_0^2}\omega CV \tag{11.17}$$

となり,Cにほぼ比例する.Cが大となり

$$\omega CV=I_0 \tag{11.18}$$

に達すれば $T_{s=1}$ は最大,Cがさらに増大すれば $T_{s=1}$ は減少し,図11.11のようになる.

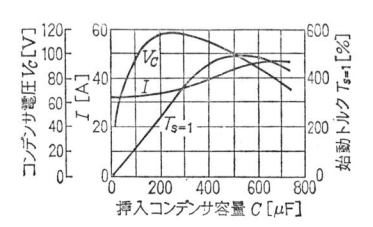

図11.11 始動特性

11.5 二相サーボモータ (two phase servomotor)

図11.12の点線内は二相サーボモータで,その基本的構造は二相対称巻かご形誘導電動機と同じ.巻線 M を励磁巻線,巻線Cを制御巻線といい,電圧 v_M, v_C は一般に

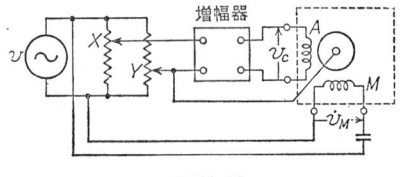

図11.12

11.5 二相サーボモータ

$$v_M = \sqrt{2}\,V \cos \omega t \\ v_C = \sqrt{2}\,kV \sin \omega t, \quad (k:可変) \quad\quad (11.19)$$

で与えられ，k をパラメータにした電動機の速度-トルク特性は図 11.13 で与えられる．したがって，$k>0$ のときは正転，$k<0$ のとき逆転，$k=0$ のとき静止する．可動点 Y は電動機が正転すれば上昇し，逆転すれば下降するように

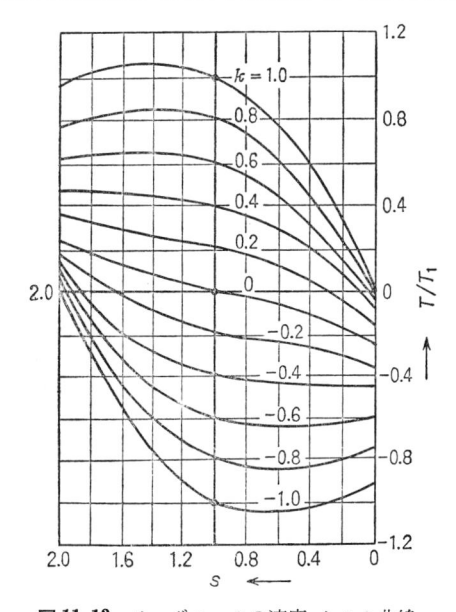

図 11.13 サーボモータの速度-トルク曲線

なっている．また可動点 X と可動点 Y が同じレベルにあるときは系は平衡していると称し，このときは $k=0$，$v_C=0$ となっている．サーボ系に不平衡が生じ，点 Y が点 X より下方にあるときは $k>0$ となり，電動機は正転して Y を上方に押し上げ，X と Y が同じレベルになって静止する．また Y が X より上方にあるときは $k<0$ となり，電動機は逆転して Y を下げて平衡にもどす．かくして，このサーボ系は点 Y は点 X の運動に追従する．このような働きをするサーボモータは

（1） つねに始動，停止が繰り返されるので始動トルクの大きいこと．

（2） すみやかに平衡に達するために，機械的応答性のよいこと．
（3） $v_C=0$ のときは始動してはならないし，$v_C=0$ になったときすみやかに停止しなければならない．
（4） 静止状態，低速回転が多いので回転子のファンによる冷却は期待できない．

などが一般用単相誘導電動機と異なっている．

上記の(1)，(2)の要求を満たすためには2次抵抗を大きくし $r_2'>x_2'+X_0'$ にして図11.13に示すようにトルク曲線を著しく垂下特性にしている．(2)のためには回転子構造を細長くしたり，図11.14の**ドラッグカップ形** (drug cup type)などにして回転子の慣性モーメントJを小にするようにくふうされている．

サーボモータの**よさ係数** (figure of merit) F は $k=1$ のときの始動トルク τ_1 と回転子の慣性モーメント J との比

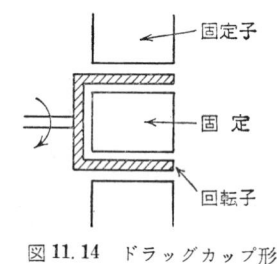

$$F=\tau_1/J \tag{11.20}$$

で表わされる．また(4)のためには小容量のものを除いて外部から風冷するようにしている．

図 11.14 ドラッグカップ形

演 習 問 題

（1） 単相誘導電動機の種類とその用途を述べよ．
（2） 純単相誘導電動機の等価回路を描き，これから運転時すべりの小さい場合に近似的に成り立つ簡便な等価回路を求め，この場合のトルク式を求めよ．

答 図 11.15

$$T=I_f^2\frac{r_2'}{s}-I_M^2\frac{r_2'}{2} \ [\text{s}\cdot\text{W}]$$

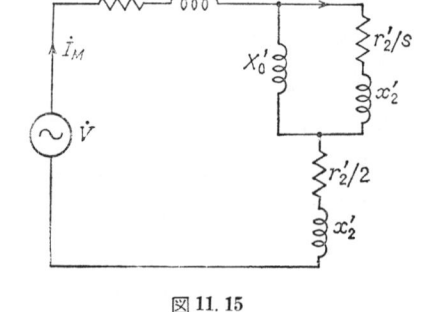

図 11.15

(3) 三相誘導電動機と純単相誘導電動機とを
  (ⅰ) 始動トルク
  (ⅱ) トルクと2次抵抗との関係
について比較せよ．

(4) パーマネントコンデンサモータにつき知るところを述べよ．

(5) 純単相誘導電動機の始動から運転に入るまでのギャップに生ずる磁界を観測するために，図 11.16 のように2つの巻数の等しいサーチコイル S_x, S_y を挿入して，そ

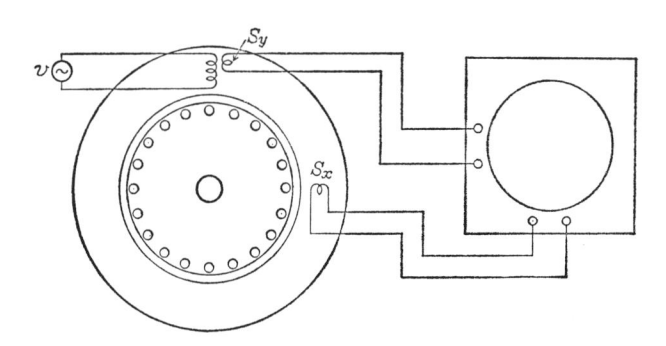

図 11.16

の端子をブラウン管のX軸，Y軸に接続した．ブラウン管の図形は $s=1, s=0.5, s=0.1$ ではほぼどんなようになるかを説明せよ．

　　　　　　　　　　　　　答　図 11.17 のようになる．

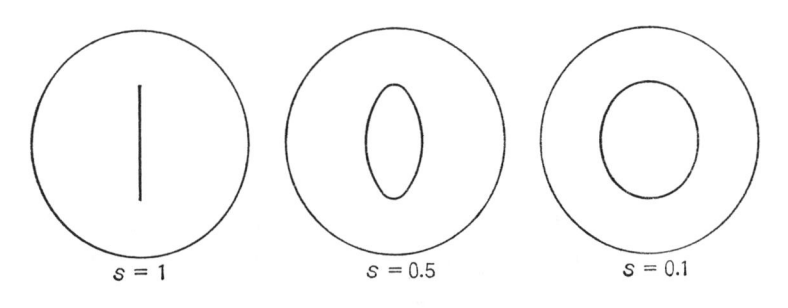

図 11.17

(6) 二相サーボモータの一般電力用誘導電動機に比べて設計上どんなところが違っているか．

12. 三相同期機

12.1 回転界磁形と回転電機子形

同期機は図12.1に示すように,回転子に磁極があるか電機子巻線があるかによって**回転界磁形**と**回転電機子形**とに分けられる.回転界磁形はスリップリングが2個ですむばかりでなく,これを通る電力が少なくて* 製作が容易になるため,容量の大きいものはほとんどこの形を採用している.

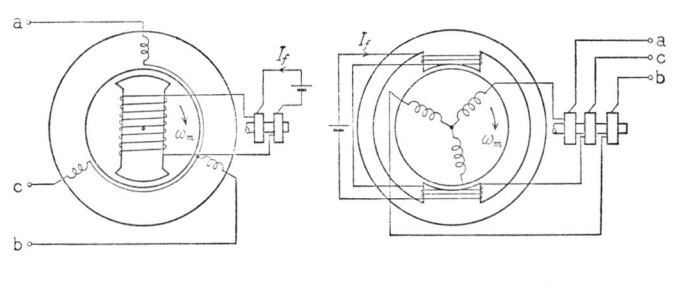

(a) 回転界磁形　　　　(b) 回転電機子形
図12.1　同　期　機

理論的には回転界磁形も回転電機子形もまったく同じである.また界磁極が突極構造になっていると,電機子巻線軸が**直軸**(界磁巻線軸)上にあるときと**横軸**上にあるときとで,その有効インダクタンスが異なるが,ここではこれを無視し,回転電機子形について説明を展開しよう.

---

*　励磁電力は同期機の定格容量の10~0.5%程度である.

12.2 三相同期発電機の等価回路

図 12.2 で回転子を 電気角速度 ω [rad/s] で 回転すると，回転子上の 対称三相巻線 a, b, c の各相に次式に示すような平衡三相起電力を誘導する (9.2 節，9.5 節 a 項参照).

$$\left.\begin{array}{l}\dot{E}_a=\dot{E}_0 \\ \dot{E}_b=\alpha^2\dot{E}_0 \\ \dot{E}_c=\alpha\dot{E}_0\end{array}\right\} \qquad (12.1)$$

ただし $\quad \alpha=e^{j2\pi/3}=-\dfrac{1}{2}+j\dfrac{\sqrt{3}}{2}$

$E_0=\omega MI_f/\sqrt{2}$

ここで平衡三相負荷を端子に接続すれば，負荷電流は平衡三相電流となることは明らかであるから

$$\left.\begin{array}{l}\dot{I}_a=\dot{I} \\ \dot{I}_b=\alpha^2\dot{I} \\ \dot{I}_c=\alpha\dot{I}\end{array}\right\} \qquad (12.2)$$

とすることができる．

図 12.2 で

r：電機子巻線抵抗

x：電機子巻線漏れリアクタンス

X_0：電機子巻線 1 相の有効自己リアクタンス

X_{ab}, X_{bc}, X_{ca}：電機子巻線間の相互リアクタンスで，各巻線は 120°の角度をなしているから，$X_{ab}=X_{bc}=X_{ac}=X_0\cos 120°=-X_0/2$

$\dot{V}_a$, $\dot{V}_b$, $\dot{V}_c$：端子電圧（星形）で $\dot{V}_a=\dot{V}$, $\dot{V}_b=\alpha^2\dot{V}$, $\dot{V}_c=\alpha\dot{V}$

とし，中性点 O と O′ とは 実際には 結ばれていないが，これを結んだとしても OO′ 間には電流は流れないので，さしつかえない．そこで O と O′ が結ばれているように考えて，任意の 1 相たとえば a 相についてその電圧電流方程式を求め

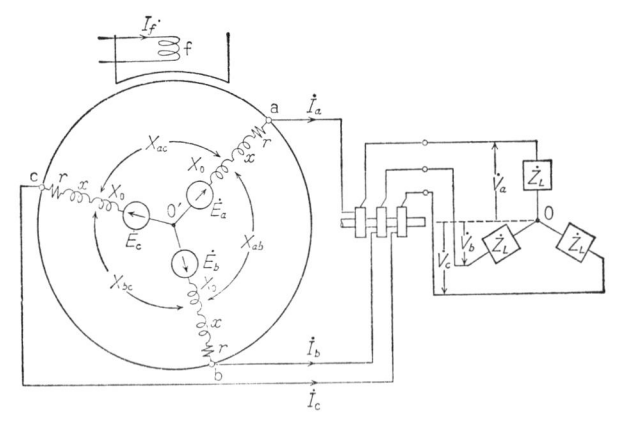

図 12.2 三相同期発電機

ると

$$\dot{E}_a = jX_0\dot{I}_a + jX_{ac}\dot{I}_c + jX_{ab}\dot{I}_b + (r+jx)\dot{I}_a + \dot{V}_a \quad (12.3)$$

$$= jX_0\dot{I}_a - \frac{1}{2}jX_0(\dot{I}_b + \dot{I}_c) + (r+jx)\dot{I}_a + \dot{V}_a$$

$$= jX_0\left(1+\frac{1}{2}\right)I_a + (r+jx)I_a + \dot{V}_a \quad (12.4)$$

いま

$$X \equiv \frac{3}{2}X_0, \quad X_s \equiv x + X \quad (12.5)$$

とすると式(12.4)は

$$\dot{E}_0 = (r + jX_s)\dot{I} + \dot{V} \quad (12.6)$$

となり，これを回路で示せば図 12.3 のようになる．図 12.3 は三相同期発電機の 1 相についての等価回路で，この発電機の平衡負荷時の諸特性はこれから論ずることができる．ここで $r+jX_s$ を同期インピーダンス，X_s を同期リアクタンスという．

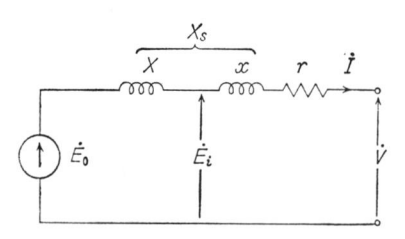

図 12.3　1 相についての等価回路

一般に $r \ll X_s$ であるから，効率や温度上昇を論ずるときは別として，初歩的段階では簡単のために r を無視することが多い．

〔例題 12.1〕 図 12.2 で，三相巻線 a, b, c 各巻線の自己リアクタンスが 5.5 〔Ω〕，ab, bc, ca 間の相互リアクタンスは -2.5 〔Ω〕，各巻線の電流は 10〔A〕の平衡三相電流であるとすれば

(1) 各巻線の漏れリアクタンスはいくらか．

(2) 巻線のリアクタンス電圧はいくらか．

〔解〕 (1) $X_0 + x = 5.5 \quad X_{ac} = -X_0/2 = -2.5$

$$\therefore \ x = 5.5 - 5 = 0.5 \ \text{〔Ω〕} \cdots\cdots\cdots 答$$

(2) $V_x = X_s I = \left(\dfrac{3}{2}X_0 + x\right)I = \left(\dfrac{3}{2} \times 5 + 0.5\right) \times 10 = 80$ 〔V〕 ……… 答

〔例題 12.2〕 界磁巻線 f と電機子巻線との相互誘導係数が 0.2〔H〕，界磁電流 3〔A〕で，回転子が 1500〔rpm〕で回転しているときの 4 極の三相同期発電機の無負荷時の線間電圧はいくらか．

〔解〕 $\omega = p\omega_m = p \cdot 2\pi \dfrac{n}{60} = 2 \times 2\pi \times \dfrac{1500}{60} = 100\pi$ 〔elec・rad/s〕

$$\therefore \ E_0 = \dfrac{\omega M I_f}{\sqrt{2}} = \dfrac{100\pi \times 0.2 \times 3}{\sqrt{2}} = 136 \ \text{〔V〕}$$

よって線間電圧は

$$\sqrt{3}\,E_0 = \sqrt{3} \times 136 = 231 \ \text{〔V〕} \cdots\cdots\cdots 答$$

〔例題 12.3〕 三相同期発電機の同期リアクタンスは 3.3〔Ω〕で，無負荷時の端子電圧(線間)が 220〔V〕である．純抵抗三相負荷を加えて電流 10〔A〕流したときの端子電圧(線間)はいくらになるか．ただし電機子巻線抵抗は無視し得るものとする．

〔解〕 図 12.4 のベクトル図から

$$V = \sqrt{E_0^2 - (X_s I)^2} = \sqrt{\left(\dfrac{220}{\sqrt{3}}\right)^2 - (3.3 \times 10)^2}$$

$$\therefore \ \sqrt{3}\,V = \sqrt{220^2 - 3 \times 33^2} = 212 \ \text{〔V〕} \cdots\cdots\cdots 答$$

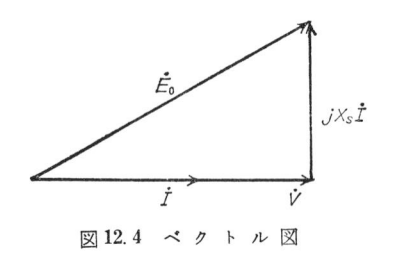

$$\dot{E}_0,\ jX_s\dot{I},\ \dot{I},\ \dot{V}$$

図 12.4 ベクトル図

〔例題 12.4〕 図 12.5 の曲線①は ある 三相同期機 の 無負荷飽和曲線 (9.2 節参照) で, 無負荷電圧を定格電圧 $\sqrt{3}V_n=200$〔V〕の大きさにするための界磁電流は $i_1=3$〔A〕である. 曲線②は**短絡曲線**といい, 3 端子を短絡した状態で界磁電流を種々加減したときの短絡電流の曲線で, 短絡電流が定格値 $I_n=20$〔A〕に対する界磁電流は $i_2=2$〔A〕である. これに対してつぎに答えよ.

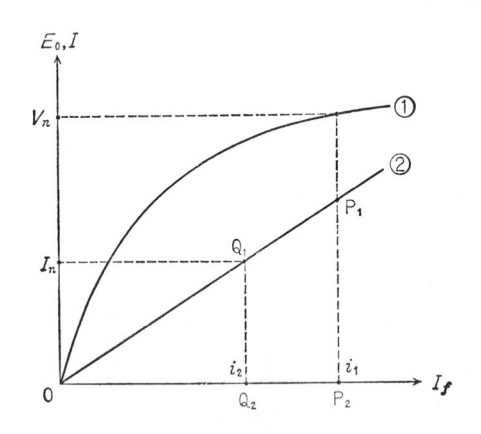

図 12.5 三相同期機の無負荷飽和曲線

(1) 同期リアクタンス X_s を求めよ.
(2) $i_1/i_2=V_n/(X_s I_n)$ が成り立つことを証明せよ.

〔解〕 (1) $i_1=3$〔A〕に対する短絡電流 ($\overline{P_1P_2}$) は, 曲線②が直線とみなされるから $20\cdot i_1/i_2=30$〔A〕, したがって $i_1=3$〔A〕に対する同期リアクタンス X_s は図 12.3 で $V=0$ (短絡) として

$$X_s = \frac{E_0}{I} = \frac{V_n}{P_1 P_2} = \frac{V_n}{I_n(i_1/i_2)} = \frac{200/\sqrt{3}}{30} = 3.75 \ [\Omega] \cdots\cdots\cdots 答$$

(2) 上式より

$$\frac{i_1}{i_2} = \frac{1}{(X_s I_n)/V_n} \quad (証明終わり)*$$

12.3 電機子反作用

界磁電流と回転数を一定に保ち，負荷電流を種々かえたときの三相同期発電機の端子電圧 V は図12.6に示すように，負荷電流 I の大きさばかりでなく，力率によって大きく変わる．これは図12.3の等価回路からベクトル図を描いてみれば明らかであるが，これから述べる電機子反作用からも考察することができる．

電機子巻線に平衡三相電流が流れると，9.4節に述べたように回転起磁力 F_a が生じる．この F_a は回転子上を回転子の回転方向と反対に回転子と同じ速度で

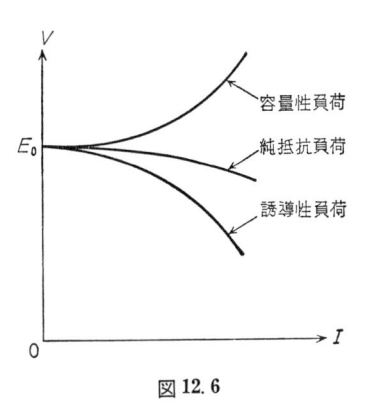

図12.6

回転するから，F_a は固定子に対しては完全に静止する．したがって界磁起磁力 F_f と F_a とは，空間的に負荷力率により定まるある一定の角 β を保つ．そこでギャップに生ずる実際の磁束は，F_f と F_a の合成起磁力 F_g によって決定される．この磁束によって巻線に起電力 $\dot{E}_i$ が生じ，これから電機子巻線の漏れインピーダンス降下 $(r+jx)\dot{I}$ を差し引いたものが，負荷時の端子電圧 $\dot{V}$ になる（図12.3参照）．漏れインピーダンス降下は実際には小さく，これを無視すれば端子電圧 $\dot{V}$ は負荷時の実際の誘導起電力 $\dot{E}_i$ に等しい．この E_i を**内部誘導起電力**という．

---

* i_1/i_2 を短絡比(short circuit ratio)といい，これが大きいものは同期リアクタンスが小さく，負荷時の電圧変動は小さい．一般に0.8〜2ぐらいの間にある．

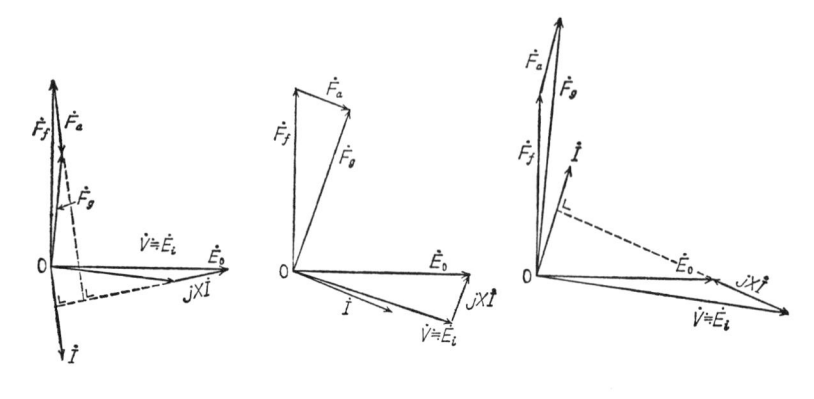

(a) 誘導性負荷　　　(b) 純抵抗負荷　　　(c) 容量性負荷
図 12.7　負荷時のギャップ起磁力

図 12.7 はこれらの関係を漏れインピーダンス降下を省略してベクトル図で示したもので，
(a) は誘導性負荷の場合で，この場合は $F_g \fallingdotseq F_f - F_a$ で電機子電流は**減磁作用**をし，したがって $V(\fallingdotseq E_i)$ は小になる．
(b) は純抵抗負荷の場合で，この場合は F_f と F_a とはほぼ直交し，電機子電流は**交差磁化作用**をしている．
(c) は容量性負荷で，この場合は $F_g \fallingdotseq F_f + F_a$ で電機子電流は**増磁作用**をしているから V は大になる．

このように電機子電流のギャップ磁束におよぼす影響，すなわち**電機子反作用** (armature reaction) は負荷の力率により著しく異なってくる．

三相誘導電動機では2次に負荷電流が流れても，1次巻線に電流が自動的に流入してこの AT を打ち消してしまうため，負荷時無負荷時を問わずつねにギャップ磁束は一定(ただし1次巻線の漏れインピーダンス降下は無視)に保たれる．三相同期機では負荷電流による起磁力は固定子に対しては静止した直流起磁力で，これを固定子の界磁巻線電流で自動的に打ち消すことはできない．したがってギャップ磁界を一定に保ち $E_i(\fallingdotseq V)$ を一定に保とうとすれば，負荷電流の大きさと力率に応じて界磁電流を適当に外部から調整してやる必要があ

る．従来界磁電流は軸に直結した**励磁機**と称する直流発電機から供給されていたが，最近**自励磁法**がよく用いられるようになった．これは交流端子から整流して界磁電流をとると同時に，電流変成器により負荷電流に比例した電流をとり，これを整流して強制的にこれに重量する方式で，直流分巻発電機とその現象はよく似ている．これらの詳細は本書では触れない．

〔**例題 12.5**〕 例題 12.3 の同期発電機を三相短絡（図 12.8）すれば（1）短絡電流はいくらか．また（2）このときの界磁電流が 4〔A〕であったとすれば，起磁力作用の点で電機子電流 1〔A〕は界磁電流の何アンペアに相当するか．

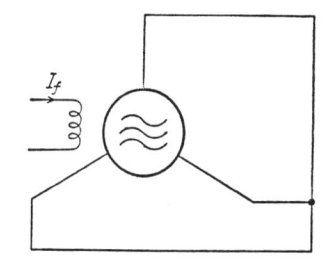

図 12.8 同期発電機の三相短絡

〔解〕
（1） $I = E_0/X_s = (220/\sqrt{3})/3.3 = 38$ 〔A〕

（2） 漏れインピーダンス降下を無視すると，三相短絡時は $E_i \fallingdotseq 0$ と考えられる．これは主起磁力 F_f が電機子電流の減磁作用のために完全に打ち消され $F_f - F_a = F_g = 0$ となっているものと考えられる．したがって

$$4/38 = 0.105 \text{〔A〕} \cdots\cdots 答$$

12.4 同期発電機の並列運転時の界磁電流の調整

図 12.9 は三相同期発電機 G_1, G_2 が並列運転して負荷に電力を供給している図である．この場合 G_2 の容量が G_1 に比べてきわめて大きいものとし，G_1 の励磁電流の増減にもかかわらず端子電圧 V は一定なものとする．いま G_1 の電機子巻線の漏れインピーダンス降下を無視すると，前節で述べたように内部誘導起電力 E_i は端子電圧 V に等しい．したがってこの場合の E_i は界磁電流の変化にもかかわらず一定であり，E_i を誘導する負荷時のギャップ磁束もまた一定でなければならない．そこでもし G_1 の界磁電流を増したとすれば，この増加

分を打ち消すために電機子巻線には遅れ電流が流れる．また界磁電流を減らすと，この減少分を補うために進みの電機子電流が流れる．このように小容量機 G_1 の界磁電流の調整は単に G_1 の電機子電流の力率を加減するだけで，出力の加減にはならない．もし G_1 の出力を増減しようとするならば，G_1 の駆動機の方で，その出力を加減しなければならない．

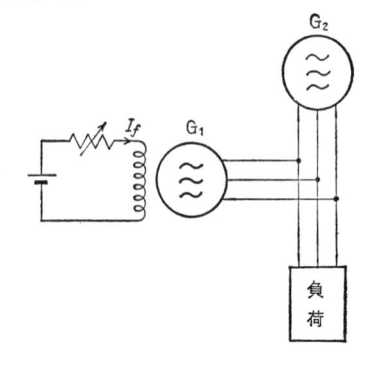

図 12.9 三相同期発電機の並列運転

12.5 発電機の出力

発電機の等価回路は図 12.3 で示され，$r=0$ とみなしたときのベクトル図は図 12.10 のようになる．ここで発電機の入力 P_i, 出力 P_o は

$$P_i = 3\,E_0 I \cos(\varphi+\delta) = 3\,[\dot{E}_0 \dot{I}^*]_{\text{real part}} \quad [\text{W}] \qquad (12.7)$$

$$P_o = 3\,VI\cos\varphi = 3\,[\dot{V}\dot{I}^*]_{\text{real part}} \quad [\text{W}] \qquad (12.8)$$

であるが，上式から I, φ を消去し，界磁電流 I_f によって直接定まる E_0 と $\dot{E}_0$ と端子電圧 $\dot{V}$ との位相差 δ とで入力，出力を表示してみよう．このため $\dot{V}$ を基準ベクトルにとり，$\dot{V}=V$ とすれば，$\dot{E}_0$ は $\dot{E}_0 = E_0 e^{j\delta}$ となるから，$\dot{I}$ は

$$\dot{I} = \frac{\dot{E}_0 - \dot{V}}{jX_s} = \frac{E_0 e^{j\delta} - V}{jX_s}$$

$$\therefore\quad \dot{I}^* = \frac{E_0 e^{-j\delta} - V}{-jX_s} \qquad (12.9)$$

式 (12.9) を式 (12.7)，(12.8) に代入すると

$$P_i = 3\left(E_0 e^{j\delta}\frac{E_0 e^{-j\delta} - V}{-jX_s}\right)_r = 3\frac{VE_0}{X_s}\sin\delta \quad [\text{W}] \qquad (12.10)$$

$$P_o = 3\left(V\cdot\frac{E_0 e^{-j\delta} - V}{-jX_s}\right)_r = 3\frac{VE_0}{X_s}\sin\delta \quad [\text{W}] \qquad (12.11)$$

となる．ここで $P_i = P_o$ は電機子抵抗を無視した当然の結果である．端子電圧

V と界磁電流 I_f(したがって E_0)一定のもとでは出力は $\sin \delta$ に比例し，図 12.11 のようになる．この δ を**トルク角**，**出力角**，または**内部相差角**などという．

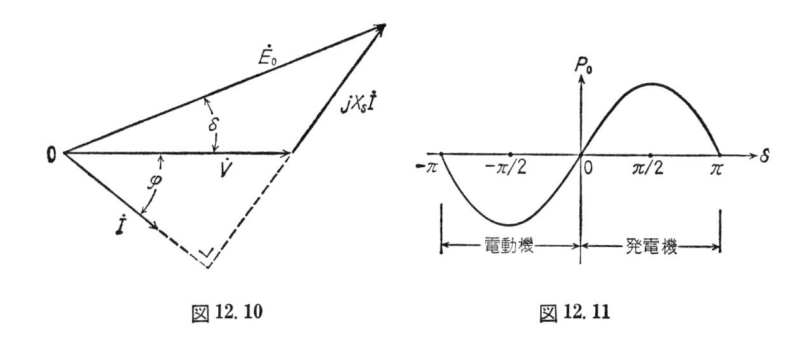

図 12.10

図 12.11

12.6 同期機と直流機との類似点

a. トルク発生のメカニズム

直流機 図 12.12 はブラシ軸を幾何学的中性点より移動した直流機の電機子電流の分布と主磁束 Φ_f を示したものである．起磁力と磁束の分布はすべて正弦波としよう．

トルク T は Φ_f のブラシ軸に直角な成分 Φ_e と電機子電流との間に生じ

$$T \propto \Phi_e I_a = \Phi_f I_a \sin \beta \qquad (12.12)$$

そして T の方向は図 12.12 の場合反時計方向になる．

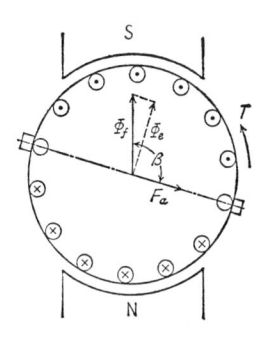

図 12.12

同期機 同期機の定常状態では，電機子電流の分布は固定子に対して静止する．そこでこれを図 12.13 のようになるものとする．ここで電機子電流による起磁力 F_a の位置にブラシをおいた直流機と等価に考えられるから，トルク T は式 (12.12) で表わされる．

同期機の場合 F_a の位置(等価的なブラシ軸)は電流の位相により定まる．そ

(a) 電動機作用　　(b) 発電機作用

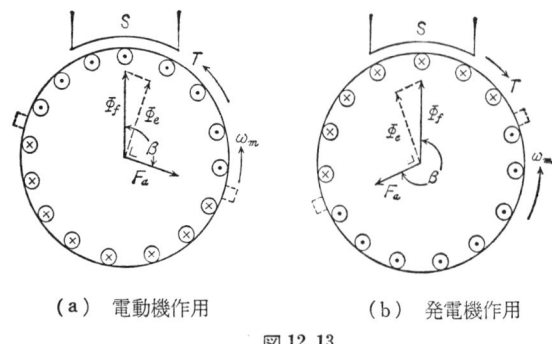

図 12.13

して図 12.13(a)のようになれば，回転子の回転方向にトルクが発生しているから明らかに電動機作用をしている．図 12.13(b)のようになれば，トルクの方向は時計方向になり，回転を阻止する方向になって同期発電機として作用している．

b. 等 価 回 路

図 12.14(a)は直流発電機が電池 V を充電しているときの等価回路で，発電機作用時は $I>0$，電動機作用時は $I<0$ になる．すなわち I は正または負の代数値で，VI は $VI>0$ のときは発電機の出力，$VI<0$ のときは電動機の入力となる．

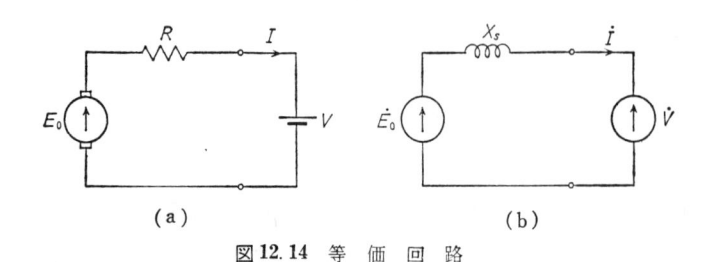

(a)　　(b)

図 12.14　等 価 回 路

図 12.14(b)は同期発電機の1相の等価回路で，図(a)と比較すると

$$E_0 \to \dot{E}_0, \quad R \to jX_s, \quad I \to \dot{I}, \quad V \to \dot{V}$$

となっている．これは図(a)は直流機であるのに対し，図(b)は交流機である

ことから当然であるが，その物理的な考え方はまったく同一である．

したがって $3[\dot{V}\dot{I}^*]_r > 0$ のとき発電機，$3[\dot{V}\dot{I}^*]_r < 0$ のとき電動機として作用している．いいかえると $\dot{V}$ と $\dot{I}$ の位相差 φ が

(1) $-\pi/2 < \varphi < \pi/2$ のとき発電機．
(2) $\varphi > \pi/2$ または $\varphi < -\pi/2$ のとき電動機．

として作用している．(1)(2)に対するベクトル図を描くと図12.15のようになる．このベクトル図で $\dot{E}_0$ と $\dot{V}$ との位相差 δ に注意すると，(1)は $\dot{E}_0$ が $\dot{V}$ より進み($\delta > 0$)　(2)は逆に遅れ($\delta < 0$)ている．

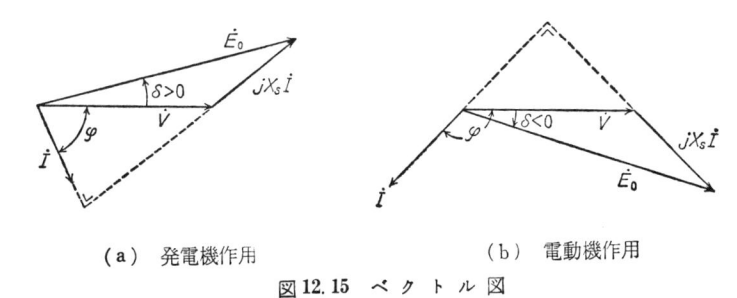

(a) 発電機作用　　　(b) 電動機作用

図12.15　ベクトル図

12.7　同期電動機の特性

三相同期機が電動機として作用しているときは，図12.15(b)で示したように $\dot{I}$ と $\dot{V}$ との位相差 φ は $\pi/2$ 以上になっている．そこで三相同期機を電動機として働かす場合にはむしろ，今までの電流の方向を逆にとって $-\dot{I} \equiv \dot{I}_M$ とし，この I_M に対してその特性を論じた方が便利である．

このようにすると，その等価回路とベクトル図は図12.16のようになる．そして $-\dot{I} = \dot{I}_M$ であるから，$\dot{I}_M$ の電機子反作用を考える場合はいままでと逆になり，I_M が進み電流のときは減磁作用，遅れ電流のときは増磁作用をする．また電動機の出力 P_0 を正に考えるためには，式(12.11)の δ は今までと反対に $\dot{V}$ に対して $\dot{E}_0$ が遅れている場合を正にとらなければならない．

さて図12.16のベクトル図から

12. 三相同期機

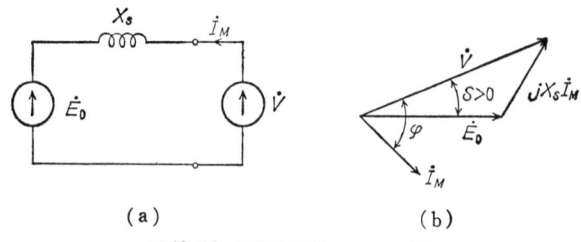

図12.16 等価回路とベクトル図

(a) (b)

$$\dot{V} = \dot{E}_0 + jX_s\dot{I}_M \qquad \therefore\quad \dot{V}/jX_s = \dot{E}_0/jX_s + \dot{I}_M \qquad (12.13)$$

上式をベクトル図で示すと，図12.17の三角形 OPQ になる．ここで

$$\overrightarrow{OQ} = \dot{V}/jX_s,\quad \overrightarrow{OP} = \dot{I}_M,\quad \overrightarrow{PQ} = \dot{E}_0/jX_s,\quad \delta = \angle OQP$$

で，電源電圧を一定に保った状態では点 O, Q は定点になる．また点 P を通り OQ に引いた平行線 XY と $\dot{V}$ との交点を A とすると $\overline{OA}$, $\overline{QP}$ とは

$$\overline{OA} = \overline{PQ}\sin\delta = (1/X_s)E_0\sin\delta \propto P_0$$

$$\therefore\quad P_0 = 3\frac{V}{X_s}E_0\sin\delta \qquad (12.14)$$

$$\overline{QP} = E_0/X_s \propto I_f \quad (\text{ただし磁気飽和性無視})$$

よって

（1） V, I_f を一定に保ったときの $\dot{I}_M$ のベクトル頭の点 P の軌跡は点 Q を中心，$\overline{QP}$ を半径とする円になる．

（2） V, P_0 を一定に保ったときの電流 $I_M = \overrightarrow{OP}$, $I_f \propto \overline{QP}$ を示す点 P の軌跡は直線 XY になる．$\dot{V}$ と $\dot{I}_M$ との位相角 φ は電動機の場合 $-\pi/2 < \varphi < \pi/2$ で

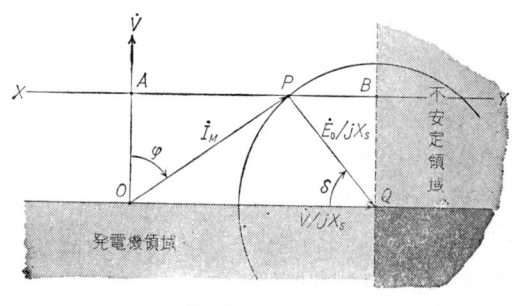

図12.17 円線図

なければならない．したがって図 12.17 の灰色の部分は発電機領域でこの節の考察外である．

a. 位相特性

ここで(2)の場合について，P の軌跡 XY 上の点について吟味してみよう．点 A は I_M が最小で力率 1 の点，点 P がこれより左にあるとき進み力率，右にあるとき遅れ力率になる．

図 12.18 の点 B は I_f の最小の点で，このとき $\delta = \pi/2$ になっている．B より左の点に対しては $\delta < \pi/2$ で電動機としての動作は安定であるが，B より右の点に対しては $\delta > \pi/2$ となり不安定で使用できない．ここで点 P を XY 上を左から右へ移動せしめたときの I_M と I_f との関係を，I_M を縦軸，I_f を横軸にとってプロットすると図 12.18 の太い曲線になる．また $P_0 = 0$ に対する点 P の軌跡は図 12.17 の OQ 線上にきて，これに対して前と同じことを繰り返して I_M と I_f との関係曲線を描くと細い曲線になる．これらの曲線は一定出力のもとで界磁電流を加減したとき，入力電流がどう変化するかを示したもので，これを**位相特性曲線**，またその形から **V 曲線**ともいう．

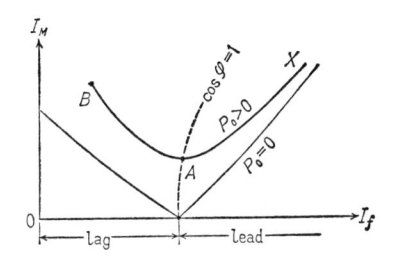

図 12.18　V 曲 線

同期電動機がある一定の負荷を負っているとき，界磁電流が小さいときは遅れ電流が流れて，界磁電流の不足分を補償している．界磁電流を増して行くと電機子電流の無効分(遅れ)は，この分だけ減り電機子電流の大きさは減少し，ついに力率 1 の点に到達する．さらに界磁電流を増すと，この余分の界磁電流を打ち消すために電機子電流の進み無効分が流れるため，電機子電流は増大する．図の曲線はこのようなことを定量的に示している．したがって界磁電流の調整により同期電動機の力率を調整することができる．

とくに無負荷運転においてこのようなことをすると，同期機はあたかも L, C のように動作し，界磁電流をある一定値以下の範囲で加減すれば可変リアクタ

ンスに，ある一定以上の範囲で加減すれば可変キャパシタンスとして動作する．これを**同期調相機**(synchronous phase modifier)という．

〔**例題 12.6**〕 16 P-440 kW-2200 V-60 Hz の三相同期電動機がある．同期リアクタンスは 4〔Ω〕，無負荷誘導起電力は 2000〔V〕で，5/8定格負荷を負っている．このときのトルク角，電流，力率をベクトル図を描いて求めよ．また無負荷になったら電流はどうか．

〔**解**〕　式 (12.14) より

$$\sin \delta_1 = \frac{P_0 X_s}{3VE_0} = \frac{(440 \times 10^3 \times 5/8) \times 4}{3 \times (2200/\sqrt{3}) \times (2000/\sqrt{3})} = 0.25$$

$$\delta_1 = \sin^{-1} 0.25 = 14°30' \cdots\cdots\cdots 答$$

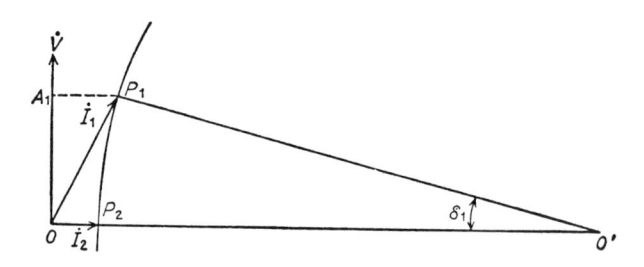

図 12.19　トルク角，電流，力率のベクトル図

図 12.19 で

$$\overline{OO'} = \frac{V}{X_s} = \frac{2200}{\sqrt{3} \times 4} = 308.5 \ 〔A〕$$

$$\overline{O'P_1} = \frac{E_0}{X_s} = \frac{2000}{\sqrt{3} \times 4} = 288 \ 〔A〕$$

として点 P_1 を求めて

$$\left. \begin{array}{l} I_1 = \overline{OP_1} = 76 \ 〔A〕 \\ \cos\angle VOP_1 = 0.92 \quad (\text{lag}) \end{array} \right\} \cdots\cdots 答$$

また無負荷時の動作点 P_2 は図 12.19 のように求められ，

$$I_2 = \overline{OP_2} = 22 \ 〔A〕 \quad (90°遅れ) \cdots\cdots 答$$

b. 同期電動機の安定運転

定励磁，定電圧で運転している場合，負荷が変われば当然 δ が変わって同期速度が保持される．この場合 δ の変化に対して出力 P_0 の変化割合，すなわち $dP_0/d\delta$ が大きければ好都合である．この $dP_0/d\delta$ を同期化力(synchronizing force)といい，安定運転の1つの目安になる．式 (12.14) より同期化力を求めれば

$$\frac{dP_0}{d\delta} = 3\frac{VE_0}{X_s}\cos\delta \qquad (12.15)$$

上式より同期化力は無負荷時 ($\delta=0$) が最も大きく，最大出力時 ($\delta=\pi/2$) は 0 であり，$\delta > \pi/2$ では負となりこの領域では使用できない．

以上は定常運転時負荷がきわめて徐々に変化する場合のことで，負荷がステップ状に急変したりする場合には，さらにつぎに述べるようなことも考慮する必要がある．

図 12.20 は同期電動機の定励磁，定電圧のもとにおける出力 P とトルク角 δ の関係を示す．いま電動機が δ_0 のトルク角で P_0 なる負荷を負って定常運転しているとき，急に負荷が増加して P_1 になったとすれば，電動機出力は P_1-P_0 だけ不足する．この不足は電動機速度が減少

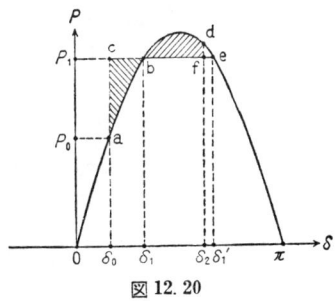

図 12.20

して回転体に蓄えられていたエネルギーを放出して補うと同時に，速度減少によって δ は増加して図の δ_1 に近づく．しかし回転子はこの間に速度減少のために三角形 abc の面積に相当するエネルギーを失っているため，δ が δ_1 になっても同期速度で回転することができず，なおも δ の増大を続ける．その結果電動機の出力は bd に沿って増加し，P_1 より大になる．回転子はこの余剰出力を吸収し，速度を回復しつつ δ は面積 abc が面積 bdf に等しくなった δ_2 に達して同期速度となる．その後 δ は減少の方向をとり，δ_1 を中心として何回かの振動を繰り返した後定常状態におちつく．

この場合 P_1 が大きいと δ_1, δ_2 が大きくなる．もし δ_2 が図の δ_1' を越えるような場合には δ_2 は回復の機会がなく電動機は同期を脱して停止する．このように $\delta < \pi/2$ でしかも負荷トルクが最大負荷トルク以下の場合であっても**過渡安定度**の点からは必ずしも安定ではなくなる．

12.8 始動とダンパー巻線

同期電動機は，同期速度においてのみトルクを発生し，その他の速度では，トルクは発生しない．したがってこのような同期電動機をいかに同期速度まで加速するかが問題になる．これには種々の方法があるが，最も一般的にはつぎのような方法がとられる．

図 12.21 同期電動機の外観

一般の同期電動機には磁極頭に銅棒が図 12.21 のようにうめ込まれていて，あたかも誘導電動機のかご形巻線を形成している．始動時は界磁巻線はオフの状態にし，電機子に三相電圧を印加すると，上記のかご形回転子との間に誘導電動機を形成し，その発生トルクにより加速され，ついにすべり5％程度までに達する．このとき界磁巻線に電流を流すと，この界磁束と電機子電流との間にすべり周波の2倍の周波数の振動性のトルクが生じ，これが誘導電動機によ

るトルクの上に加わり，トルクが増加している過程において回転子を加速しつ
いに同期速度に引き入れる．同期速度に達すれば，もはやかご形巻線には起電
力は現われず無用となるが，同期速度で運転中負荷が急変して同期速度以上，
または以下になったときは，このかご形巻線が作用してすみやかに同期速度に
もどす．すなわちかご形回転子は始動時は始動巻線となり，運転時はダンパー
巻線(damper winding)になる．

演 習 問 題

(**1**) 三相同期機の多くは回転電機子形よりも回転界磁形にする理由を説明せよ．
(**2**) つぎの術語を説明せよ．
　　（ⅰ）短絡比　　（ⅱ）トルク角　　（ⅲ）同期化力
(**3**) 大容量母線に接続されている比較的小容量の三相同期発電機について
　（ⅰ）その力率が 80% lag であるが，これを進み力率の 80% にしたいときはどうす
　　ればよいか．
　（ⅱ）その出力が現在 5000 [kW] である．これを 6000 [kW] にしたい．どうすれば
　　よいか．
(**4**) 同期調相機について説明せよ．
(**5**) 定電圧，定励磁で駆動している三相同期電動機の出力に応じて入力電流がどのよ
　うに変わるかを明らかにする円線図を示せ．
(**6**) 22 [極] の同期発電機の出力周波数は 50 [Hz] である．このときの毎分の回転数
　はいくらか．
(**7**) 下図の不足しているところを補い，これを用いて同期機の短絡比を定義せよ．

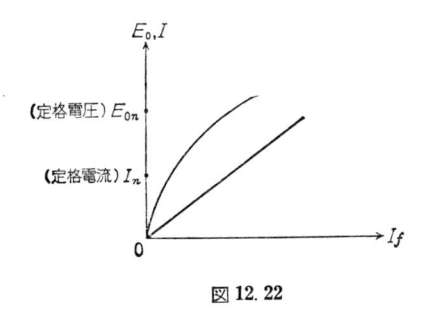

図 12.22

(8) 三相同期電動機があり，その同期リアクタンスは 6.67 [Ω]，端子電圧は 6600 [V]，無負荷誘導起電力 6000 [V]，トルク角 30° とすれば，線電流と出力はいくらか．ただし電機子抵抗は無視する．

答　287 [A]，2970 [kW]

(9) 4000 [kW] の機械的負荷を負いながら，10000 [kW]，遅力率 80% の負荷の力率を 90% に改善する同期電動機の容量を求めよ．

答　4800 [kVA]

(10) ある三相同期発電機の無負荷誘導起電力は 220 [V]，端子電圧は 200 [V] で，このときの最大出力は 20 [kW] であるという．同期リアクタンスは何オームか．

答　2.2 [Ω]

(11) 同期発電機のベクトル図を描き，出力 P_0 の式を誘導せよ．

(12) 200 [kVA]，3 相 Y 接続，2500 [V] の同期発電機の同期インピーダンスは $Z_s=1+j10$ [Ω] である．力率 80 [%] における電圧変動率はいくらか．

(13) 電機子 1 相の抵抗 r_a，同期リアクタンス x_s，相電圧 V，定格電流 I なる三相同期発電機のベクトル図と電圧変動率の式を誘導し，つぎに 6600 [V]，8000 [kVA]，$r_a=0.1$ [Ω]，$x_s=4$ [Ω] なる発電機の全負荷で力率 0.8 における電圧変動率を求めよ．

(14) 三相同期電動機を 200 [V] で無負荷運転している．界磁電流が 5 [A] のとき力率は 0 (進み) の 15 [A] の入力電流がある．界磁電流を 2 [A] にすれば力率と電流はどうなるか．ただし同期リアクタンスは 4 [Ω] 主磁極の磁気飽和性は無視し得るものとする．

答　11.3 [A] の遅れ電流

13. 電動機の利用と選択

13.1 電動機の利点と欠点

　一般産業や一般社会生活における動力源としては，電動機・内燃機関・水車・風車などがあるが，最も広く利用されているのは電動機である．電動機には次のような多くの利点があるからである．
（1）　内燃機関に比べると小形であり，騒音・高熱ガスなどの発生がない．また，燃料の運搬・補給のような手数がかからない．
（2）　信頼性・安全性が高く，保守が容易である．
（3）　電動機の種類が多く，負荷や使用場所に適した特性・構造・大きさのものを容易に選択できる．
（4）　効率が高く，軽負荷時にも効率の低下は比較的少ない．効率の一例を示すと表 13.1 のようである．

表 13.1　定格出力約 2 000〔kW〕の各種電動機の効率の一例

電動機	直流電動機	誘導電動機	同期電動機
回転速度〔rpm〕	600	500	500
効率〔％〕	92.5	95.5	96.5

（5）　始動・停止・速度制御・遠隔操作などが容易である．
　一方，次のような欠点もある．
（1）　電源の電圧・周波数などの変動によって運転状態に好ましくない変化が

起こる．また，停電を考え，自家用予備電源が必要となる場合もある．
（2）内燃機関に比べて過負荷耐量が少なく，かつ重い．これは内燃機関はエネルギー密度の大きい化学エネルギーを利用していること，気筒の中が中空なためである．

13.2 速度特性からみた電動機の分類

a．運転の平衡

電動機と負荷の速度トルク特性が図13.1に示すようなものであるとすると，2つの曲線の交点Pで示される速度 n_0 で平衡運転する．n_0 より低い速度では電動機の発生トルク τ_M のほうが負荷トルク τ_L より大きいため加速し，n_0 より高い回転速度では τ_L のほうが大きいため減速し，結局P点におちつき安定運転する．一般にP点で平衡運転するためにはP点で次式が満足されていなければならない．ただし，フィードバックループの制御を行なっている場合は別である．

$$\frac{d\tau_L}{dn} > \frac{d\tau_M}{dn} \tag{13.1}$$

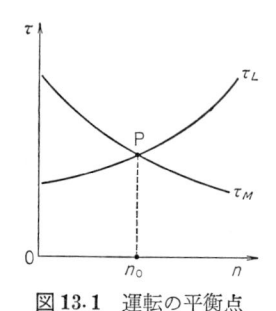

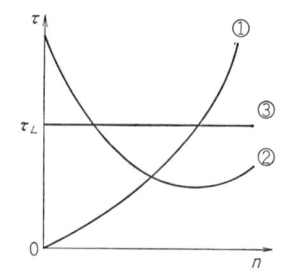

図13.1　運転の平衡点

図13.2　負荷の速度トルク曲線

b．負荷の速度トルク特性

電動機に加わる負荷トルク τ_L が，回転速度によってどのように変化するかを二，三の例で示す．

図13.2の曲線①は扇風機などの速度トルク曲線で，始動時は軸受のわずかな摩擦があるだけで，トルクはほとんど0とみなせるが，羽根に対する空気の抵抗は速度のほぼ2乗に比例するから，速度の上昇につれて負荷トルクは著しく増加する．したがって，このようなものを負荷とする電動機では，始動トルクはごく小さいものでよい．必要以上に始動トルクの大きいものを用いると，始動時の機械的衝激のため，歯車などに機械的損傷を与えるおそれがある．

曲線②はセメント工場の粉砕機の速度トルク曲線で，始動時のトルクは著しく大きいか，いったん始動するとしだいにトルクは減少する．このような負荷に対する電動機は，その始動トルクの大きいことが要求される．

直線③は回転速度に無関係にほぼそのトルクが一定で，摩擦の大きい負荷はこのようなものであると考えてよい．

c．負荷の変動

負荷は一般に時間的に一定のものではなく，規則的にあるいは不規則に変化するのがふつうであるが，この場合，

（1）　負荷に変動があっても回転速度はできるかぎり一定に保っておかなくてはならない場合

（2）　（1）の一種であるが，さらに幾段にも回転速度を設定したい場合

（3）　負荷が重くなった場合には大幅に減速し，軽くなった場合には上昇することが好ましい場合

などがある．以下にこれらの具体例を上げる．

例1．電動発電機用電動機　　電動発電機の主電動機には，その発電機の負荷変動がそのまま電動機に加わることになるが，この場合，電動機の回転速度がかわれば，定電圧・定周波数を保つことができず発電機として好ましくない．

例2．クレーン用電動機　　クレーン用電動機では荷物をつり上げる場合は，できるだけゆっくりつり上げて作業の安全をはかり，荷物をおろしてしまった場合には，速やかに次の荷物をつり上げるようにすることが，作業の能率を上げるには好ましい．しかもこれに用いる電動機は始動，停止が頻繁に行なわれる．電鉄用モータなどもこれと同じ．

例3. 抄紙機用電動機　製紙工場の抄紙機用電動機は10:1または12:1の広い範囲にわたって回転速度の加減が必要である．製紙機は一般に摩擦トルク負荷であって，回転速度に無関係にほぼトルクは一定であるから，定トルク駆動である．

例4. 旋盤用電動機　旋盤では削られる物の材質により，また荒削りか仕上削りかなどにより，切削速度を種々にかえねばならない．従来これに対しては歯車の組合せを種々変えて行なってきたが，現在は作業能率を高めるため電動機のタップの切換えなどで行なうように工夫されつつある．

上記の(1), (2), (3)の場合に適する電動機を，それぞれ**定速度電動機・多段速度電動機・変速度電動機**といい，これに属するおもな電動機をあげると，表13.2のようになる．

表13.2　速度特性からの電動機の区分とこれに属するおもな電動機

電動機の区分	おもな電動機
定速度電動機	同期電動機 誘導電動機 直流電動機（他励・分巻）
多段速度電動機	直流電動機（他励・分巻） 誘導電動機（極数変換形・巻線形（クレーマ，シエルビウス）） 三相分巻整流子電動機
変速度電動機	直流直巻電動機 直巻交流整流子電動機（単相・三相） 2次抵抗の高いかご形誘導電動機

上の表は電動機固有の速度特性から分類したものである．だが，最近はサイリスタやパワートランジスタを用いて，電動機の速度を制御する技術が非常に進歩している．安価で堅牢ではあるが，速度制御性に乏しかったかご形誘導電動機でも，これによって直流機のような優れた速度制御性を持つことができるようになった．また同期機でも，その回転子の位置を検出し，常に回転周波数に一致した1次周波数で駆動する**無整流子電動機**も実用されるようになった．

これらは従来の保守に手のかかる機械整流子の代りに，サイリスタやパワートランジスタなどの半導体素子で構成した，いわば電子的に構成した整流子を用いて，速度の制御性を高めようとする技術的傾向の現われである．

13.3 選定にあたっての電動機の仕様

電動機を選定するにあたって考慮しなければならない電動機の**仕様** (specification)はつぎのようなものである．

（1）**電　源**　　電動機の選定にあたっては電源の得られることが，何よりも先行すべき条件であるが，これらが自由に選択できるものとしても速度などの精密な制御を必要としたり始動トルクの大きいことが必要な場合は，直流機，交流整流子機などの整流子機を選び，その他の場合は保守が容易で構造頑丈な誘導電動機・同期電動機などの交流機によるべきである．ただし，これは原則的なことであって，前節に述べたような最近の技術的傾向も考慮する必要がある．

（2）**出力・速度**　　電動機の出力・速度は負荷の要求する値を満足しなければならないが，出力のいたずらに大きいものを選ぶと軽負荷時は効率が低下し，電力経済上からも好ましくない．

（3）**運転特性**　　運転時の電力経済のためには，効率・力率のよい電動機を選ぶ必要がある．また，安定な定速度運転を行なうためには，速度変動率の小さいことと，ある程度の過大な負荷トルクに耐えることが必要である．

（4）**始動特性**　　電動機の始動トルクは一般には大きいことが望ましく，同時に始動電流はある限度におさえることが必要である．過大な始動電流は，電源に過大な瞬時負荷となるだけでなく，同一の配電系統を攪乱することにもなる．

〔例題13.1〕　水の流量 $Q=5$〔m³/min〕，揚程 $h=10$〔m〕のうず巻ポンプ用電動機の(定格)出力はいくらにすべきか．ただし，ポンプの効率は0.8，安全率として1.2をとるものとする．

〔解〕 Qの水をhの高さに上げるに要するパワーPは

$$P = \frac{wQh}{60} [\text{kg·m/s}] = 9.8 \times \frac{wQh}{60} \ [\text{W}] \qquad (13.2)$$

w：水の比重で $10^3 [\text{kg/m}^3]$

よって電動機の(定格)出力 P_M は

$$P_M = 1.2 \times \frac{P}{\eta} = 1.2 \times \frac{9.8 \times 10^3 \times 5 \times 10}{0.8 \times 60} [\text{W}] \fallingdotseq 12 [\text{kW}]$$

13.4 規格について

たとえば，三相誘導電動機や柱上変圧器のように広く利用されているものは，メーカによって取付け寸法が違ったり，A社では$100°[\text{C}]$に耐えられるといっているものをB社では$120°[\text{C}]$を保証したり，メーカが受注競争のために，効率・力率などの特性を競って高くしたり，試験法がメーカによって違ったりすると，使用者が不便であるとともに，メーカは顧客の千差万別な要求に応じなければならない．このような状態では部品の標準化ができず，また仕様打合せに多くの時間と労力が必要となり，無駄が生じる．

そこで保護方式・特性・試験法・寸法などを規格という形で約束し，守り合えば，

（1） 仕様の打合せが簡単になる．
（2） 互換性が生じる．すなわち使用者側は他のメーカの製品ででも置き換えられる．
（3） メーカ側では，部品の種類が減り，加工に際してゲージや治工具などの使用が容易となって製品の精度が上がり，かつ生産原価は下がるなどの利益がある．そのため表13.3のような規格が設けられている．使用者が機器を選定する場合に，できることなら標準(規格)品から選ぶようにすると，その製品に信頼性がおけるばかりでなく格安になり，故障時の取換えなどに便利である．

表13.3 規格の種類

種類		制定団体	備考
国内規格	JIS	日本工業標準調査会	Japanese Industrial Standard の略
	JEC	日本電気学会規格調査会	Japanese Electrotechnical Committee の略
	JEM	日本電機工業会	Japanese Electrical Manufacturer's Association の略
国際規格	IEC	毎年1回世界各国の代表が集まって討議される.	International Electrotechnical Commission の略

13.5 使用と定格

電動機の時間的な使用状態を**使用**(duty)といい，JEC 146 で9種に分類されている．電動機は許容温度で用いれば，十数年前後の寿命が期待できるが，そのためには，それぞれ機器によって定まる使用限度がある．機器の製作者が保証する使用限度をその機器の**定格**(rating)という．この使用限度は電動機では出力で表わし，これを**定格出力**という．また，その場合の電圧・電流・周波数などを，それぞれ**定格電圧・定格電流・定格周波数**などといい，これらは銘板に記載されている．定格には次の4種がある．

(1) **連続定格** 一定負荷で電動機の温度上昇が一定におちつく時間以上に連続使用するもので，このときの温度上昇は図 13.3(a)に示すようになり，これが許容温度に等しい場合の負荷が連続定格出力である．

(2) **短時間定格** 一定の負荷で電動機の温度上昇が最終値におちつかない範囲の指定時間運転した後，電動機を停止し，つぎの始動までに電動機の温度が周囲温度まで降下する使用をいい，このとき許容温度を越さない範囲の最大負荷を短時間定格といい(図 13.3(b))，10，30，60，90[min] などがあり，それぞれ 10 分間定格，30 分間定格などという．

(3) **反復定格** 一定の負荷で電動機の温度上昇が最終値に達しないうちに

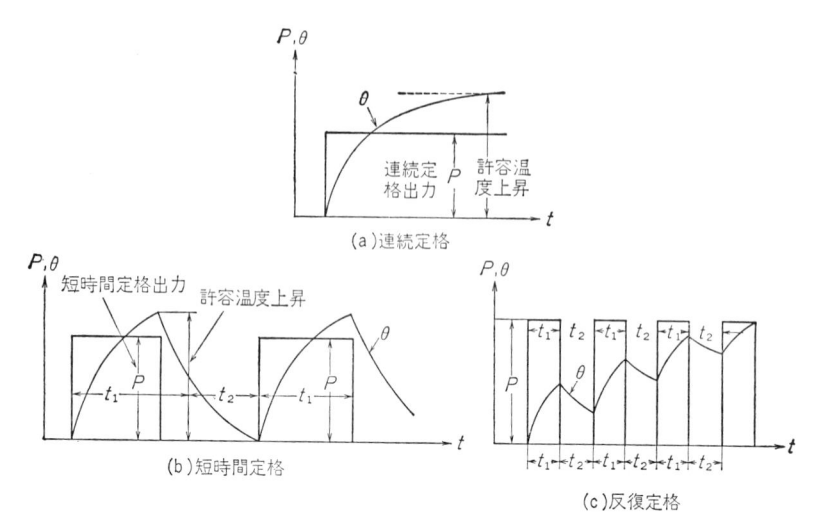

図13.3 使用と定格

停止し，温度が周囲温度まで降下しないうちにまた前と同じ負荷を同じ時間続ける．この変化を規則的に連続するとき，電動機の温度は図(c)に示すように，しだいに上昇して一定値に達する．この最終温度上昇が許容値を越えない範囲の最大負荷を**反復定格出力**という．

(4) **等価連続定格**　図13.4に示すような周期的負荷に対して連続定格でいくらの電動機を用いたらよいかは使用者がしばしば遭遇する問題である．

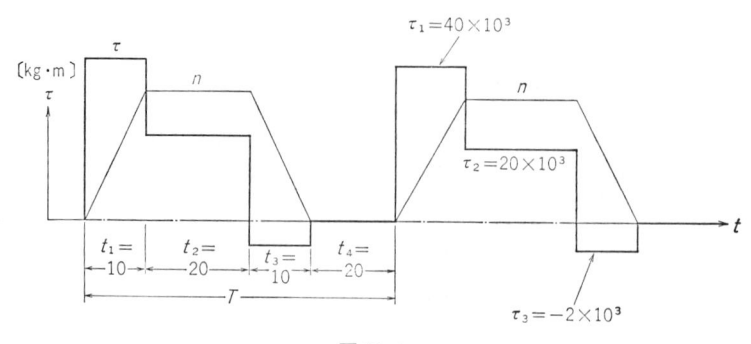

図13.4

13.5 使用と定格

自己冷却方式の電動機では始動,減速時は速度が低いため冷却作用が低下し,機内に発生する損失の割には温度上昇がはげしい.このような点を考慮してつぎの例題で示すような定格の定め方を行なう.

〔**例題 13.2**〕 図 13.4 のような負荷曲線を有する巻上機駆動用開放形電動機の出力を定めよ.ただし巻上機は効率 80〔%〕,回転数 50〔rpm〕とする.

〔**解**〕 1周期の実効平均トルク τ_e〔N·m〕が求まれば,電動機の所要出力 P_e は

$$P_e = \frac{2\pi n \tau_e}{60 \eta} \times 10^{-3} \quad 〔kW〕 \tag{13.3}$$

n:毎分回転数$=50$ rpm
η:効率$=0.8$

として求められる.この P_e はいうまでもなく**等価連続定格**である.

トルク τ と電流が比例するものとする(誘導電動機などもこれに相当する)と1周期 T の損失 W_e は,

$$W_e = k_0 \int_0^T \tau(t)^2 dt \tag{13.4}$$

同じ損失を生ずる等価な一定トルクを τ_e とすると

$$W_e = k_0 \tau_e^2 T \tag{13.5}$$

上の2式より

$$\tau_e = \sqrt{\frac{\int_0^T \tau(t)^2 dt}{T}} \tag{13.6}$$

ここで加速,減速,停止に対しては全速時に比べて冷却効果が小さいので加速と減速に対して α,停止に対しては β の補正係数を用い T をつぎのように補正

表 13.4 冷却係数

電動機		自己冷却		他力通風	
		α	β	α	β
誘導電動機	開放形	0.5	0.2	—	—
〃	閉鎖通風形	0.6	0.3	1	1
〃	全閉外扇形	0.75	0.5	—	—
直流電動機		0.75	0.5	1	1

し，実際の周期より小さくする．

$$T = \alpha(t_1 + t_3) + t_2 + \beta t_4 \tag{13.7}$$

α, β は経験的に表 13.4 のようにとられる．

$$\therefore \quad T = 0.5(10+10) + 20 + 0.2 \times 20 = 34 [\text{s}]$$

$$\tau_e = \sqrt{\frac{1}{34}\{40^2 \times 10 + 20^2 \times 20 + (-2.0)^2 \times 10\} \cdot 10^6}$$

$$= 26\,600 [\text{kg} \cdot \text{m}]$$

$$= 26\,600 \times 9.8 [\text{N} \cdot \text{m}] \tag{13.8}$$

τ_e を式(13.3)に代入して

$$P_e = 1\,710 [\text{kW}] \cdots\cdots\cdots 答$$

13.6 保護方式と設置場所

JEC 146 (回転機一般) では，回転機の外被による保護方式は

i) 人体および固形異物に関する保護形式で5種類

ii) 水の浸入に対する保護形式で8種類

の組合せによって分類されている．上記 i)，ii) の主なものを上げると次のようなものである．

（1） **保護形**　　回転部・導電部に人の指や異物が接触しないような構造になっているもの．（i）

（2） **防じん形**　　導電部・軸受部などにほこりが侵入しないような構造のもの．（i）

（3） **防滴形**　　内部に水滴の落ち込まないようにした構造のもの．（ii）

（4） **防まつ形**　　どんな方向からの水滴によっても有害な影響を受けない構造のもの．（ii）

（5） **水中形**　　水中で正常に運転できる構造のもの．（ii）

電動機を選定するにあたってその設置場所も考え，これに適したものを選ぶ必要がある．

(1) 高温場所　製鋼所・製鉄所などのような，気温が高いうえに赤熱した鉄塊からの放射熱によって機器はきわめて高温にさらされることがある．屋外で真夏の直射日光を受ける場合も同様である．このような場合には機器の冷却をよくするとともに，耐熱性の高いH種絶縁の電動機を用いるような配慮が必要となる．

(2) 湿気の多い場所　メッキ工場，船の機関室，地下室などのように湿気の多い所にすえ付ける場合は，シリコンワニスなどを主要絶縁物にした耐湿性の電動機を用いるとともに，外気の侵入しにくい全閉形の電動機を選ぶようにする．

(3) 爆発の危険性のある場合　メタンガスの充満した炭抗，ガソリンなどの油気の多い油田，製油所・化学工場などに設置する電動機は，電動機自身のためよりもむしろ外部に危険を与えないために**防爆形**のものを用いる必要がある．防爆形とは指定された爆発性ガスの中でも，安全に使用できるような構造その他に注意を払ったものである．

(4) 酸・アルカリなどの多い場所　メッキ工場やそのほか化学工場では酸・アルカリのために電動機の絶縁物がおかされやすい．これを防ぐためには**防食形**の電動機を選ぶ必要がある．

防食形は指定された腐食性の酸・アルカリまたは有害ガスが存在する場所でも支障なく運転できるような配慮を払ったものである．

演 習 問 題

(1) 次の述語を説明せよ．
　　反復定格，短時間定格
(2) 規格にはどんな種類のものがあるか．
(3) 電動機の選定に当って，考慮すべき事項を上げよ．

14. 順変換装置の基礎

14.1 整流の必要性

　現在では，電力の発生・送電・配電はほとんど交流で行なわれているが，つぎに掲げるように直流を必要とする場合もかなり多い．交流を直流に変換することを**順変換**，または**整流** (rectification) といい，この装置を順変換装置または整流器という．

（ⅰ）　電気化学工業　　電気分解・電気メッキなどの作業を主とする化学工業では低圧大電流の直流が大量に用いられている．

（ⅱ）　電 気 鉄 道　　一般的には直流直巻電動機が用いられている．したがって電気鉄道では，直流変電所をもち給電線に直流を送るか，給電線までは交流で，車内に整流器をもつか，いずれかの方式がとられる．前者が一般的であるが，東海道新幹線などは後者の方式を採用している．

（ⅲ）　電 気 通 信　　真空管用の電源には直流が必要で，無線局・放送局などでは，一般に大きな整流装置が備えつけられている．

（ⅳ）　直 流 送 電　　いままでは送電には交流方式を用いてきたが，遠距離送電，大都市の郊外から都心への地下ケーブル送電，海を越えての海底ケーブルによる送電には直流送電が有利とされ，欧米ではすでに実施されている．直流送電をする場合は送電端において交流を直流に変換し，受電端でまた直流を交流にする逆の変換が必要である．この逆の変換装置を**逆変換装置**，または**インバータ** (inverter) という．

(v) 電　池　　停電時の予備電源として電池の利用は社会生活が電化されるにつれて盛んになっている．
(vi) そ の 他　　X線装置，電気収塵器，電子顕微鏡，機械工場における直流電動機による速度制御装置などの電源．

14.2　整流機器の進歩

電力機器の分野において，最もはげしく変化し進歩したのは整流器であろう．現在では，シリコン整流ダイオードやサイリスタが用いられているが，ここに至るまでにはつぎに示すような変遷をたどっている．

　　電動発電機(MG)方式──→回転変流機──→水銀整流器──→接触変流機
　　──→シリコン整流器(シリコン整流ダイオード，サイリスタ)

a．MG方式，回転変流機

MG方式は誘導電動機，同期電動機などの交流電動機を交流電源で駆動し，これに直結された直流発電機から直流を得る方式である．回転変流機は図14.1に示すように同期電動機と直流発電機の固定子，回転子とを一体にし，その経済性と効率の向上をはかったもので，MG方式に比べたら技術的には非常に進歩したものといえるが，いまではほとんど影も形もひそめてしまっている．

b．水銀整流器

水銀整流器はわが国では，大正末期から昭和の初期にかけて使い初めたもので，従来の回転形整流機に対し，水銀蒸気の弁作用を利用した静止器である．

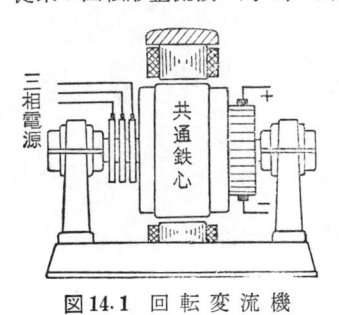

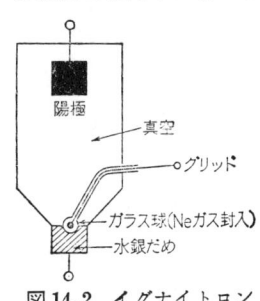

図14.1　回転変流機　　図14.2　イグナイトロン

この整流器は今もなお過去の設備として，工場や電気鉄道などで使ってはいるところもあるが，まだ使用に耐えるからというに過ぎない．図14.2は水銀整流器の一種イグナイトロンの主要部を示す．

c．接触変流機

接触変流機はわが国では終戦後登場したもので，図14.3に示すように機械的接点の開閉を交流電源に同期して行なうことにより直流を得ようとするものである．原理そのものは簡単であるが，開閉時ややもするとアークのため接点が溶けてしまうおそれがある．これが**可飽和リアクトル**の挿入により，この技術上の問題点が解決され，低圧，大電流用として将来を嘱望されたが，シリコン整流器などの出現により，今はまったく顧みられなくなってしまった．

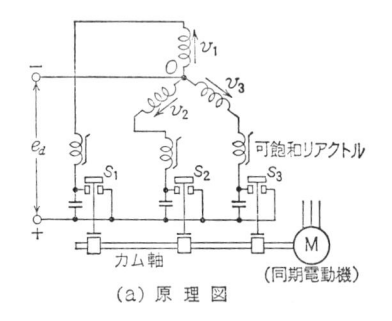

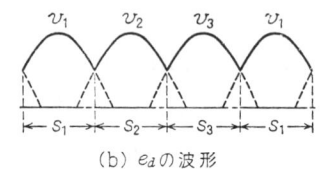

図14.3 接触変流機

d．シリコン整流ダイオード

シリコン半導体素子は第二次大戦後進歩した半導体工学の輝かしい成果の1つで，トランジスタとともに電気技術の分野に大きな影響を与えて，今日に及んでいる．

シリコン整流ダイオードは構造上**スタッド形** (stud type) と**平形** (flat type) の2つに分れる．600〔A〕程度以上では平形が多い．

図14.5は平形ダイオードの内部構造を示し，シリコン整流ペレットは整流作用を行なう心

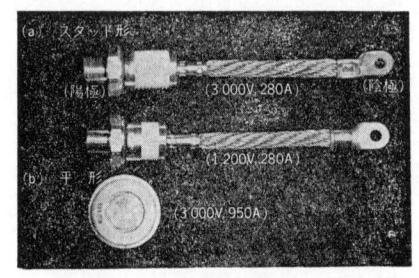

図14.4 シリコン整流ダイオードの外観
(富士電機 K. K. 提供)

14.2 整流機器の進歩

臓部で pn 接合を形成し, 素子の耐圧はその厚さに, 許容電流はその面積に依存する. 上下の銅板はそれぞれ陽極, 陰極の端子になる. そしてこれを整流ペレットに直接ロー付けすると, 銅はシリコンの3倍もの熱膨張係数を持つため, 通電と休止との熱サイクルによってロー材が疲労し, 破損のおそれがある. そこでシリコンと熱膨張係数の近い Mo, W の支持板をバッファに用いるのが普通である.

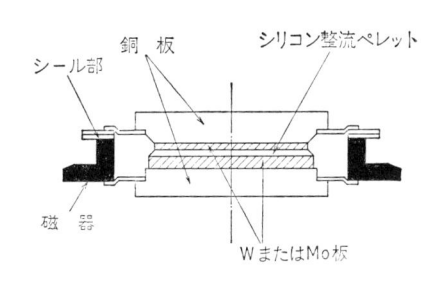

図14.5 平形整流ダイオードの内部構造

図 14.6(a) は整流ダイオードの記号, (b)は整流特性を示したもので, V_1 は定格電流 I_n の負荷

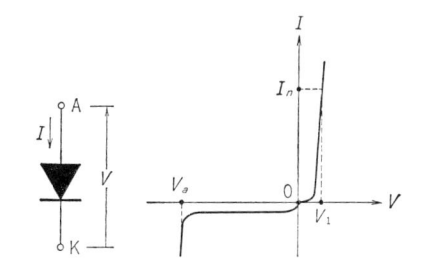

(a) 記 号　(b) 整流特性曲線
図 14.6

時の内部電圧降下で, 一般に 1 [V] 前後で水銀整流器にくらべ著しく低い. 逆電圧 $V<0$ に対しては逆電流は流れるが, せいぜい 50 [mA] 以下で極めて小さい. pn 接合の電圧 V と電流 I との関係は次式で与えられている.

$$I = I_s(e^{qV/kT} - 1)$$

I_s: 飽和逆電流　　　q: 電子の電荷 $= 1.601 \times 10^{-19}$ [C]

K: ボルツマン定数 $= 1.381 \times 10^{-23}$ [J/°K]

T: 接合の温度 [°K]

上式は $V>0$ では $I>0$ の順電流, $V<0$ に対しては $I<0$ の逆電流になることを示している. ただし上式は $|V|<V_a$ 以内で成り立ち, V が V_a になると逆電流は急増する. これは内部でアバランシェ (avalanche) 現象が生じるためである[*]. この V_a を**アバランシェ電圧**といい, **許容尖頭逆耐電圧**(PIV)はこれ以下

---

[*] まれにツェーナー(Zener)現象が起きる場合もある.

にとられ，一般の使用状態においてはこれが起こらないようにされている．このような使用範囲では，この整流ダイオードの内部抵抗を順電圧に対しては0，逆電圧に対しては∞と理想化して整流回路の計算を行なっても，定量的には大きな誤差は生じない．14.3節の計算はこの基礎の上に行なわれている．

e．サイリスタ

サイリスタは1957年GEで発明され，SCRはその商品名ではあるが，本書では他と区別し易いために，これを用いる場合が多い．さてこの誕生の当初シリコン整流ダイオードが急速の勢いで普及し始め，水銀整流器の利用は著しく狭まってはいたが，高圧用の水銀整流器の重要性は変わらないであろうと予想されていた．ところがサイリスタが出現し，定格容量が増大し，その上信頼性も高まるにつれて，格子付水銀整流器の影も薄れて今日に及んでいる．

サイリスタ素子とその応用については15章，16章に詳述する．

14.3 主な整流回路と純抵抗負荷時の直流電圧

a．単相半波整流回路(図14.7)

図14.7(a)で $v=\sqrt{2}V\sin\theta$ の正弦波電圧に対し，$\pi \geqq \theta \geqq 0$ の正の半サイクルの期間のみ整流素子Dは導通し，直流電圧 e_d の波形は図14.7(b)の太線で示したようになる．したがって e_d の平均値 E_{d0} は

$$E_{d0}=\frac{1}{2\pi}\int_0^{2\pi}e_d d\theta=\frac{1}{2\pi}\int_0^{\pi}v d\theta=\frac{\sqrt{2}}{\pi}V=0.45\,V\quad\text{〔V〕}\quad(14.1)$$

また直流電流 i_d の平均値 I_d は

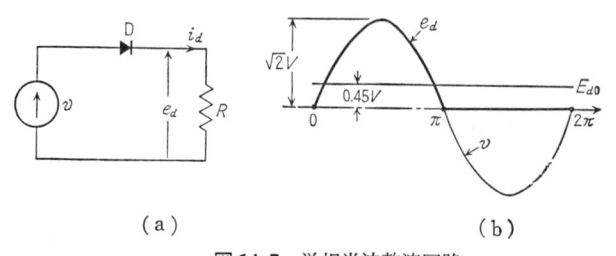

図14.7　単相半波整流回路

$$I_d = E_{d0}/R \qquad (14.1)'$$

b．単相全波整流回路(図14.8)

v の正の半サイクルでは D_1, D_2' が，負の半サイクルでは D_2, D_1' が導通して出力電圧 e_d は図14.8(b)の太線のようになる．

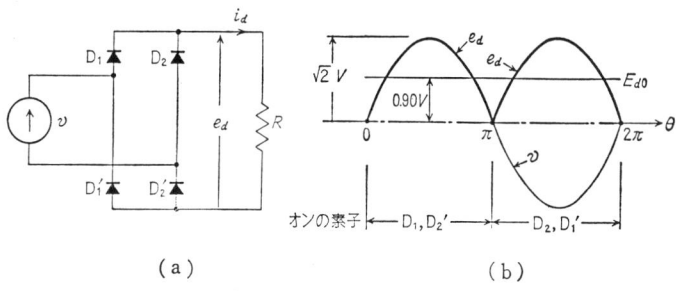

図14.8 単相全波整流回路

したがって

$$E_{d0} = \frac{1}{\pi}\int_0^{\pi} e_d d\theta = \frac{2\sqrt{2}}{\pi}V = 0.90\,V \qquad (14.2)$$

となり，半波整流の場合の2倍になる．正の半サイクルでは D_2, D_1' に v が逆方向にかかっている．したがって $v \neq 0$ なる限り D_1, D_2, D_1', D_2' が同時に導通するようなことはない．

c．電源中性点を利用した単相全波整流回路(図14.9)

図14.9(a)のような回路では2つの整流素子ですむ．ただし D_1 が導通時には D_2 に $v_{s1} - v_{s2}$ の逆電圧がかかるから，図14.8(a)と比較した場合に，$v=$

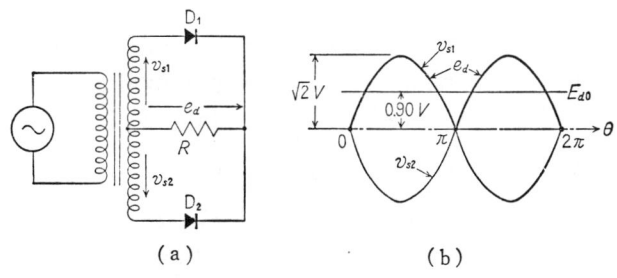

図14.9 電源中性点を利用した単相全波整流回路

v_{s1} とすれば，直流の平均電圧はまったく等しいが，図 14.9(a) では 2 倍の逆耐電圧の整流素子を用いる必要がある．

d．三相半波整流回路(図 14.10)

図 14.10(a) で点 o と p の間に v_{s1}—D_1, v_{s2}—D_2, v_{s3}—D_3 の 3 つの枝路が並列に結ばれているが，平衡三相電圧 v_{s1}, v_{s2}, v_{s3} の中で一番大きいものの枝路のみが整流素子の作用で接続される．したがって負荷にかかる電圧 e_d の波形は図 14.10(b) の太線のようになる．$v_{s1} = \sqrt{2} V \cos\theta$ とすると，E_{d0} は

$$E_{d0} = \frac{1}{2\pi/3} \int_{-\pi/3}^{\pi/3} v_{s1} d\theta = \frac{3\sqrt{6}}{2\pi} V = 1.17 V \qquad (14.3)$$

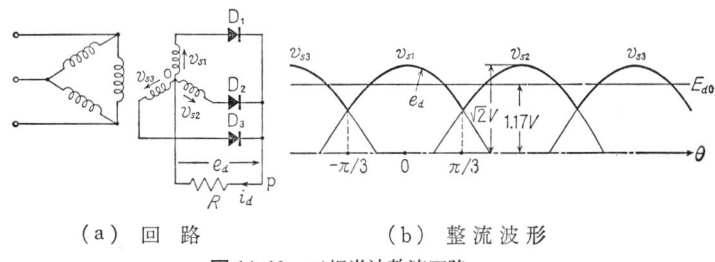

(a) 回　路　　　　　　　(b) 整 流 波 形

図 14.10　三相半波整流回路

e．三相全波整流回路(図 14.11)

図 14.11(a) のような結線を**グレエツ結線**(Graetz connection)ともいう．線間電圧 V_l の平衡三相電圧を v_1, v_2, v_3 の星形電圧で考え，その中性点を o とする．負荷側の + の端子 p と o との間には v_1—D_1, v_2—D_2, v_3—D_3 の 3 つの枝路が並列に結ばれているので，この整流作用は図 14.10(a) の三相半波整流回路とまったく同じことになる．したがって o に対する点 p の電位の時間的変化は図 14.11(b) の太線の曲線①になる．そして曲線①の平均電圧(点 o に対する)は式(14.3)から $1.17 V = 1.17 V_l/\sqrt{3} = 0.675 V_l$ になる．

また，電源中性点 o と負荷側の負の端子 q との間には D_1—$(-v_1)$, D_2—$(-v_2)$, D_3—$(-v_3)$ の 3 枝路が並列に結ばれている．したがってこれも図 14.10(a) の場合とまったく同様で $|-v_1|, |-v_2|, |-v_3|$ の中で一番大きいものの回路のみが q と o との間に接続される．その結果 o に対する点 q の電位の時間的

14.3 主な整流回路と純抵抗負荷時の直流電圧

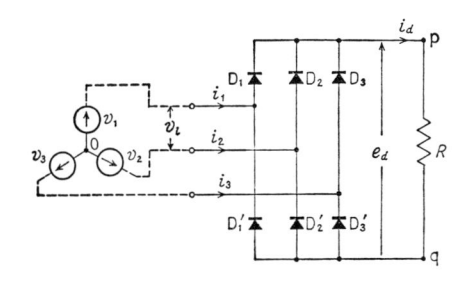

(a) 回路

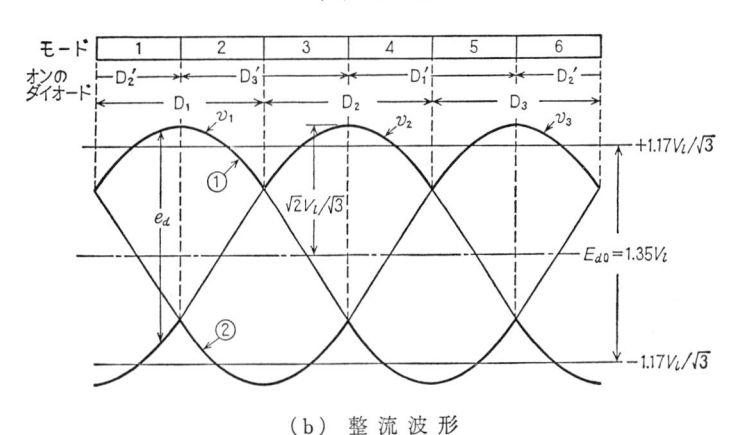

(b) 整流波形

図 14.11 三相全波整流回路

変化は図 14.11(b)の太線の曲線②になる．曲線②の平均値は曲線①の符号をかえただけですむから，$-0.675\,V_l$ になる．

よって直流電圧 e_d は曲線①と②にはさまれた大きさになり，その平均値 E_{d0} は

$$E_{d0} = 0.675\,V_l \times 2 = 1.35\,V_l \tag{14.4}$$

なお整流素子の導通状態から，この整流回路は図 14.11(b)に示すように 6 つのモードに分れ，$D_1 D_2 D_3$ の群，$D_1' D_2' D_3'$ の群の整流素子はそれぞれ 120°ずつ導通し，D_1 と D_1'，D_2 と D_2'，D_3 と D_3' が同時に導通するようなことはない．

以上この節で述べた結果から、直流側の電圧 e_d の波形は整流素子の精巧な働きにより、交流電圧波形の一部をつぎ合わせるようにしてでき上ったものであることがわかった。そして"精巧な働き"とは整流素子が機械スイッチの役目をし、このオン オフが自動的に行なわれることをさしている。

14.4 インダクタンス（平滑用リアクトル）の作用

a. 単相半波整流回路の L

図14.12で $v=\sqrt{2}V\sin\theta$ とすると、$\theta=0$ でDはオンし、v は L と R にかかる。L, R の電圧降下を e_L, e_R とすると

$$v = e_L + e_R \qquad e_L = L di_d/dt \qquad e_R = Ri_d$$

となり、e_R の曲線（i_d の曲線とも考えられる）は図14.13の太線のように漸次立上り、$\theta=\theta_m$ で v の曲線と交わる。このときは

$$e_L = L di_d/dt = 0$$

であるから、電流 i_d は最大値となってこれ以後 i_d は減少する。i_d が減少すれば $e_L = Ldi_d/dt<0$ となる。そこで v と同方向にリアクタンス電圧をとり、これを $e_L'(=-e_L)$ とすると、$\theta>\theta_m$ では v とこの e_L' とで負荷抵抗 R に加わる。

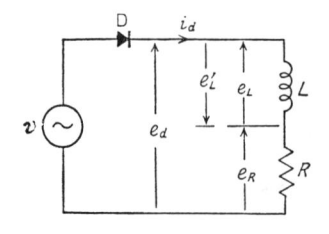

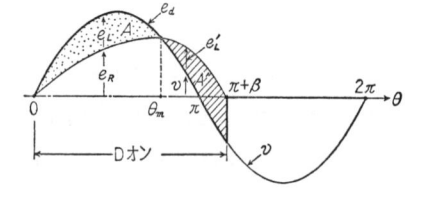

図14.12 単相半波整流回路　　図14.13 単相半波整流回路の波形

$\theta=\pi$ になって $v=0$ になっても $e_L'>0$ であるため D はオフせず $\theta=\pi+\beta$ になって初めてオフする。このように純抵抗負荷の場合とは違って $\theta=\pi+\beta$ まで消弧しない。これはインダクタンス L がエネルギーを蓄積し、これを放出し終わるまで消弧できないからである。

14.4 インダクタンス(平滑用リアクトル)の作用

また図14.13に示した面積Aは$\theta=0\sim\theta_m$までのe_Lの時間積分で,Lの磁束レベルの上昇分を,面積A'は$\theta=\theta_m\sim\pi+\beta$までの$e_L{}'$の時間積分で$L$の磁束レベルの減少分を示し,定常状態ではこの両者は当然等しくなければならない.したがって

$$A-A'=\int_0^{\theta_m}e_Ld\theta-\int_{\theta_m}^{\pi+\beta}e_L{}'d\theta=\int_0^{\pi+\beta}e_Ld\theta=0$$

$$\therefore\ e_L\text{の1周期の平均電圧}=\frac{1}{2\pi}\int_0^{\pi+\beta}e_Ld\theta=0 \qquad (14.5)$$

以上述べたことから,つぎのような重要な結論が得られる.
(1) 誘導性負荷に対しては$\theta=\pi$で消弧せず$\theta=\pi+\beta$まで延びる.βはL/Rで定まり,$L=\infty$において$\beta=\pi$になる.
(2) Lの両端の電圧e_Lの1周期の平均値は定常状態では0.
(3) したがって整流器の出力電圧e_dの平均値と抵抗Rの電圧e_Rの平均値とはつねに等しい.すなわち

$$E_{d0}=\frac{1}{2\pi}\int_0^{2\pi}e_dd\theta=\frac{1}{2\pi}\int_0^{\pi+\beta}e_Rd\theta \quad \text{または} \quad \frac{1}{2\pi}\int_0^{\pi+\beta}vd\theta \qquad (14.6)$$

上式からβが大きいほどvの負の積分領域が増加するのでE_{d0}は低下し,$L=\infty$においては$E_{d0}=0$になる.この場合は$\beta=\pi$で,整流器は2πの期間導通していると考えられる.

b. 単相全波整流回路のL

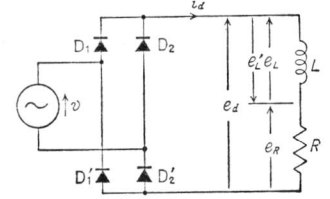

図14.14は単相全波整流回路の負荷側にインダクタンスLの入った回路である.整流素子は$D_1 D_2{}'$が$\theta=0\sim\pi$オンし,$D_2 D_1{}'$は残りの期間オンするのでe_dは図14.15の太線で示したようになる.

抵抗Rの両端の電圧e_Rの波形は図示のようになり,e_d曲線との交点を$\theta_1, \theta_2, \pi+\theta_1, \pi+\theta_2, \cdots\cdots$とすると,これらの点においてはいずれも$L$の両端の電圧$e_L(=Ldi_d/dt)$は$0$であるから,$i_d$は最大または最小の変曲点になっている.したがって$e_R=$

図 14.14 単相全波整流回路

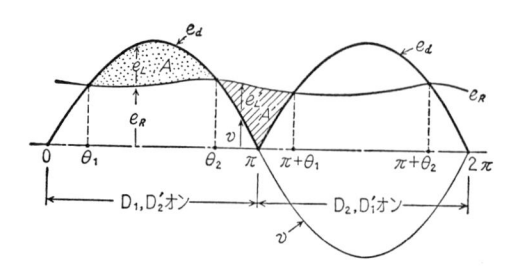

図 14.15 単相全波整流回路の波形

Ri_d の曲線は θ_1 で最小，θ_2 で最大であるから，この時点で v の曲線に交わる場合は図に示したように水平な傾きで交わらなければならない．そして図に示した面積 A と A' とは前項で述べたとまったく同じ理由で相等しく，したがって e_L の1周期の平均値は0になり，e_d の平均値と e_R の平均値とは相等しい．すなわち

$$E_{d0}=\frac{1}{2\pi}\int_0^{2\pi}e_d d\theta=\frac{1}{2\pi}\int_0^{2\pi}e_R d\theta=\frac{2\sqrt{2}}{\pi}V=0.90\,V \qquad (14.7)$$

上の関係は L の有無または大小には無関係であるが，L の存在により e_R の曲線はだいぶ平滑になり，$L=\infty$ では e_R, i_d は完全に平滑な直流になる．

ここで L の効果が明らかになった．すなわち
（1） L の挿入によって E_{d0}, I_d には変化はない．
（2） L が大きいほど e_R, i_d は平滑な直流に近づき，$L=\infty$ ではまったく平滑な直流になる．

c. 三相全波整流回路の L

図14.11の三相全波整流回路の直流電圧 e_d は図から明らかなように，含まれている脈動分の周波数は $6f$ でその振幅も比較的小さい．したがって平滑用リアクトル L も単相全波整流回路などに比べるとはるかに小さいものでよい．b. の場合と同様負荷抵抗の直流電圧は，L の有無に関係なく式(14.4)を用いることができる．すなわち

$$E_{d0}=1.35\,V_l$$

であるが，電流は L の挿入によって一定平滑になり，その値は

$$I_d = E_{d0}/R$$

交流側の電流波形は，たとえば i_1 は D_1 オンの期間 $+I_d$, $D_1{}'$ オンの期間 $-I_d$ が流れるから，その波形は図14.16のようになる．これをフーリエ級数に分解すると奇数の正弦項のみになり

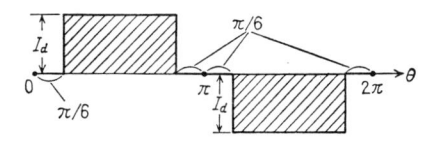

図 14.16 交流側の電流波形

$$i_1 = \sum_{n=1,3,5\cdots} a_n \sin n\theta$$

ただし $\quad a_n = \dfrac{4}{\pi}\displaystyle\int_{\pi/6}^{\pi/2} I_d \sin n\theta d\theta = \dfrac{4\,I_d}{n\pi}\cos\dfrac{n\pi}{6}$

となる．a_n の計算を進めると，i_1 はつぎのようになる．

$$i_1 = \frac{4}{\pi}\cdot\frac{\sqrt{3}}{2}I_d\left\{\sin\theta + \sum_{l=1,2,3\cdots}\frac{(-1)^l}{6\,l\pm 1}\sin(6\,l\pm 1)\theta\right\} \quad (14.8)$$

また i_1 の実効値 I_1 は

$$I_1 = \sqrt{\frac{1}{\pi}\left(I_d{}^2\times\frac{2\pi}{3}\right)} = \frac{\sqrt{6}}{3}I_d \quad (14.9)$$

したがって1次力率 $\cos\phi$ は，すべての素子が理想的とみなせば

$$\cos\phi = \frac{\text{有効電力（直流出力）}}{\text{入力の皮相 }VA} = \frac{E_{d0}I_d}{\sqrt{3}\,V_l I_1} = \frac{1.35\,V_l I_d}{\sqrt{3}\,V_l\cdot(\sqrt{6}/3)I_d} = \frac{1.35}{\sqrt{2}} = 95.5\%$$

となる．

14.5 環流ダイオードの作用

図14.17でダイオード D_2 が存在しない場合の抵抗 R に流れる電流 i_d は図14.12で述べたように $\theta=\pi+\beta$ で消弧する．ところが D_2 を挿入すると，v の正の半サイクルでは D_1 オン，D_2 オフ，v の負の半サイクルでは D_1 オフ，D_2 オン（D_2 は必ずしも全半周期オンとは限らない）して $e_d = 0$ となるため，e_d の

波形は図(c)のようになり, 図14.17
(a)は(b)のような回路と等価になる.
したがって D_1, D_2 は正弦波形の電圧 v
から図(c)に示したような電圧 e_d をつ
くり出す働きをしたことになる.

電流 i_d は必ずしも連続するとは限ら
ないが, L が大きいと連続して図14.18
のようになり, $L=\infty$ では完全な平滑に
なる. 電流の連続, 不連続のいかんに関
せず L の両端の電圧 e_L の一周期の平均
値は 0 であるから

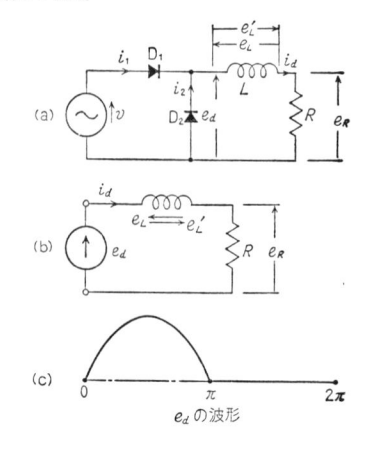

図 14.17

$$E_{d0}=\frac{1}{2\pi}\int_0^{2\pi}e_d d\theta = \frac{1}{2\pi}\int_0^{\pi}v d\theta = \frac{\sqrt{2}}{\pi}V = 0.45\,V \qquad (14.10)$$

ただし　V：電源電圧 v の実効値

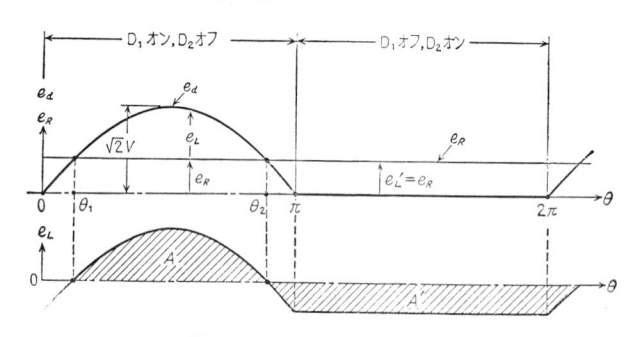

図 14.18　e_R, e_L の波形

この値は純抵抗負荷時の単相半波整流回路の直流平均電圧に等しい. 単相半波
整流回路では, L を大にするにつれて E_{d0} は減少し, $L=\infty$ でついに 0 にな
ったが, D_2 を挿入すると, このように著しく変わってくる. この D_2 を**環流ダ
イオード**, または **Free wheeling diode** などとよび, 整流回路にはよく用い
られる.

14.6 交流条件と直流偏磁

図 14.19 はありふれた交流回路で，つぎの方程式が成り立つ．

$$v = e_R + e_L$$

上式を $\theta = 0 \sim 2\pi$ の 1 サイクルにわたって積分すると

$$\int_0^{2\pi} v \, d\theta = \int_0^{2\pi} e_R \, d\theta + \int_0^{2\pi} e_L \, d\theta$$

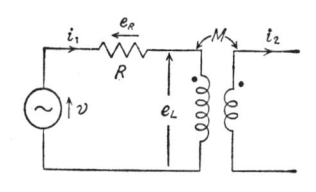

図 14.19 一般的な交流回路

ここで v は交流電圧であるから上式左辺は 0 になる．また右辺の第 2 項はリアクトル電圧の時間積分であるから，1 サイクル中の磁束レベルの変化分に比例し，定常状態では 0 でなければならない．したがって右辺の第 1 項もまた 0 となる．$e_R = Ri_1$ で R を一定とすると

$$\frac{1}{2\pi} \int_0^{2\pi} i_1 \, d\theta = 0$$

が誘導される．上式は交流回路においては電流の 1 サイクルの平均値が 0 でなければならないことを示している．これを**交流条件**という．

つぎにこの交流条件を応用して図 14.20(a) の交流側電流 i_1 を求めてみよう．図 14.20(a) においてスイッチ S がオフの場合は交流側に流れる電流 i_1 は励磁電流 i_0 のみであり，i_0 は正弦波であるから，この 1 周期の平均は 0 となり，交流条件を満足している．

つぎに S を閉じると，前節で述べたように i_d は平滑な直流 I_d となり，正の半サイクル $i_2 = I_d$，負の半サイクル $i_2' = I_d$ となる．したがって 2 次巻線電流は正の半サイクル I_d，負の半サイクル 0 になるから，この AT を打ち消すために，これとまったく同一波形の電流 i_1' が 1 次巻線に流れる．この i_1' の平均値は $(1/2\pi)\int_0^{\pi} i_1 \, d\theta = I_d/2$ となり，これは交流条件を満足しない．そこで $i_0' = -I_d/2$ なる直流電流がさらに 1 次巻線に全周期を通じて流れ，1 次電流 i_1 は

(a)

(b)

図 14.20

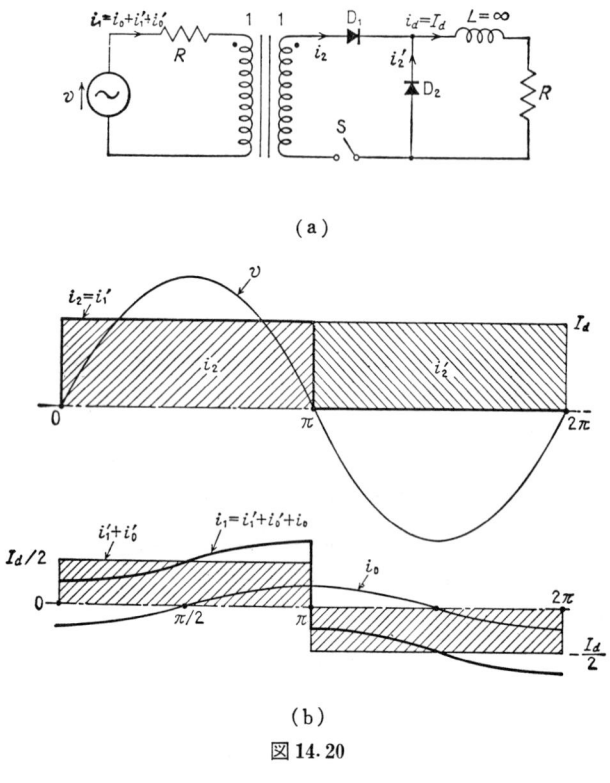

$$i_1 = i_0 + i_1' + i_0'$$

となる．この i_1 は交流条件を満足する．ここで i_1' を **1次負荷電流** i_0' を **負荷励磁電流** とよぶことにしよう．i_0' は直流で鉄心に **直流偏磁** を与える．

以上は交流条件から導き出した結論で，なぜこのような場合偏磁現象が起こるかを説明しないため，読者にはなにか納得しがたいものがあるように思われる．

これに対してはつぎのように考えるとこの疑問が氷解する．いまかりに正の半サイクルのみ負荷電流 I_d が1次側に流れたとすれば，この期間これによる抵抗降下が生じ，変圧器にかかる電圧は正の半サイクルは小さい非対称交番電圧になるから，1サイクルごとに変圧器鉄心の磁束レベルは降下し，これに伴

う励磁電流の直流分が $-I_d/2$ になるに到って正負の半サイクルの電圧の時間積分が等しくなって磁束レベルの降下は止み初めて定常状態に入る.

〔**例題 14.1**〕 三相 200〔V〕から 直流 100〔V〕を得る 整流器がある. 定格出力は 10〔kW〕でその主要回路は図 14.21（a）に示すように三相半波整流回路で, 平滑用リアクトル L は十分大きい. 無負荷電流は無視できるものとして, 定格負荷時のアース電流 i_n, 変圧器の 1 次, 2 次の電流（実効値）を求めよ.

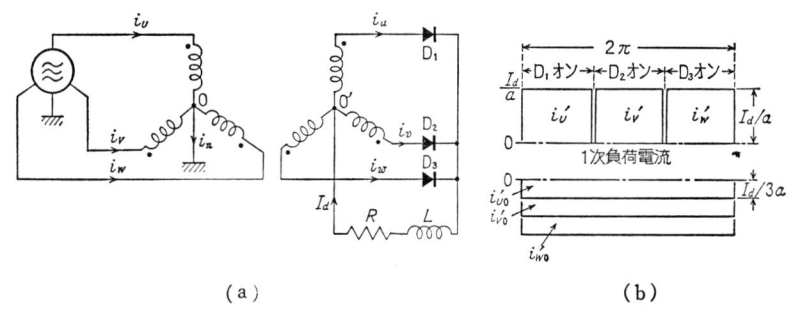

図 14.21 三相半波整流回路

〔**解**〕 式（14.3）より変圧器の 2 次の 1 相の電圧 V_2 は

$$V_2 = \frac{E_{d0}}{1.17} = \frac{100}{1.17} \quad 〔V〕$$

変圧器の巻数比 a は

$$a = \frac{V_1}{V_2} = \frac{200/\sqrt{3}}{100/1.17} = \frac{2.34}{\sqrt{3}} = 1.35$$

また

$$I_d = \frac{P_{dc}}{E_{d0}} = \frac{10 \times 1000}{100} = 100 \quad 〔A〕$$

この I_d は $2\pi/3$ ずつ D_1, D_2, D_3 から流れる. よって 2 次巻線の電流の実効値 I_2 は

$$I_2 = \sqrt{\frac{1}{2\pi} \int_0^{2\pi} i_u^2 d\theta} = \sqrt{\frac{1}{2\pi} \left(I_d^2 \times \frac{2\pi}{3} + 0 \times \frac{2\pi}{3} + 0 \times \frac{2\pi}{3} \right)} = \frac{I_d}{\sqrt{3}}$$

$$= 57.7 \quad 〔A〕 \cdots\cdots 答$$

i_u, i_v, i_w の2次 AT を打ち消すための1次負荷電流として図 14.21(b) に示すような $i_{U'}, i_{V'}, i_{W'}$ がそれぞれ $2\pi/3$ の期間だけ流れる.

したがってこの平均電流は $I_d/3a$ となり，交流条件を満足しない．そこでさらに全周期を通じて負荷励磁電流 $i_{U0'} = -I_d/3a$ が流れる．したがって1次電流の実効値 I_1 は

$$I_1 = \sqrt{\frac{1}{2\pi}\left\{\left(\frac{I_d}{a}-\frac{I_d}{3a}\right)^2\frac{2\pi}{3}+\left(-\frac{I_d}{3a}\right)^2\frac{2\pi}{3}+\left(-\frac{I_d}{3a}\right)^2\frac{2\pi}{3}\right\}}$$

$$= 0.471\frac{I_d}{a} = 35.1 \ \text{[A]} \cdots\cdots \text{答}$$

また中性点からアースに流れ込む電流は図 14.21(b) に示すように，たとえば D_1 がオンの期間では

$$i_n = i_{U0'} + i_{V0'} + i_{W0'} + i_{U0'} = 0 \cdots\cdots \text{答}$$

となり，他の期間でもまったく同様で，$i_n = 0$ になる．したがって問題の仮定の成り立つ限りでは中性点Oを接地しなくても同じ結果になる．

14.7 電流の重なり

図 14.22(a)は p 相星形整流回路で $L=\infty$ とすると，図 14.22(b)に示すように平滑な直流 I_d が，各相に $2\pi/p$ の期間流れる．直流側端子電圧 e_d の波形は図 14.22(b)のようになりその平均電圧 E_{d0} は，$v_2 = \sqrt{2}V\cos(\theta-\pi/p)$ とすると

$$E_{d0} = \frac{p}{2\pi}\int_0^{2\pi/p} v_2 d\theta = \frac{p\sqrt{2}V}{\pi}\sin\frac{\pi}{p} \tag{14.11}$$

以上は $v_1, v_2, \cdots\cdots, v_p$ の電源インピーダンスを無視した場合の現象である．$v_1, v_2, \cdots\cdots, v_p$ が変圧器の2次電圧であったりすると，当然変圧器の漏れリアクタンス X_s（2次換算値）が図 14.23 のように入ってくる．この X_s があるとたとえば図 14.22 で $\theta=0$ で i_1 が急に I_d から0になったり，i_2 が0から I_d に立ち上ることは不可能になり，i_1 は徐々に0に，i_2 は徐々に I_d になる．かくし

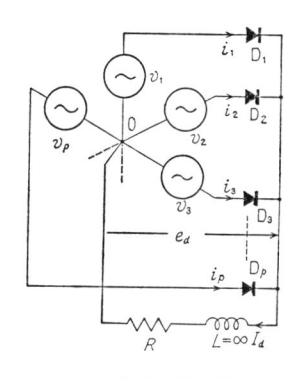

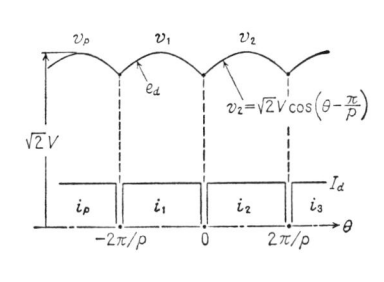

14.7 電流の重なり

(a) 回路　　　　　　　　(b) 波形

図 14.22　P相星形整流回路

てこの過渡期間はダイオード D_1, D_2 がともにオンしている．この現象を**電流の重なり** (overlap)，この期間を**電流の重なり期間**という．

つぎにこの電流の重なり現象を数式的に取扱ってみよう．重なり期間中の出力側電圧 e_d を図 14.23 に示すように e_u とすると

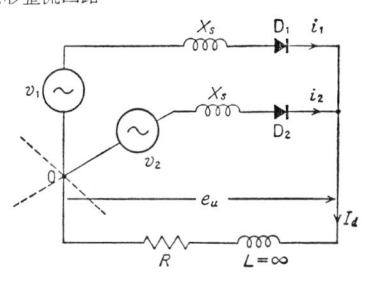

図 14.23

$$\left.\begin{array}{l} e_u = v_1 - X_s \dfrac{di_1}{d\theta} \\[4pt] e_u = v_2 - X_s \dfrac{di_2}{d\theta} \\[4pt] i_1 + i_2 = I_d : 一定 \end{array}\right\} \quad (14.12)$$

上式より e_u, i_1, i_2 を解くと

$$\left.\begin{array}{l} e_u = \dfrac{1}{2}\left\{(v_1+v_2) - X_s \dfrac{d}{d\theta}(i_1+i_2)\right\} = \dfrac{1}{2}(v_1+v_2) \\[6pt] i_1 = \dfrac{1}{X_s}\displaystyle\int_0^\theta (v_1 - e_u)\,d\theta + i_{10} = \dfrac{1}{2X_s}\displaystyle\int_0^\theta (v_1 - v_2)\,d\theta + i_{10} \\[6pt] i_2 = I_d - i_1 \end{array}\right\}$$

となる．ただし $i_{10}: \theta=0$ における i_1 の初期値で $i_{10} = I_d$ である．

これに $v_1 = \sqrt{2}\,V\cos(\theta+\pi/p)$, $v_2 = \sqrt{2}\,V\cos(\theta-\pi/p)$ を代入すると

$$e_u = \sqrt{2}\,V\cos\frac{\pi}{p}\cos\theta \tag{14.13}$$

$$\left.\begin{array}{l} i_1 = \dfrac{\sqrt{2}\,V}{X_s}\displaystyle\int_0^\theta \left(-\sin\theta\sin\dfrac{\pi}{p}\right)d\theta + I_d = -\dfrac{\sqrt{2}\,V}{X_s}\sin\dfrac{\pi}{p}(1-\cos\theta) + I_d \\[2mm] i_2 = \dfrac{\sqrt{2}\,V}{X_s}\sin\dfrac{\pi}{p}(1-\cos\theta) \end{array}\right\} \tag{14.14}$$

重なり期間を u とすると直流側端子電圧の波形は図 14.24 のようになり，重なりがない場合に比べて斜線を施した面積分 $\displaystyle\int_0^u X_s(di_2/d\theta)\,d\theta$ だけ直流電圧は降下する．

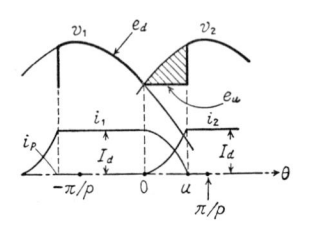

図 14.24

この降下分(平均値)を E_x とすると

$$E_x = \frac{p}{2\pi}\int_0^u X_s \frac{di_2}{d\theta}d\theta = \frac{p}{2\pi}X_s\int_{i_2(\theta=0)}^{i_2(\theta=u)} di_2 = \frac{p}{2\pi}X_s\int_0^{I_d} di_2$$

$$= \frac{p}{2\pi}X_s I_d \tag{14.15}$$

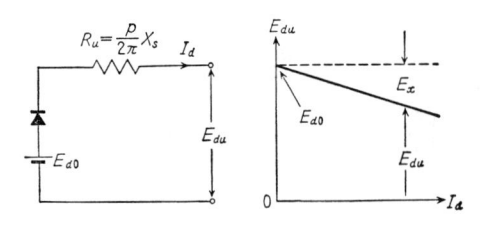

図 14.25

したがって，重なり現象のあるときの直流平均電圧を E_{du} とすると，

$$E_{du} = E_{d0} - E_x = E_{d0} - \frac{p}{2\pi} X_s I_d \qquad (14.16)$$

上式の関係は図14.25の**電圧等価回路***で表わされる．

〔**例題 14.2**〕 例題14.1で変圧器の1次，2次の漏れリアクタンスをそれぞれ 0.15〔Ω〕，0.10〔Ω〕であるとき，1/2負荷における重なりによる電圧降下は何ボルトか．

〔**解**〕 2次側に換算した全漏れリアクタンス X_s は

$$X_s = \frac{x_1}{a^2} + x_2 = \frac{0.15}{1.35^2} + 0.10 = 0.1822 \quad \text{〔Ω〕}$$

式(14.15)'でこの場合は $p=3$ であり，$I_d=50$ であるから

$$E_x = \frac{3 \times 0.1822}{2\pi} \cdot 50 = 4.3 \quad \text{〔V〕} \cdots\cdots\cdots 答$$

14.8 相間リアクトル

図14.22で $p=6$ とすると，これは六相星形の整流回路となり，$D_1, D_2, D_3,$ ……，D_6 はそれぞれ $2\pi/6$ の期間導通し，重なりがないものとすると，式(14.11)で $p=6$ を代入して

$$E_{d0} = \left(\frac{p\sqrt{2}\,V}{\pi}\sin\frac{\pi}{p}\right)_{p=6} = \frac{6\sqrt{2}}{2\pi}V = 1.35\,V \qquad (14.17)$$

になる．これに対して，図14.26のように $v_1\,v_3\,v_5$ の相と $v_2\,v_4\,v_6$ の相との2群に分け，それぞれの中性点 O，O' の間に**相間リアクトル**と称する X_M を挿入し，その中点をBとする．各群のダイオードの陰極側を共通にしてこの端子をAとする．平滑リアクトル X，負荷抵抗 R をAとB間に接続する．

このようにすると直流電流 I_d は相間リアクトルの作用により，I群とII群へ $I_d/2$ ずつ等分に分れ，各群は三相星形のように，それぞれ120°ずつ導通する．

---

* この等価回路は電圧の関係を示すもので，パワーの関係を示すものではない．したがってこの回路から重なりによるパワー損失が $R_u I_d^2$ であるなどと考えてはいけない．

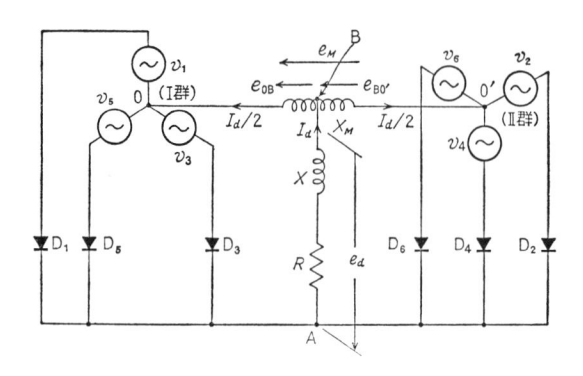

図14.26 相間リアクトル付き六相星形整流回路

したがって図14.27で，たとえば $0 \leq \theta \leq \pi/6$ では D_1, D_2 が導通している．点Bと中性点Oとの間の電圧を e_{OB}，点O'と点Bとの間の電圧を $e_{BO'}$ とすると，相間リアクトルの変圧器作用によって，この両者は相等しく

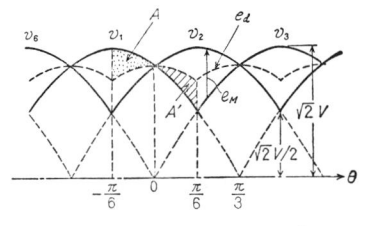

図14.27 図14.26の e_d の波形

$$e_{OB} = e_{BO'} \equiv e_M/2 \quad (e_M：相間リアクトルの電圧)$$

直流電圧 e_d は上記の期間では

$$\left.\begin{array}{l} \text{I 群側}：e_d = v_1 + e_{OB} = v_1 + e_M/2 \\ \text{II 群側}：e_d = v_2 - e_{BO'} = v_2 - e_M/2 \end{array}\right\} \quad (14.18)$$

$$\left.\begin{array}{l} \therefore \quad e_M = -v_1 + v_2 \\ \quad e_d = \dfrac{1}{2}(v_1 + v_2) \end{array}\right\} \quad (14.19)$$

同様にして $\pi/6 \leq \theta \leq 2\pi/6$ の期間では $e_d = (1/2)(v_2 + v_3)$ になる．かくして直流電圧 e_d は図14.27の点線で示したようになる．

図14.27で面積 A と面積 A' とは等しいことに着目すると，この場合の**直流電圧の平均値** E_{dt} は，三相の場合の直流平均電圧に等しい．したがって式 (14.11) に $p=3$ を代入したものに等しいから，図14.26の直流平均電圧 E_{dt} は

14.8 相間リアクトル

$$E_{dt}=\left(\frac{p\sqrt{2}V}{\pi}\sin\frac{\pi}{p}\right)_{p=3}=\frac{3\sqrt{2}V}{\pi}\cdot\frac{\sqrt{3}}{2}=\frac{3\sqrt{6}V}{2\pi}=1.17V \tag{14.20}$$

式(14.17)の E_{d0} との比をとると

$$\frac{E_{dt}}{E_{d0}}=0.866 \tag{15.21}$$

すなわち電圧は六相星形の場合に比べ14%弱小になるが,
(1) 整流素子の電流が1/2になる.
(2) 整流素子の稼動期間が2倍になる.
(3) 転流時の重なりに対して,電流が1/2,転流の回数が1/2になる などのため,重なりによる電圧降下 E_x が小さく電圧変動率は小さい.
などの利点がある. E_x は式(14.14)において $p\to 3$, $I_d\to I_d/2$ として

$$E_x=\left(\frac{pX_s}{2\pi}I_d\right)_{p=3,\ I_d=I_d/2}=\frac{3}{2\pi}X_s\cdot\frac{I_d}{2}=\frac{3}{4\pi}X_sI_d \tag{14.22}$$

よってこの場合の電圧等価回路は,図14.28(a)のようになる.相間リアクトルのない普通の六相星形の場合は図(b)のようになり,負荷電流による電圧変動の点では同図(c)に示すように,相間リアクトル付きの方がはるかに優れている.

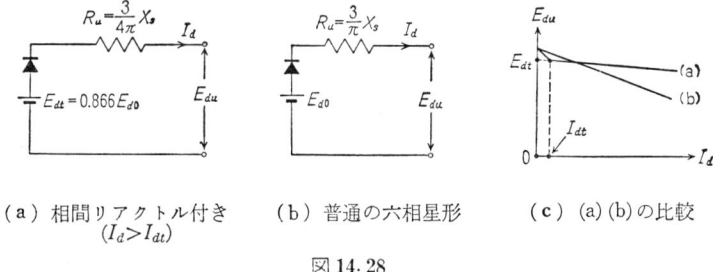

(a) 相間リアクトル付き (b) 普通の六相星形 (c) (a)(b)の比較
($I_d > I_{dt}$)

図14.28

しかし相間リアクトル付きの場合,軽負荷になり I_d がある限度(図14.28(c)の I_{dt})以下になると,相間リアクトルはもはや今まで述べてきたような機能は発揮することはできず,六相星形として作用する.この理由は読者の研究事項として残しておこう.

〔例題 14.3〕 相間リアクトルの〔VA〕は直流出力の何％かを略算せよ.

〔解〕 図 14.27 の太い実線で示された曲線の差が中性点 O と O' との間の電圧で, これが相間リアクトルにかかる電圧である. この電圧波形は図 14.29 に示すように近似的に三角波と見なされ, その振幅は $\sqrt{2}V/2$ であるから, 実効値 E_M は

$$E_M = \sqrt{\frac{6}{\pi}\int_0^{\pi/6} e_M{}^2 d\theta} = \sqrt{\frac{6}{\pi}\left(\frac{\sqrt{2}}{2}V\bigg/\frac{\pi}{6}\right)^2 \frac{1}{3}(\theta^3)_0^{\pi/6}} = \frac{V}{\sqrt{6}} = 0.408\,V \quad〔V〕$$

相間リアクトルの電流は $I_d/2$(励磁電流を無視して)であるから, その〔VA〕は

$$E_M I_d/2 = 0.204\,VI_d \quad〔VA〕$$

相間リアクトルの電圧の周波数は電源電圧の 3 倍であるから, これを電源周波数に対しての〔VA〕になおすために, 上記の値を 3 で割ったものがリアクトルのサイズを示す〔VA〕になる. よって相間リアクトルの〔VA〕は

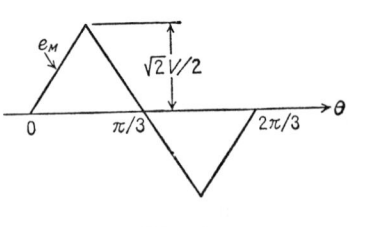

図 14.29

$$\mathrm{VA} = 0.068\,VI_d$$

しかるに直流出力 P_{dc} は

$$P_{dc} = E_{dt}I_d = 1.17\,VI_d$$

よって両者の比をとると

$$\frac{\mathrm{VA}}{P_{dc}} = \frac{0.068}{1.17} \fallingdotseq 5.8 \quad〔％〕 \cdots\cdots\cdots 答$$

演 習 問 題

(1) 整流回路における交流条件について
　　(ⅰ) どんなことか.　　(ⅱ) 交流条件を証明せよ.
(2) 図 14.14, 図 14.17(a) で
$$v = \sqrt{2}\times 100 \sin 2\pi\times 50\,t,\ L=\infty,\ R=10 \quad〔\Omega〕$$
のとき, 直流電流 I_d を求めよ.

答　9〔A〕,　4.5〔A〕

(3) 相間リアクトル付き六相星形整流器の普通の六相星形整流器に比較しての長所をあげよ.

(4) 図14.30の整流回路についてつぎの問に答えよ.
　(i) e_R の平均値はいくらか.
　(ii) I_p, I_s, I_{s1} の実効値を求めよ.
　ただし, $D_1 D_2$ は理想的な整流器とし, 変圧器は理想変圧器で $L=\infty$, $V=100$〔V〕(実効値)とする.

答　(i) 90〔V〕　　(ii) 9〔A〕, 9〔A〕, 6.36〔A〕

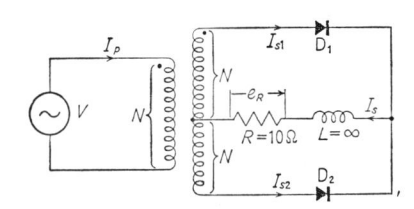

図 14.30

(5) 図14.31において電流 I_1, I_2, I_0 (いずれも実効値) を求めよ. ただし, 変圧器の無負荷電流は無視できるものとする.

答　$I_0=4.5$〔A〕, $I_1=4.5$〔A〕, $I_2=6.363$〔A〕

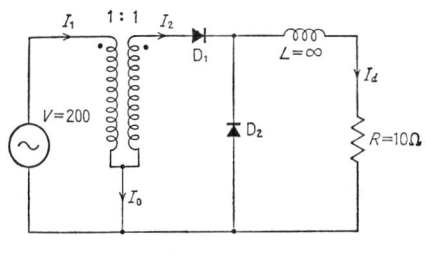

図 14.31

(6) 図14.32で v_1, v_2, v_3 は実効値100〔V〕, 50〔Hz〕の平衡三相電圧である. D_1, D_2, D_3 は理想的な整流素子とする. ここで L_s は 3.33〔mH〕であるとき
　(i) 無負荷時($I_d=0$)の直流平均電圧 E_{d0}
　(ii) 直流負荷電流 $I_d=20$〔A〕のときの直流平均電圧 E_{du}
　を求めよ.

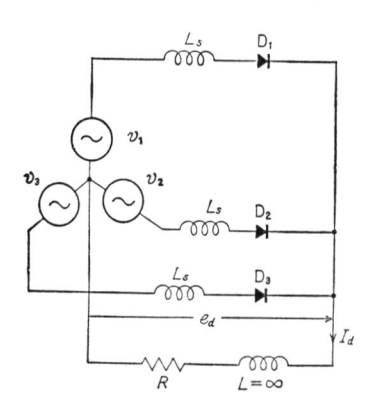

図 14.32

答 (ⅰ) 117〔V〕　(ⅱ) 107〔V〕

(7) グレーツ結線による三相整流回路を図 14.25 のような電圧等価回路で示せば E_{d0}, R_u はそれぞれどうなるか．ただし電源1相のリアクタンスを X_s, 電源電圧(線間)を V_l とする．

答　$E_{d0}=1.35 V_l$,　$R_u=\dfrac{3}{\pi}X_s$

(8) 問題(7)において (ⅰ)六相星形接続の場合はどうか (ⅱ)相間リアクトル付き六相星形接続の場合はどうか．

答 (ⅰ)　$E_{d0}=1.35 V(V:星形電圧)$,　$R_u=\dfrac{6}{2\pi}X_s$

(ⅱ)　$E_{dt}=1.17 V\ (V:星形電圧)$　$R_u=\dfrac{3}{4\pi}X_s$

(9) 4〔極〕，50〔Hz〕の三相巻線形誘導電動機が 1200〔rpm〕で 回転 している．2次側は図 14.33 に示すように三相全波整流器を通して他励直流電動機が電気的に結ばれている．この直流電動機の回転数も誘導電動機の回転数と同じくなるように，界磁電

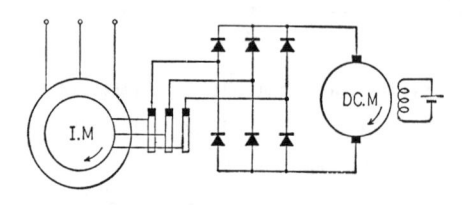

図 14.33

流を調整してあるものとする.いま誘導電動機の入力が 10.5〔kW〕であるとした場合のつぎの問に答えよ.

（ⅰ）直流機,誘導機の各機械出力はいくらか.
（ⅱ）誘導機と直流機とを機械的に直結した場合の全機械の出力はいくらか
　　　―静止クレーマの原理―
ただし,各機の銅損,機械損,鉄損などはすべて無視するものとする.
　　　　　　　　答（ⅰ）2.1〔kW〕,8.4〔kW〕　（ⅱ）10.5〔kW〕

(10) 図 14.22 において重なり角 u は,次式を満足することを示せ.
$$2\sin^2\frac{u}{2}=\frac{X_s I_d}{\sqrt{2}\,V\sin\pi/p}$$

15. サイリスタ

15.1 SCR の構造と基本的機能

図 15.1(a) は SCR の外観, (b) は内部構造, (c) はその記号を示す. SCR の主要部は図 15.2 にも示すように $P_1 N_1 P_2 N_2$ の 4 層, 3 つの接合 $J_1 J_2 J_3$ からなる陽極, 陰極, ゲートの 3 端子をもった整流素子である.

普通の整流素子は順電圧に対しては導通し, 逆電圧に対しては阻止するいわゆる弁作用をするだけであるが, SCR はたとえ順電圧が加わってもゲートに信号を加えるまでは, その導通を阻止することができる. すなわち図 15.2 で交流電圧 $v=\sqrt{2}V\sin\theta$ が加わっている場合, $\theta>0$ で順電圧が加わっていても $\theta=\alpha$ でゲートに電流を流すまでは電流は流れない. この $0\leq\theta\leq\alpha$ の区間を**順阻止区間**といい, この区間の電圧の大部分は J_2 にかかり, J_2 には厚い空乏層が生じている. $\theta=\alpha$ でゲートに数十〔mA〕以上の電流を流すと, 初めてオン状態 (on-state) に転ずる. いったんオン状態になればたとえゲート電流がなくても**保持電流** (holding current) とよばれるある一定の電流 (普通 20〔mA〕程度) 以上の順電流が流れている限りオン状態を維持し, 純抵抗負荷の場合は $\theta=\pi$ までこの状態が続く.

$\theta=\pi$ で逆電圧がかかり始めると, この電圧に対して J_2 は順方向であるが, $J_1 J_3$ は逆方向になるので, オフ状態に転じ, この状態が $\theta=2\pi$ まで続く. この $\pi\leq\theta\leq 2\pi$ の区間を**逆阻止区間**という.

SCR をオフ状態からオン状態にすることを, **点弧** (firing) または**ターンオン**

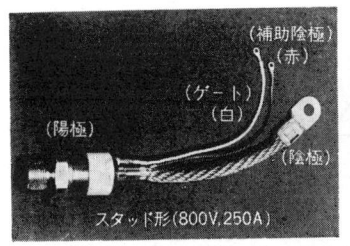

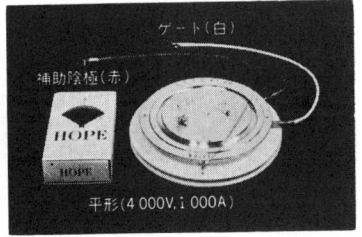

15.1 SCRの構造と基本的機能

(a) 外観（富士電機 K.K. 提供）

(b) （加圧接触形）SCRの内部断面（富士電機 K.K. 提供）

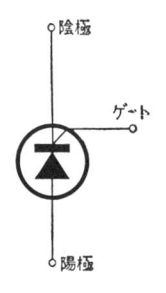

(c) 記号

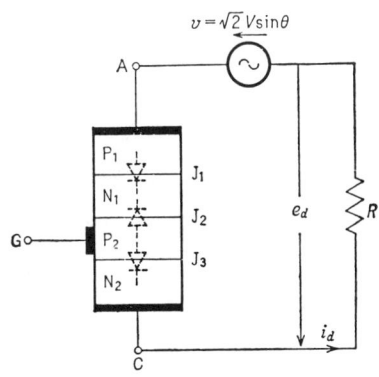

図 15.1 SCR

図 15.2 SCR の回路

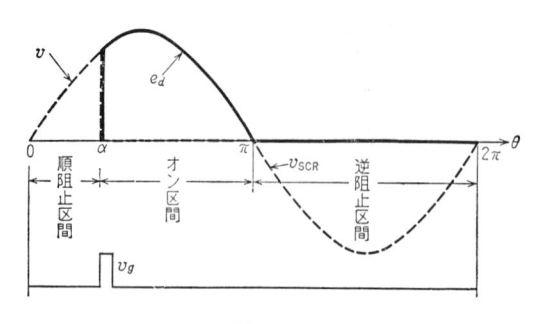

図 15.3

(turn on). その逆を消弧(extinction)またはターンオフ(turn off), α を点弧角 (firing angle)などという.

いま SCR の順電圧降下(1.5 V 程度)を無視すると, 図 15.2 の負荷電圧 e_d は図 15.3 の太線のようになる. この平均値 $E_{d\alpha}$ はつぎのようになり, α を調節することによって $E_{d\alpha}$ を加減することができる.

$$E_{d\alpha}=\frac{1}{2\pi}\int_0^{2\pi} e_d d\theta = \frac{1}{2\pi}\int_0^{\pi} v d\theta = \frac{2\sqrt{2}V}{2\pi}\frac{1+\cos\alpha}{2} \quad (15.1)$$

なお, 図 15.3 の点線は SCR の電圧 v_{SCR} の変化を示している.

以上述べたように SCR のゲートは点弧を制御する能力はもっているが消弧能力をもっていない. したがって消弧しようとすれば,

(1) SCR の主電流を保持電流以下にする.
(2) SCR の陽極, 陰極間に逆電圧をかける.
のどちらかの方法によらなければならない.

図 15.2 の回路では電源が交流であったため, $\theta \geqq \pi$ で SCR には自然に逆電圧がかかって消弧したが, 電源が直流であったり, 交流であっても任意の位相で消弧しようとすれば, 何らかの方法で上記の(1)か(2)をつくり出さなければならない. その方法の一例を示すために, 次に Flip-Flop 形のスイッチを示す.

Flip-Flop 形スイッチ 図 15.4(a)は(b)のようなスイッチの作用を行なうことができる. 図 15.4(a)で SCR_1 がオンしているときは負荷抵抗 R に

15.1 SCRの構造と基本的機能

は電源電圧Eがかかり，コンデンサCは図に示す極性でEに充電されている．

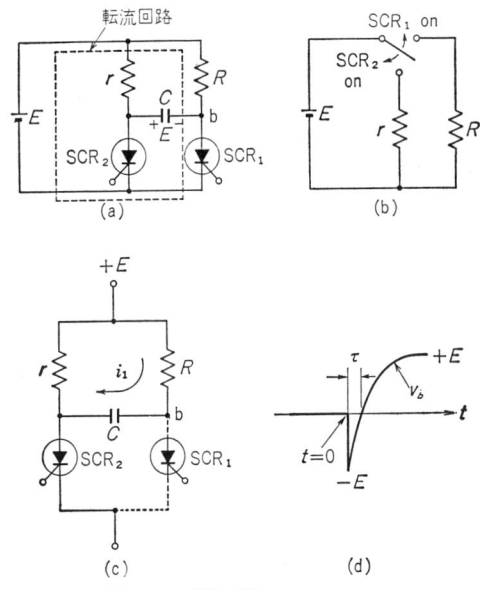

図15.4 Flip-Flop スイッチ

この状態にあるときSCR_2をオンする($t=0$)と，SCR_1はコンデンサ電圧により逆バイアスされてオフに転ずる．このときのコンデンサの電荷は放電はないものとすると，図15.4(c)から電流i_1，点bの電位v_bは求められてつぎのようになる．

$$i_1 = \frac{2E}{R} e^{-\frac{t}{CR}}$$

$$v_b = E - Ri = E(1 - 2e^{-\frac{t}{CR}})$$

SCR_1に逆バイアスのかかっている期間τは，上式で$v_b(t=\tau)=0$として求められ

$$\tau = -CR \ln(1/2) = 0.693\,CR$$

となる．SCR_2の導通の持続関係はE/rとSCR_2の保持電流I_hとの大小関係により

$I_h < E/r$：SCR_2 は導通し続け，スイッチオフ時も E^2/r の損失がある．

$I_h > E/r$：SCR_2 は消弧

ここで，C を**転流コンデンサ**，図(a)で点線で囲まれた回路を**転流回路**という．

〔**例題** 15.1〕 図 15.4 で r を大きくしておいて，スイッチオフ時に損失を発生しないようにしておくことが好ましいが，これを阻むものは何か．

〔**解**〕 SCR_1，SCR_2 ともにオフの状態では C の電荷は 0 になっている．この状態で SCR_1 をオンすれば，C は左方が + に充電され始めるが，r が大きいとこの速度が低いから，SCR_1 オン直後に，再びオフしようとするとき，十分な逆バイアスが得られないおそれがある．

15.2 SCR の 2 トランジスタによる等価回路

SCR は図 15.5 に示すように $P_1N_1P_2(Tr_1)$，$N_2P_2N_1(Tr_2)$ からなる 2 つのトランジスタが図のように接続されたものと考えられる．

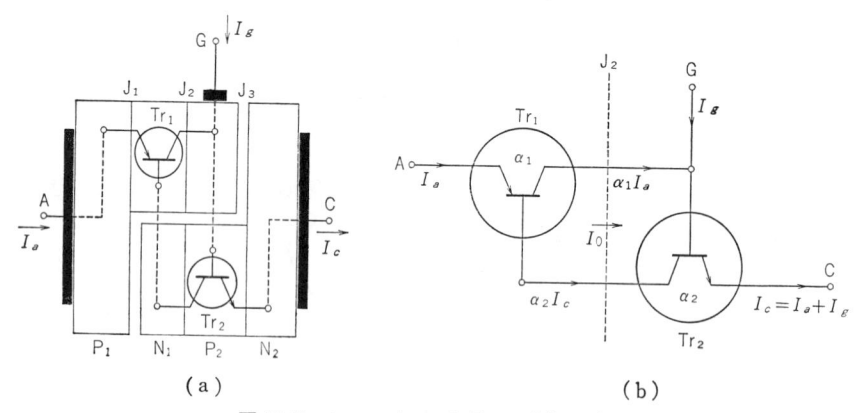

図 15.5 トランジスタを用いた等価回路

いま，図 15.5 に示すように，陽極電流 I_a，ゲート電流 I_g，陰極電流 $I_c(=I_a+I_g)$ があるものとし，Tr_1，Tr_2 の電流伝送率を α_1，α_2 とすれば，トランジスタ作用により Tr_1 のコレクタ電流は $\alpha_1 I_a$，Tr_2 のコレクタ電流は $\alpha_2 I_c$ になる．そして J_2 の漏れ電流を I_0 とすれば J_2 を通る全電流は $\alpha_1 I_a + \alpha_2 I_c + I_0$ で，こ

れが I_a に等しい．これから

$$I_a = \frac{I_0 + \alpha_2 I_g}{1-(\alpha_1+\alpha_2)} \tag{15.2}$$

が得られる．この式から点弧の過程をつぎのように説明することができる．

いま I_g を加えると I_a が増し，I_a が増すと α_1，α_2（α_1，α_2 は I_a によってかなり大幅に変化する）は増加し，ついに $\alpha_1+\alpha_2 \fallingdotseq 1$ になり，導通状態にはいる．いったんこの状態になれば I_g の有無にかかわらず導通状態を持続することができる．これは図(b)に示すように SCR は正帰還回路を構成しているからである．導通状態では J_2 は順方向にバイアスされ，陰極と陽極間の電圧降下は 1.5〔V〕程度できわめて小さく，電流は外部回路により定まる大きさになる．

15.3 SCR の点弧特性

ブレークオーバ電圧 V_{B0}(breakover voltage)　　図 15.6(a) でゲートを開放にし，順阻止状態で陽極電圧 V を 0 からゆっくり上げてゆくときの，V と順方向の漏れ電流 I との関係をプロットすると，下図の曲線①のようになる．

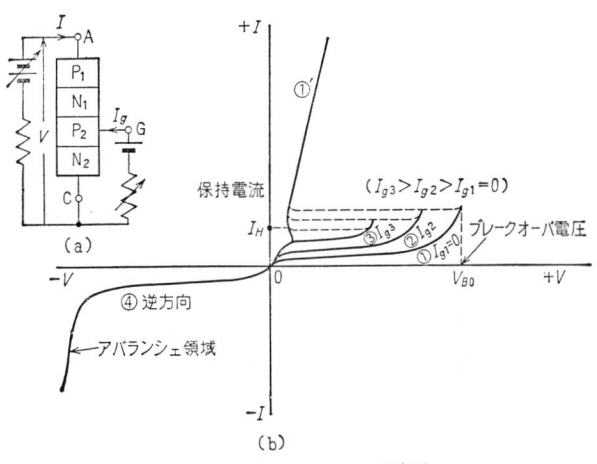

図 15.6　ブレークオーバ電圧

すなわち V とともに I は増加するが，電圧 V_{B0} で急に増え始める．これは接合面 J_2 がなだれ降伏を起こしたからである．この現象をブレークオーバといい，V_{B0} をブレークオーバ電圧という．この電圧は SCR の尖頭逆耐電圧(PIV)にほぼ等しい値をとる．SCR がブレークオーバすると SCR は導通し陽極，陰極間の電圧は急に下って曲線①′に移る．また一定の I_g を流した状態で同様なことを行なうと曲線②，③のようになり，ブレークオーバ電圧が低下する．

ブレークオーバしても SCR は永久破壊されるわけではないが，普通は V_{B0} 以下の電圧で使用される．V_{B0} は SCR の接合面の温度が上ると著しく低下し誤点弧の原因になることがある．

ターンオン時間 t_{on}(turn on time)　　SCR が順阻止状態にあって，陽極には電圧 V がかかっている状態から，ゲートにトリガ(trigger)パルスを与えて

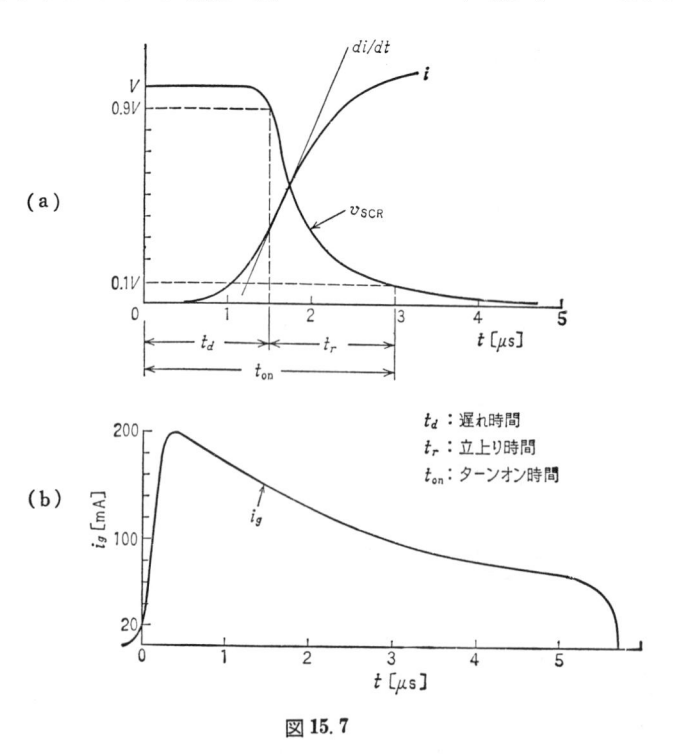

図 15.7

オンする場合，瞬時に電圧は順電圧降下の 1.5〔V〕程度に 降下は せずに，図 15.7 のような時間的経過をたどる．ターンオン時間とはトリガパルスを与えてから陽極電圧が 10% になるまでの時間をいい，普通 2～3〔μs〕である．

di/dt 特性　　ターンオン時の電流はゲート電極の近傍に集中し，やがて接合層全面に均等にひろがる．したがってあまり電流の立上りが急であると，ゲート近傍が過熱破壊されるおそれがある．また陽極電圧 v が十分小さくならないうちに i が大きいと素子内の損失 $\int v_{SCR} i dt$ も大きい．このターンオン時の損失を**スイッチング損**(switching loss)という．

そこで di/dt を一方では素子のゲートの電極構造をリング状にするなどにより電流のひろがりを促進し，また一方では主回路にわずかのリアクトルを挿入するなどして，表 15.1 に示す範囲内に抑える必要がある．

表 15.1　t_{off}, dv/dt, di/dt

	普通の SCR	高周波用 SCR
ターンオフ時間 〔μs〕	10～20	3
dv/dt 〔V/μs〕	25～50	100～200
di/dt 〔A/μs〕	10～50	100～200

15.4　SCR の消弧特性

ターンオフ時間 t_{off} (turn off time)　　導通状態にある SCR をオフするために急に図 15.8(a) に示すような逆電圧 $-E_r$ を加えると，この電圧は J_2 に対しては順方向であるが，J_1 と J_3 に対しては逆電圧となり，逆電圧印加の瞬時逆電流が流れ J_1, J_3 には空乏層が生じ，正孔，電子の分布は図 15.8(b) の(2)のようになる．逆電圧を印加してからこの状態になるまでの時間 t_r を**逆電圧回復時間**といい，普通，数 μs である．しかしもしこの状態にあるとき順電圧が加われば，たとえゲート信号を加えなくてもオンしてしまう．それはこの順電圧に対しては J_1 と J_3 は順方向であるし，J_2 もまた正孔と電子が入り乱れた状態にあるから順電圧を阻止することができないからである．したがってたとえ

図 15.8 消弧時の時間的経過

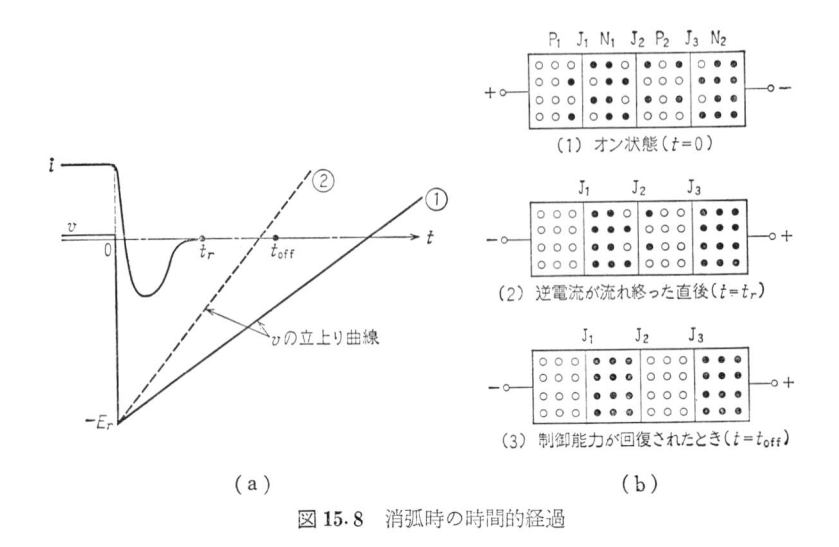

順電圧が加わってもゲート信号を加えなければオンしないような状態になるためには，図15.8(b)の(3)に示すように J_2 の両側にある正孔，電子が再結合して N_1 層の正孔，P_2 層の電子が消失することが必要であり，このようになるまでの時間を**ターンオフ時間**といい，普通の素子では10～20〔μs〕程度である．そこで陽極電圧 v が図15.8(a)の曲線①のような変化を示し，$v=0$ になるまでの時間が t_{off} より大なる場合は消弧は完全に行なわれるが，②のような場合には失敗に終わる．

dv/dt 特性　オフ状態の SCR の電圧を v とし，この v の時間的変化 dv/dt があまり大きいと，接合層の空乏層が形成する静電容量に対する充電電流が流れ，V_{BO} が低下してブレークオーバして誤点弧をひき起こす．

例　逆並列接続で誘導性負荷の電圧制御の場合

図15.9は SCR の点弧角 α を制御して単相負荷電圧 v_L を調整しようとするもので，2つの SCR を逆並列接続(back to back connection)している．

誘導負荷時には $\theta=\pi$ では消弧できず，さらに β だけのびて電流 i の曲線は図15.10のようになる．

15.4 SCR の消弧特性

図 15.9 スナバー回路

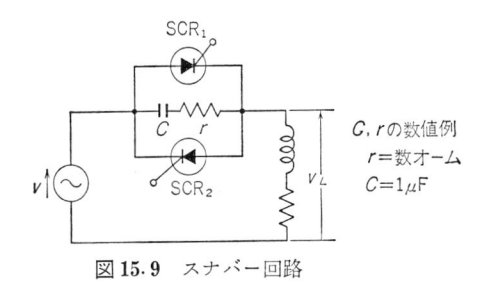

C, rの数値例
$r=$数オーム
$C=1\mu F$

$\theta=\alpha\sim\pi+\beta$ の間 SCR₁ が導通しているから，この間の SCR₂ には SCR₁ の順方向電圧降下だけが逆電圧としてかかっているにすぎない．$\theta=\pi+\beta$ で SCR₁ が消弧すれば，急に SCR₂ には順方向に電源電圧 $-v$ がかかる．このときの dv/dt は大きく SCR₂ はゲート信号を待たずに誤点弧することがある．

そこでこのような場合 dv/dt を表 15.1 に示す許容範囲に抑えるには，図 15.9 で示すように素子に並列に C, r を接続すれば，dv/dt を緩和することができる．この回路を**スナバー回路**(snubber circuit)という．

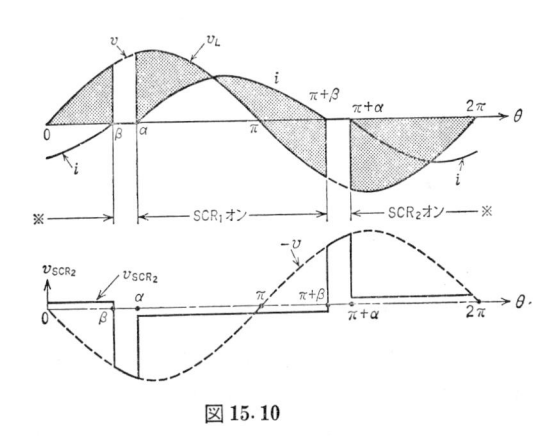

図 15.10

また素子そのものの dv/dt の許容範囲を高める方法として図 15.11 に示すような方法がある．（a）は小電流の素子に，（b）は**短絡エミッタ形**と称して，大電流の素子に普通用いられる．いずれも V_{B0} の低下の原因となる電流を接合 J_3 を通さずに直接陰極にバイパスさせようとするものである．

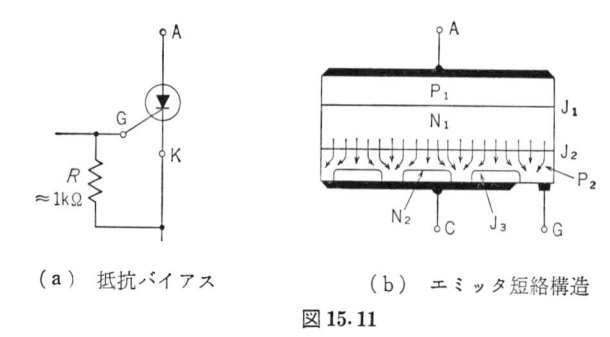

(a) 抵抗バイアス　　　　(b) エミッタ短絡構造
図 15.11

15.5 ゲート回路

a. ゲート回路の要点

(ⅰ) **点弧電圧・電流**　SCR は同一定格のものでも点弧できるゲート電圧,ゲート電流にはかなりのバラツキがある. また同じ SCR でも温度により不同があり, ある場合には点弧できたり, できなかったりする. そこでどんな場合にも, また同一定格のものならどんな SCR に対しても必ず点弧できるような電圧または電流をゲートに加える必要がある. この電圧, 電流を**最大点弧ゲート電圧**または**電流**という.

一方ゲート電極は陽極, 陰極に比べて非常に小さくつくられているから熱容量も小さいので, 過熱しないように電圧・電流をある限度以下に抑える必要がある. この電圧・電流を**許容最大点弧電圧**または**電流**という.

そこでゲートに加える電圧・電流は最大点弧電圧・電流以上, 許容最大点弧電圧・電流以下でなくてはならない. 図 15.12 で曲線 oa, ob はゲートの動作曲線で, SCR の内部抵抗にはかなりのバラツキがあり, oa は最も抵抗の大きい場合, ob は最も小さい場合である. したがって図の陰影を施した部分に v_g 〜 i_g の動作点があるようにしなければならない.

(ⅱ) **ゲート電流の幅**　トリガパルスは少なくもターンオン時間(約 2 μs)以上の幅をもっていなければならない. また回路によっては (16.4 節参照) SCR

15.5 ゲート回路

図 15.12

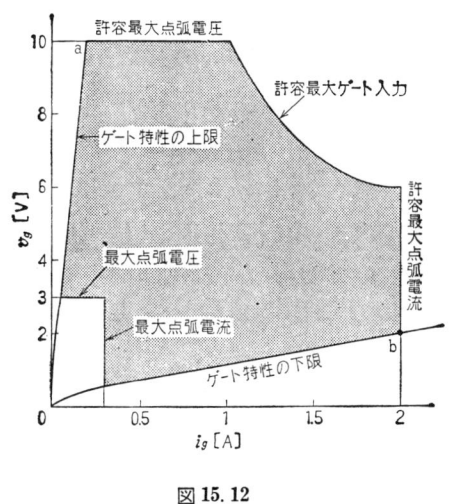

を導通させようと思う期間中一定のゲート電流を流しておく必要がある場合がある.

(iii) パルスの同期　　SCR の電源が交流で, 点弧角位相制御をするとき.
1. α を自由に調節できなければならない.
2. 電源電圧とゲートパルスとは図 15.13(b) のような関係が維持できれば

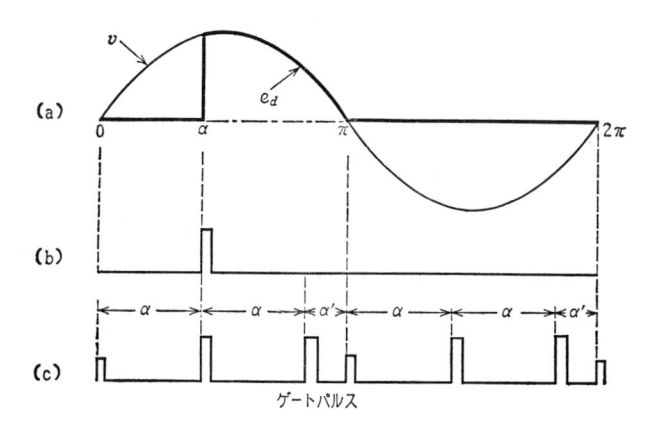

図 15.13　ゲートパルスの位相

一番よい．

3. 図 15.13(c) のようにさらにパルが入ってもさしつかえない．

ここで電源電圧とゲートパルスとの位相関係が図(b)，(c)のような関係を各サイクルにわたって保たせることを**同期をとる**などという．

(iv) 誤点弧の防止 回路がひろったノイズなどで点弧しないように，ノイズのレベルを**最小点弧電圧**(いかなる SCR もこれ以下のゲート電圧では点弧しない電圧で 0.3 V 程度)以下にするよう配慮し，ゲートのリード線をシールドなどする場合もある．

b. ゲート回路の一例

ゲート回路には種々あるが，これを分類すると

(1) UJT (unijunction transistor) を用いたもの．

(2) トランジスタを用いたもの．

(3) 可飽和リアクトルとトランジスタを用いたもの．

などとなる．ここでは一例として最も多く使われている UJT の場合につき述べる．

(i) UJT とその作用 UJT は エミッタ(E)，ベース 1(B_1)，ベース 2(B_2) の 3 端子をもち，図 15.14(a) に示す記号で表わされる単接合の半導体素子で，ゲート回路用に広く用いられている．

ベース間電圧 V_{BB} に対し エミッタ電圧(E－B_1 間電圧)V_E が，ある一定電圧 V_P 以下ではエミッタは逆バイアスされてわずかに漏れ電流が流れるだけで，UJT はオフ状態にあるが，V_E が V_P に等しくなると，エミッタと B_1 間は急激に低抵抗になって UJT はオン状態になる．オン状態で V_E が下がり I_E がある一定値以下になると再びオフ状態にもどる．

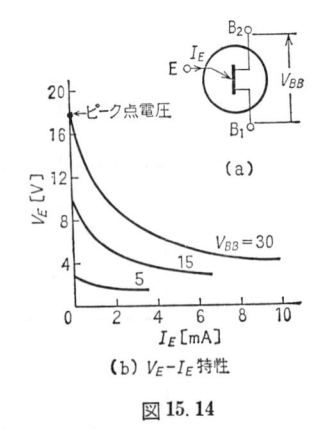

(a)

(b) V_E-I_E 特性

図 15.14

オフ状態からオン状態に転じる上記の電圧 V_P は V_{BB} の関数で

$$V_P = \eta V_{BB} + V_D$$

で表わされる．ここでηは**真性スタンドオフ比**とよばれ，おおむね0.65程度の値であり，V_Dはおおむね0.5〔V〕程度である．

(ii) UJTの使用例1 図15.15はUJTを用いたCR弛張発振回路で，UJTがオフの期間v_cは $v_c = E(1-e^{-(t/CR_1)})$ で立上り，これがV_Pに達するとUJTはオンし，Cの電荷はB_1を通って瞬時に放電するから，B_1に接続されている変圧器の2次にはパルス電圧 v_g が発生し，これを SCR のゲートに加える．図のR_1を加減してパルスの発振周波数を加減することができる．

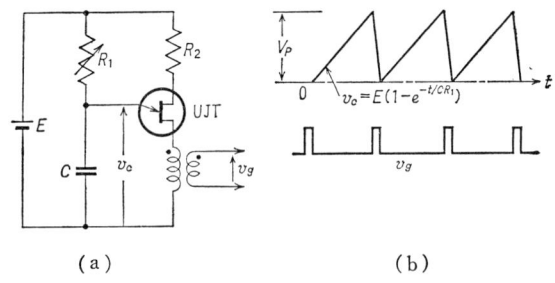

図 15.15 CR弛張発振回路

(iii) UJTの使用例2 図15.16(a)の電源部は全波整流回路であるから，

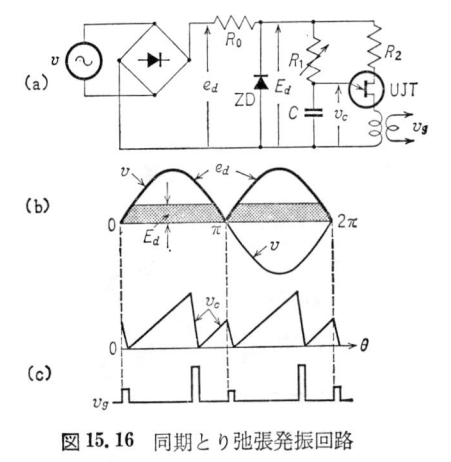

図 15.16 同期とり弛張発振回路

その出力電圧 e_d は図(b)の太線のようになる。この e_d が R_0 とツェナーダイオード ZD の作用により，図(b)の斜線のような台形波 E_d になる。そこで $B_1 B_2$ 間の電圧 V_{BB} は $\theta=0, \pi, 2\pi, \cdots\cdots$ で0になるから，C はどんな充電途上にあってもこの時点でいったん放電し，これから充電が始まる．これでいわゆる電源とゲートパルスの同期がとれたことになる．

15.6 サイリスタとは

サイリスタ(thyristor)とは接合を3つ以上もった半導体素子群の総称で，一般にはサイリスタすなわち SCR のように用いられているが，正確には SCR はこの1つである．サイリスタには SCR のほかに SSS(silicon symmetrical switch)，GTO(gate turn off switch)，Trc(triac)，LASCR(light activated SCR) 逆導通形サイリスタなどがある．これらの構造と動作などを表15.2に示す．

SSS は2端子で，点弧はサージ電圧を重畳させ，ブレークオーバ現象で点

表15.2 サイリスタの構造と動作

名称	IEC名	接合	外部リード	動作	略号	主なる応用
(逆阻止3端子)サイリスタ SCR	reverse blocking triode thyristor	陰極｜ゲート N P N P 陽極	3	(ゲート)		チョッパ コンバータ インバータ
LASCR	light activated triode thyristor	同上	3	(光)		光応用回路
GTO	turn off thyristor	同上	3	(ゲート)		チョッパ DCスイッチ
SSS	bidirectional diode thyristor	N P N P	2			調光装置 ACスイッチ
TRIAC	bidirectional triode thyristor	P N P N ゲート	3	(ゲート)		調光装置 ACスイッチ
逆導通サイリスタ	reverse conducting thyristor	P N P N	3			チョッパ

弧させるもので，調光装置などによく使われている．

GTO はオフの能力ももっているばかりでなく，ターンオフ時間が短いなどの長所はあるが，まだ高価である．

LASCR は SCR のゲート信号が電流であるのに対し，光であるからノイズによる誤点弧の危険性がないのが特徴で，今後の進歩が期待されている．

Trc は性能的には 2 つの SCR を逆並列に接続したようなものであり，電流を両方向 (bidirectional) に流し得る特徴をもつ 3 端子構造である．ゲート信号は SCR と異なり正負いずれの電圧 (または電流) でもよい．

図 15.17 は Trc と SSS を用いて扇風機の速度制御を行なう場合の回路例を示したもので，R を加減すると v_c の立上りが変わり，v_c がある値に達すると SSS はブレークオーバして Trc にゲート信号を与えてオンさせる．

逆導通形サイリスタは dv/dt 特性，機能集積効果に優れ，チョッパ回路などに賞用されている．

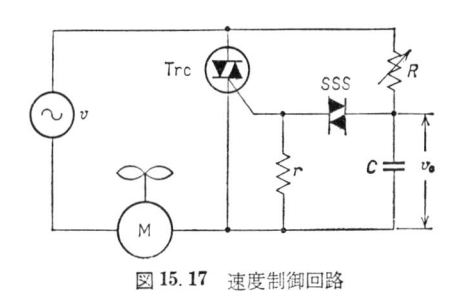

図 15.17 速度制御回路

演 習 問 題

(1) つぎの術語を説明せよ．
　　ターンオン時間　　ターンオフ時間
(2) 普通の電力用 SCR につき，つぎの概数をあげよ．
　　順電圧降下　　ターンオン時間　　ターンオフ時間　　点弧ゲート電圧
(3) SCR の素子そのものの di/dt，dv/dt 特性の向上をはかる具体的方法をおのおの 1 つあげよ．

(4) サイリスタの種類とその特徴をあげよ．
(5) 図 15.18 は単相誘導電動機の速度制御の主回路を示している．これにつきつぎに答えよ．

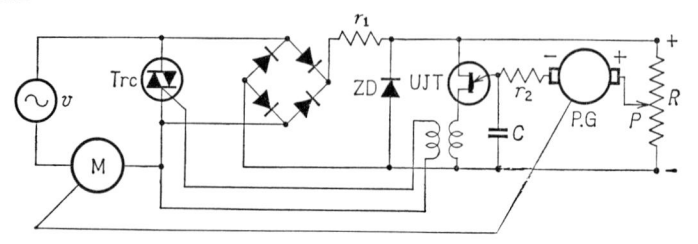

図 15.18　単相誘導電動機の速度制御

(ⓘ) Trc のゲート信号と⓶にかかる電圧との関係を図示せよ．
(ⅱ) 速度をあげたいとき，図のどこをどう動かしたらよいか．
(ⅲ) P.G の極性を逆に接続したらどうなるか．
(ⅳ) 軽負荷時にも広範な速度制御を実現するために，回転子の2次抵抗に対する特別の留意事項は何か．

(6) SCR の誤点弧の原因を列挙し，その対策を説明せよ．
(7) 図 15.19 はフィードバック制御をもった扇風機の駆動回路である．これにつきつぎに答えよ．

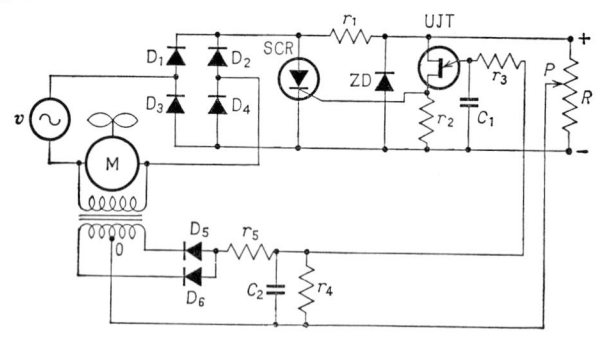

図 15.19　フィードバック制御回路

(ⓘ) SCR はいつオフするか．
(ⅱ) 図では SCR を1つしか用いていないのが特徴である．このような回路の欠点は何かを考究せよ．
(ⅲ) フィードバック制御になっている理由を説明せよ．

16. サイリスタの応用

16.1 概説——パワーエレクトロニクス

スイッチが優れたものであるためには
(1) 微小信号で遅滞なく，無アークで開閉でき，しかもその動作が確実であること，(2) 開閉の毎秒当りの回数に制約のあることは止むを得ないとしても，これができるだけ高いこと，(3) スイッチのオン時の損失が少なく，オフ時の漏れ電流が少ないこと，(4) 耐久性・信頼性に富み，保守不要のこと，(5) 小形軽量で取付け容易であること
などの条件を具備している必要がある．SCRはこれらをほぼ満たしたスイッチング素子といえる．GTOなど特殊のサイリスタは別として，普通のサイリスタは消弧能力は持っていないが，転流回路などを付け加えて，実質的には消弧能力を付与することができる．

最近パワートランジスタも相当大容量のものができるようになったし，これには転流回路などの煩わしさがないため，小容量の装置にはSCRの代りに，パワートランジスタが用いられる傾向にある．

この優れたスイッチング素子としてのサイリスタ(SCR)の出現によって，電力の開閉・変換・制御の技術が著しい進歩を遂げたが，この理由としてつぎのようなものが上げられる．

a．オンオフ制御

電力の制御を効率よく行なうとすれば，オンオフ制御によらざるを得ない．

そしてこのオンオフの回数を増すほど，その精度を増すから，これに用いるスイッチング素子の性能いかんは極めて大切である．

b．電力の変換

電力の変換には

(1) AC→DC（順変換），(2) DC→AC（逆変換），(3) f_1 の AC→f_2 の AC（周波数変換），(4) 直流電圧の変換，(5) 交流電圧の変換などがあるが，たとえばすでに学んだ三相整流回路では三相交流の一部を切りとり，これをつなぎ合わせることにより直流を得ている．この切りとりとつなぎ合わせの役目を果すのがスイッチング素子で，電力変換におけるスイッチング素子の役割りとその影響は大きい．

c．周波数変換器，インバータの電力分野における重要性

電力の姿態は電圧・電流・周波数の3つで示される．弱電の分野では，これらの3つを自由に駆使して各種の技術を開発してきた．強電の分野では，周波数は商用周波に固定し，電圧と電流の2つだけを自由度にしてその技術が開発されてきている．自由度の少ない所では，その技術も硬直し，その発展は鈍りがちになる．もし強電の分野でも周波数を自由に選び得るならば，周波数一定の上に築き上げてきた従来の技術は根本から揺ぎ出すなどその影響は大きい．

このためにも経済的にも十分実用に耐え得るような周波数変換器・インバータが望まれるわけであり，この希望に実現性を与えようとしているのがサイリスタである．すなわちサイリスタの進歩と普及により，インバータやサイクロコンバータ（一種の周波数変換器）は著しく進歩し，交流電動機の速度制御などにはすでに用いられている．

このようにしてサイリスタは水銀整流器にとって変わったばかりでなく，家庭・工場・運輸機関・電力系統・……などあらゆる分野に独自の応用分野を開拓し，大きな技術分野を形成するに到った．表16.1はこの応用分野の主たるものをまとめたものである．

最近**パワーエレクトロニクス**という言葉が定着するようになったが，これは，サイリスタ・シリコン整流ダイオード・パワートランジスタなどの半導体

16.1 概説——パワーエレクトロニクス

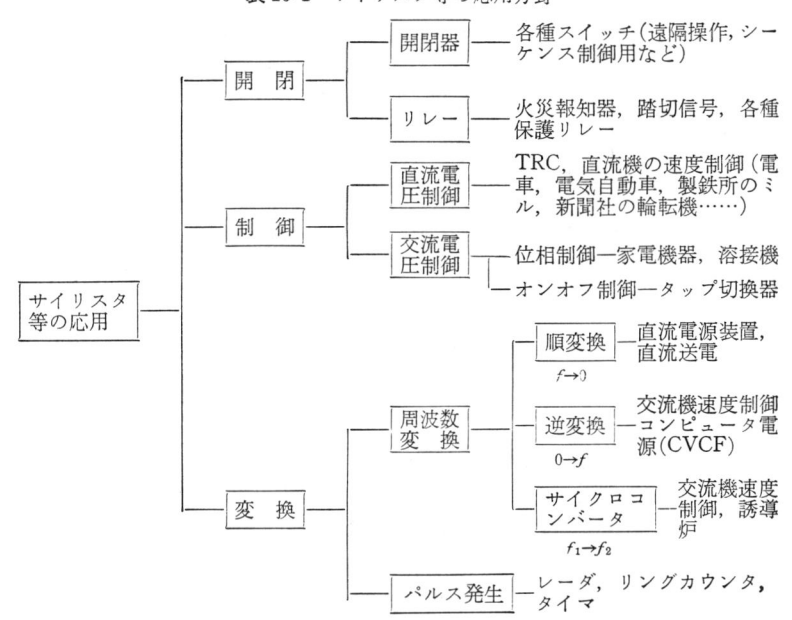

表16.1 サイリスタ等の応用分野

サイリスタ等の応用	開閉	開閉器	各種スイッチ（遠隔操作，シーケンス制御用など）
		リレー	火災報知器，踏切信号，各種保護リレー
	制御	直流電圧制御	TRC，直流機の速度制御（電車，電気自動車，製鉄所のミル，新聞社の輪転機……）
		交流電圧制御	位相制御—家電機器，溶接機
			オンオフ制御—タップ切換器
	変換	順変換 $f\to 0$	直流電源装置，直流送電
		周波数変換／逆変換 $0\to f$	交流機速度制御，コンピュータ電源（CVCF）
		サイクロコンバータ $f_1\to f_2$	交流機速度制御，誘導炉
		パルス発生	レーダ，リングカウンタ，タイマ

素子とその応用技術の分野を指すものである．

16.2 点弧角による直流電圧制御

図16.1は図14.8の単相全波ブリッジ整流回路の中で，2つのダイオードをSCRにおきかえたもので，図に示すようにどのダイオードをSCRにおきかえるかによって(a)，(b)の2つができ上る．

無負荷または $X_s=0$（重なり角 $u=0$）の場合の e_d の波形は，どちらの場合も図16.2の太線のようになるが，直流回路のインダクタンス L を無限大とすればSCRのオンの期間は，図(a)の場合は $\pi-\alpha$（α：点弧角），図(b)の場合は π である．一方，ダイオードは図(a)では $\pi+\alpha$，図(b)では π である．

つぎにダイオード全部を SCR でおきかえて図16.3のようにし，SCR_1 と SCR_2'，SCR_2 と SCR_1' との組を交互にオンすると e_d の波形は $L=\infty$ のとき

16. サイリスタの応用

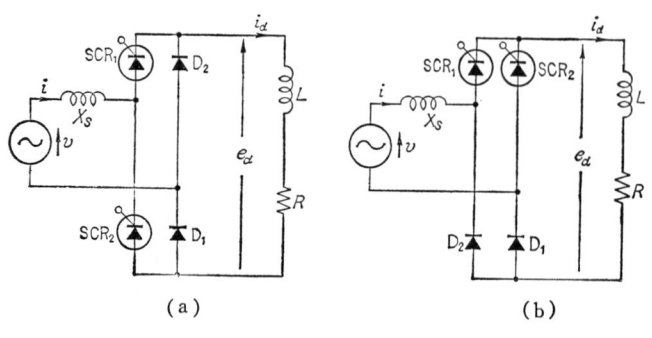

図 16.1

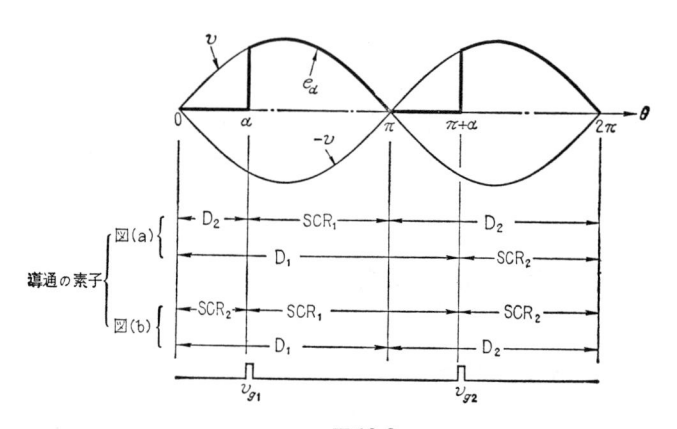

図 16.2

は図16.5のようになる．このように同じブリッジ回路でもSCRだけで構成されている純ブリッジの場合と，SCRとダイオードとの混合(hybrid)ブリッジの場合とでは e_d の波形が異なる．以下図16.3について考えてみよう．図16.3でSCRの点弧角 α が0の場合はすでに述べた図14.8とまっ

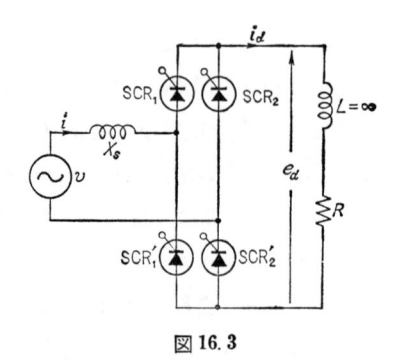

図 16.3

16.2 点弧角による直流電圧制御

たく同じから無負荷時の直流電圧 E_{d0} は

$$E_{d0}=(2\sqrt{2}/\pi)V=0.9\,V \qquad (16.1)$$

無負荷時または負荷時でも重なり現象を無視できるときの点弧角制御した場合の e_d の平均直流電圧を $E_{d\alpha}$,負荷時重なり現象のある場合の平均直流電圧を $V_{d\alpha}$ で表わすことにし,これらについて吟味してみる.

a. $E_{d\alpha}$ (したがって $X_s=0$ とする)

純抵抗負荷 ($L=0$) のとき　直流電圧 e_d の波形は図 16.4 のようになり,$\theta=0\sim\alpha$, $\theta=\pi\sim\pi+\alpha$ の間 $i_d=0$ になり,i_d は不連続になる.

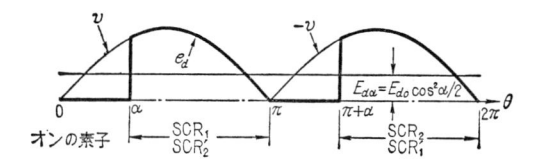

図 16.4

$$E_{d\alpha}=\frac{1}{2\pi}\int_0^{2\pi}e_d d\theta=\frac{1}{\pi}\int_\alpha^\pi v d\theta=\frac{2\sqrt{2}\,V}{\pi}\frac{1+\cos\alpha}{2}=E_{d0}\frac{1+\cos\alpha}{2} \qquad (16.2)$$

$L=\infty$ のとき (必ずしも L が無限大でなくとも電流が連続するとき)　e_d の波形は,図 16.5 のようになるから,$E_{d\alpha}$ は次式で与えられる.

$$E_{d\alpha}=\frac{1}{2\pi}\int_0^{2\pi}e_d d\theta=\frac{1}{\pi}\int_\alpha^{\pi+\alpha}v d\theta=E_{d0}\cos\alpha \qquad (16.3)$$

このときの L の電圧 e_L の平均値は 0 であるから,上の $E_{d\alpha}$ は同時に抵抗 R の

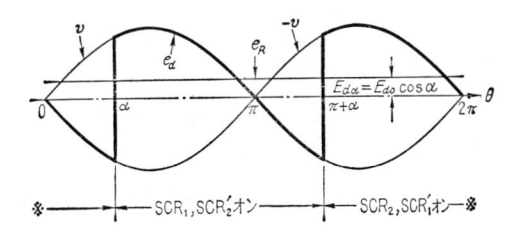

図 16.5

電圧 e_R の平均値でもある。そして $L=\infty$ のときは i_d は完全平滑な直流 I_d になることは，すでに第14章で説明したとおりである．

b. $V_{d\alpha}$

図 16.3 で $L=\infty$ とし，たとえば $\theta=\pi+\alpha$ で SCR_2, $SCR_1{}'$ をオンしても X_s のため負荷時は電流の急変ができないから SCR_1, $SCR_2{}'$; SCR_2, $SCR_1{}'$ の組の両方が導通状態になり，14.5節に述べた電流の重なり現象が生ずる。したがって重なり期間中の e_d は

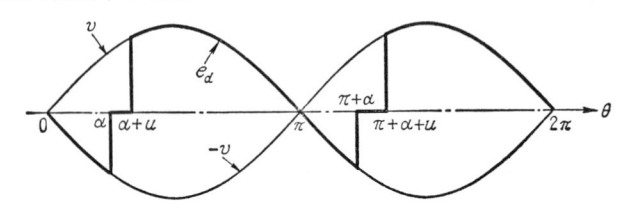

図 16.6

$$e_d = e_u = \frac{1}{2}(v+(-v)) = 0$$

となり，e_d の1サイクルの波形は図 16.6 のようになる。したがって

$$V_{d\alpha} = \frac{1}{2\pi}\int_0^{2\pi} e_d d\theta = \frac{1}{\pi}\int_{\alpha+u}^{\pi+\alpha} v d\theta = \frac{2\sqrt{2}V}{\pi}\frac{\cos\alpha+\cos(\alpha+u)}{2}$$

$$= E_{d0}\frac{\cos\alpha+\cos(\alpha+u)}{2} \qquad (16.4)$$

よって重なりのために生ずる電圧降下 E_x は，式(16.3)をあわせ用いて

$$E_x = E_{d\alpha} - V_{d\alpha} = E_{d0}\frac{\cos\alpha-\cos(\alpha+u)}{2} \qquad (16.5)$$

ここで

$$\frac{\cos\alpha-\cos(\alpha+u)}{2} = \frac{2X_s I_d}{\pi E_{d0}} \qquad (16.6)$$

であること証明することができる*から

---

* 重なり期間中は $e_d = e_u = 0$ であるから，$v - X_s di/d\theta = 0$

$$\therefore i = \frac{1}{X_s}\int_{\pi+\alpha}^{\theta} v d\theta + K = \frac{\sqrt{2}V}{X_s}\{\cos(\pi+\alpha)-\cos\theta\} + K$$

K は積分常数で，$\theta=\pi+\alpha$ のとき $i=I_d$ より $K=I_d$ である。$\theta=\pi+\alpha+u$ のとき重なりが終わるとして $i=-I_d$ となるから

$$-I_d = (\sqrt{2}V/X_s)\{-\cos\alpha+\cos(\alpha+u)\} + I_d$$

上式より式(16.6)が得られる。

$$E_x = \frac{2X_s I_d}{\pi} \equiv R_u I_d \quad \text{ただし} \quad R_u = \frac{2X_s}{\pi} \tag{16.7}$$

よって負荷時の整流回路の電圧間の関係は図 16.7 の等価回路で示される．

図 16.7 は $\alpha = 0 \sim \pi/2$ の範囲で α を加減して $V_{d\alpha}$ を $0 \sim E_{d0}$ の範囲に無段階に制御できることを示している．ただ α をあまり大きくした場合は交流電源側の力率はごく近似的に $\cos \alpha$ になってきわめて悪くなる．

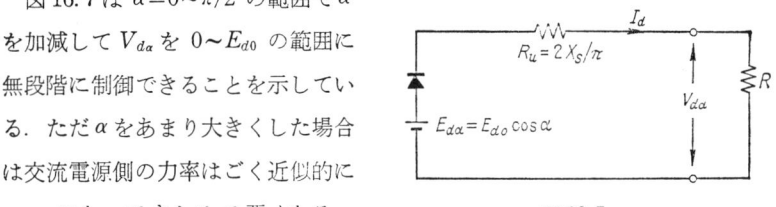

図 16.7

そこで実際には大幅の電圧制御をさけ，もしこれが必要な場合は変圧器のタップの切換で行ない，その前後の微調整を点弧角で行なうのが普通である．

また $\alpha = \pi/2 \sim \pi$ では $E_{d\alpha} < 0$ になるから I_d は流れることはできない．ただしこの範囲の α に対しては負荷側に適当な直流電源があれば次節で述べるようにインバータとして動作する．また $\alpha \geq \pi$ ではこれからオンしようとする SCR の方がオフしようとする SCR よりもその電位が低いので，転流ができないので，この範囲は用いられない．

〔**例題 16.1**〕 図 16.3 において，$L = \infty$，$R = 10$〔Ω〕，$X_s = 0.5$〔Ω〕，V（電源電圧の実効値）$= 100$〔V〕，点弧角 $\alpha = 30°$ のときの負荷電流 I_d，リアクタンス降下，重なり角を求めよ．

〔**解**〕 $L = \infty$ のため i_d は連続平滑な直流 I_d になる．図 16.7 の電圧等価回路において

$$E_{d\alpha} = E_{d0} \cos \alpha = 0.9\, V \cos 30° = 0.9 \times 100 \times \frac{\sqrt{3}}{2} = 77.94 \quad \text{〔V〕}$$

$$R_u = \frac{2X_s}{\pi} = \frac{2 \times 0.5}{\pi} = 0.318 \quad \text{〔Ω〕}$$

$$\therefore \quad I_d = \frac{E_{d\alpha}}{R_u + R} = \frac{77.94}{0.318 + 10} = 7.55 \quad \text{〔A〕} \cdots\cdots\cdots \text{答}$$

よって

$$E_x = R_u I_d = 0.318 \times 7.55 = 2.4 \quad \text{〔V〕} \cdots\cdots\cdots \text{答}$$

式(16.6)より

$$\cos(\alpha+u) = \cos\alpha - \frac{2E_x}{E_{d0}} = \frac{\sqrt{3}}{2} - \frac{2\times 2.4}{90} = 0.813$$

$$u = \cos^{-1}0.813 - \alpha = 35°35' - 30° = 5°35' \cdots\cdots 答$$

以上単相全波整流回路について述べたが, 他の整流回路についても大同小異で, 今までの考え方を素直に適用すると, 必要な特性を求めることができるので, その結果を表16.2にかかげるにとどめる. この表の単相半波整流の応用例としてつぎの例題をかかげる.

〔例題16.2〕 図16.8(a)で, M:直流電動機, F:界磁巻線, L:平滑用リアクトル, V:50〔Hz〕, 100〔V〕, 電機子巻線抵抗 R_a は1〔Ω〕, 界磁巻線抵抗は50〔Ω〕でSCRの点弧角 α が30°のとき800〔rpm〕で回転し, 電機子電流 I_a は5〔A〕である. 電機子回路, 界磁回路の時定数は電源の周期に比べて十分大なるものとする. この場合つぎの値を求めよ.

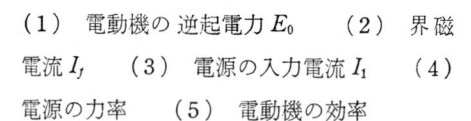

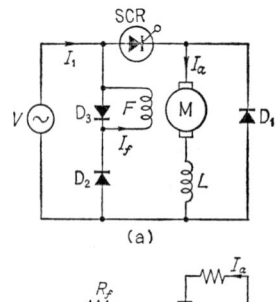

(1) 電動機の逆起電力 E_0　(2) 界磁電流 I_f　(3) 電源の入力電流 I_1　(4) 電源の力率　(5) 電動機の効率
(6) $\alpha = 60°$ にしたときの回転数(ただしトルクは一定とする)

図16.8

〔解〕 I_f, I_a は平滑の直流で全周期流れ続ける. したがって図16.8(a)は図16.8(b)とまったく等価になる.

(1) $E_0 = E_{da} - I_a R_a = 0.45\, V\dfrac{1+\cos 30°}{2} - I_a R_a$

$\qquad\qquad = 0.45 \times 100 \times \dfrac{1+\sqrt{3}/2}{2} - 5\times 1 = 37$ 〔V〕$\cdots\cdots$ 答

(2) $I_f = E_{d0}/R_f = 0.45\, V/R_f = 0.45 \times 100/50 = 0.9$ 〔A〕$\cdots\cdots$ 答

(3) $I_1 = \sqrt{\dfrac{I_a^2 \times 5\pi/6 + (-I_f)^2 \times \pi}{2\pi}} = \sqrt{\left(I_a^2 \times \dfrac{5}{6} + I_f^2\right)/2} = 3.29$ 〔A〕

$\qquad\qquad\qquad\qquad\qquad\qquad\qquad\qquad\qquad\cdots\cdots$ 答

16.2 点弧角による直流電圧制御

表 16.2

回路		E_{d0}	$E_{d\alpha}$	I_s(実効値)	E_x
単相半波		$0.45\,V$	$E_{d0}\dfrac{1+\cos\alpha}{2}$ ($\alpha<\pi$)	$\sqrt{\dfrac{\pi-\alpha}{2\pi}}I_d$	—
二相半波		$0.90\,V$	$E_{d0}\cos\alpha$ ($\alpha<\pi/2$)	$0.707\,I_d$	$\dfrac{1}{\pi}X_sI_d$
単相純ブリッジ		$0.90\,V$	$E_{d0}\cos\alpha$ ($\alpha<\pi/2$)	I_d	$\dfrac{2}{\pi}X_sI_d$
単相混合ブリッジ		$0.90\,V$	$E_{d0}\dfrac{1+\cos\alpha}{2}$ ($\alpha<\pi$)	$\sqrt{\dfrac{\pi-\alpha}{\pi}}I_d$	$\dfrac{2}{\pi}X_sI_d$
三相半波		$1.17\,V$	$E_{d0}\cos\alpha$ ($\alpha<\pi/2$)	$0.577\,I_d$	$\dfrac{3}{2\pi}X_sI_d$
三相純ブリッジ		$1.35\,V$	$E_{d0}\cos\alpha$ ($\alpha<\pi/2$)	$0.816\,I_d$	$\dfrac{3}{\pi}X_sI_d$

(4) 電源からの入力 W_i は

$$W_i = E_{d\alpha}I_a + E_{d0}I_f = 42 \times 5 + 45 \times 0.9 = 250.5 \ \text{[W]}$$

$$\therefore \quad \cos\phi = \frac{W_i}{VI_1} = \frac{250}{100 \times 3.29} = 75.8 \ \text{[\%]} \cdots\cdots 答$$

(5) 機械損はないものとして

$$\eta = \frac{E_0 I_a}{W_i} = \frac{37 \times 5}{250.5} = 74 \ \text{[\%]} \cdots\cdots 答$$

(6) $\alpha = 60°$ のときの $E_{d\alpha}$ は

$$E_{d\alpha} = 0.45\,V\frac{1+\cos 60°}{2} = 0.45 \times 100 \times \frac{1+0.5}{2} = 33.75 \ \text{[V]}$$

$$E_0 = 33.75 - 5 \times 1 = 28.75 \ \text{[V]}$$

$$\therefore \quad n_0 = 800 \times \frac{28.75}{37} = 621 \ \text{[rpm]} \cdots\cdots 答$$

16.3 他励式インバータ

図16.3において点弧角 α を $\pi/2 < \alpha < \pi$ にとれば $E_{d\alpha} = E_{d0}\cos\alpha < 0$ となるけれども，電池 E_c を図16.9(a)に示すように挿入し，$|E_{d\alpha}| < E_c$ なるようにすると，I_d は流れることができ，直流電力を交流電力に変換することができる．ただし，重なり角 u，SCRのターンオフ時間の電気角 $\theta_{\text{off}}(=\omega t_{\text{off}})$ を考慮すると，点弧角 α は

$$\alpha < \pi - (u + \theta_{\text{off}}) \tag{16.8}$$

でないと転流失敗を起こす．

いまこの理論を考える場合，R_L, X_s を省略し，計算とその見とうしが容易になるようにしておこう．このときは図16.9から

$$E_{d0}\cos\alpha + E_c = 0 \tag{16.9}$$

上式の両辺に I_d を乗じて

$$I_d E_{d0}\cos\alpha + I_d E_c = 0$$

16.3 他励式インバータ

(a)

(b)

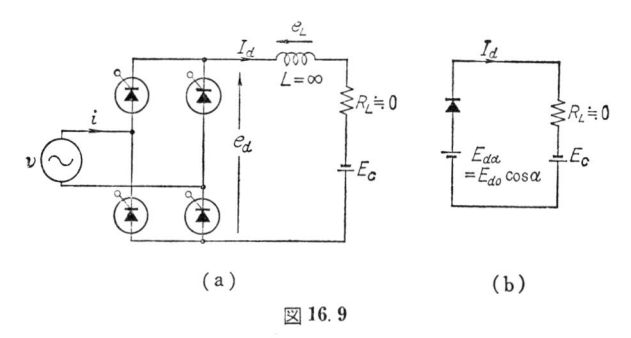

図 16.9

上式の左辺の第1項は $\pi > \alpha > \pi/2$ に対しては負で，第2項の電池の供給電力が交流電力に変換され，交流側に供給されていることを意味している．したがって，この場合は逆変換装置，またはインバータとして動作していることになる．

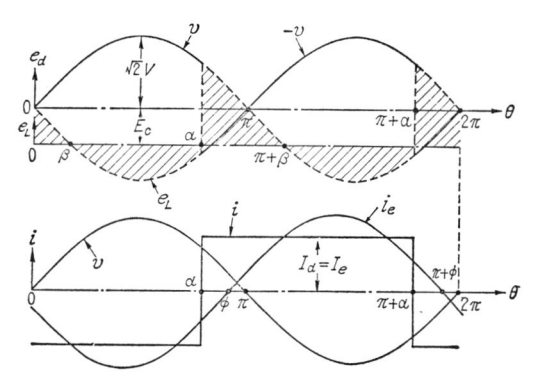

図 16.10

E_L　　リアクトル電圧 e_L は図 16.9(a) から

$$e_L = e_d + E_c \tag{16.10}$$

ここで e_L の波形は図 16.10 で斜線を施したようになる．図の角 β，点弧角 α，電池の電圧 E_c の間にはつぎのような関係がある．

$$\sqrt{2}V \sin\beta = E_c = -(2\sqrt{2}V/\pi)\cos\alpha \tag{16.11}$$

また e_L の実効値 E_L を図 16.10 の曲線で計算すると

$$E_L{}^2=\frac{1}{\pi}\int_{\beta}^{\pi+\beta}e_L{}^2d\theta=\frac{1}{\pi}\int_{\beta}^{\alpha}(-\sqrt{2}V\sin\theta+E_c)^2d\theta$$
$$+\frac{1}{\pi}\int_{\alpha}^{\pi+\beta}(\sqrt{2}V\sin\theta+E_c)^2d\theta$$

上式を計算し，これに式(16.11)の関係を代入(計算は各自試みよ)すると

$$E_L{}^2=V^2-E_c{}^2 \tag{16.12}$$

cos φ　$L=\infty$ のときの交流電流 i は大きさ I_d の方形波であるから，この等価正弦波を i_e とすれば，その実効値 I_e は $I_e=I_d$，その $\dot{V}$ に対する位相差を ϕ として，エネルギー関係から $\cos\phi$ を求める．

$-VI_e\cos\phi$(交流電源のうけた電力)$=E_cI_d$(電池の供給した電力)

$$\therefore\quad \cos\phi=-E_cI_d/VI_e=-E_c/V \tag{16.13}$$

よって交流電源からインバータに送り込まれる無効電力は

$$VI_e\sin\phi=VI_d\sqrt{1-\cos^2\phi}=I_d\sqrt{V^2-E_c{}^2}=E_LI_d \tag{16.14}$$

上式右辺はリアクトル L の無効電力である．すなわち交流電源は電池から有効電力 E_cI_d をうけると同時に，転流に必要な無効電力を逆にインバータに供給している．このように他から無効電力の供給をうけているインバータを他励式インバータという．

ベクトル図　図 16.11 は式(16.12)，(16.13)の関係から求めた交流側の等価回路とそのベクトル図で，V と $\dot{E}_c$ をできるだけ等しくする方が，力率も 1 に近く，リアクトルの VA も小さくてすむ．

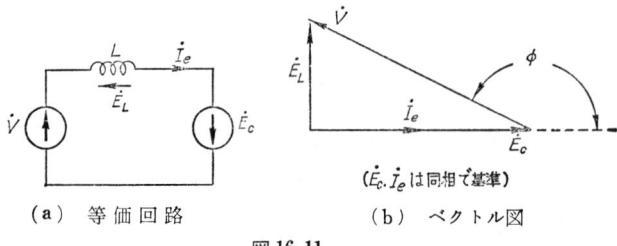

(a) 等価回路　　(b) ベクトル図

($\dot{E}_c, \dot{I}_e$ は同相で基準)

図 16.11

〔**例題 16.3**〕　図 16.12 で $\dot{V}$ は 1111〔V〕，50〔Hz〕の交流電源，M は他励直流電動機で電機子抵抗 R_a は 0.66〔Ω〕である．いま整流器の点弧角 α を 30°，

16.3 他励式インバータ

SCR_5 と SCR_8 オンの状態で電動機を $n_2=+500$ [rpm] で回転させている。そしてこのときの負荷電流 I_d は定格電流の 100 [A] である。

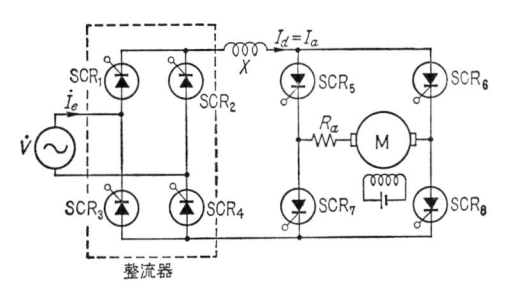

図 16.12

いま電動機に回生制動を加え，しかも定格電流を越えないようにして，すみやかに $n_2=-500$ [rpm] に速度変更をしたい。どうしたらよいか。

〔解〕 回生制動のためには E_0(誘導起電力)の方向に I_d を流して発電機とし，この出力を電源側に返還せねばならない。また速度変更をすみやかにするためには，I_d は許容最大値の一定に保つのが有利であり，これがためには速度の変化に伴って α を加減する必要がある。そこで

(1) SCR_6 と SCR_7 をオンすると同時に SCR_5 と SCR_8 をオフする。
(2) 整流器の点弧角を 90° 以上にしてインバータにする。

そしてこの点弧角 α は次式より求められる。すなわち

$$0.9 V \cos \alpha + E_0 = I_a R_a$$

ただし，E_0 は +500 [rpm] における逆起電力で

$$E_0 = 0.9 V \cos 30° - R_a I_a$$
$$= 0.9 \times 1111 \times 0.866 - 0.66 \times 100 = 800 \text{ [V]}$$

$$\therefore \cos \alpha = -\frac{E_0 - I_a R_a}{0.9 V} = -\frac{800 - 100 \times 0.66}{1000} = -0.734, \quad \alpha \geqq 150°$$

α を上の値にすると E_0 の方向に 100 [A] 流れ，電動機には制動トルクが働き減速する。減速すれば E_0 も減少するので I_d を 100 [A] に保つためには，整流器の α を 90° に漸次近づけ，90° 付近で速度は 0 になる。ここで負の方向に始動

するために α を 90° から速度上昇とともに 30° までかえる．

16.4 TRC による直流電圧制御

a. 原　理

　図 16.13(a) でスイッチ S のオン (T_1)，オフ (T_2) を続ける場合の定常時における電流，電圧の波形は図 16.13(b) のようになる．

　ここで負荷回路の時定数 L/R が T_1, T_2 より著しく大きいようにしておくと，$e^{-(R/L)T_1}$, $e^{-(R/L)T_2}$ はほぼ 1 となり，$i_{2\min} \fallingdotseq i_{2\max}$ となるから，i_2 の波形はほとんど平滑な直流となる．そして 14.3 節で述べたように図 16.13 で面積 A と A' は等しいから

$$E_2(e_2 \text{ の平均値}) = (T_1/T_0) E_1 \quad (16.15)$$

$$I_1(i_1 \text{ の平均値}) = (T_1/T_0) I_2 \quad (16.16)$$

上の 2 式から

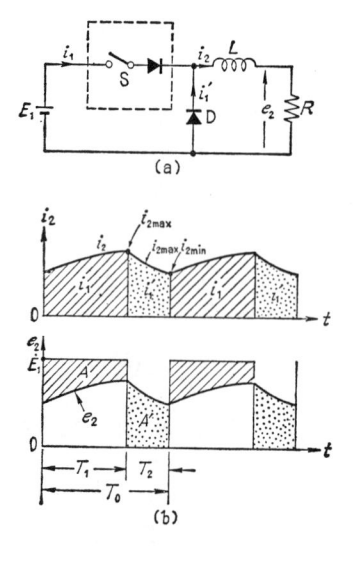

図 16.13

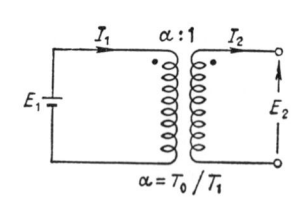

図 16.14

$$P_2(負荷電力)=E_2I_2=E_1I_1\equiv P_1(供給電力)$$

となり，電源からの供給電力は負荷の消費電力に等しい．

ここで E_1/E_2, I_1/I_2 に着目し，かつあたかもこれが交流正弦波の実効値のように考えれば，これらの関係は図 16.14 の理想変圧器で示される．

したがって $\alpha=T_0/T_1$ を調整して，負荷電圧 E_2 を $0<E_2<E_1$ の範囲で任意に加減できる．α は1周期の導通期間に対する比で，これを調整することを time ratio control (略して **TRC**) といい，その回路を **チョッパ回路** という．

TRC にはつぎのような方法がある．
(1) T_1 を一定にし，T_2 を調整する．
(2) T_1, T_2 を調整する．

そして図 16.13(a) の点線で囲まれた部分の機械スイッチを SCR 回路で構成し，数百サイクル程度でオン，オフを繰り返せば，効率よくしかも無段階に直流電圧を加減することができる．

b．チョッパー回路の例(I)(T_1 一定，T_2 可変)

図 16.15 で SCR がオフされた状態では D_2 がオンして $I_2=I_d$, C_0 は $e_c=E_0\lesssim E_1$ に充電されている．

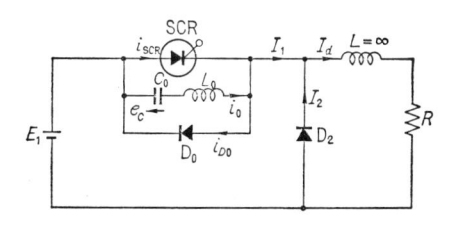

図 16.15

モード1 この状態で SCR がオンされると，D_2 はオフして負荷電流 I_d は SCR を通って供給されると同時に，C_0 の電荷は SCR, L_0 を通って放電して自由振動を起こす．このときの振動電流 i_0(i_0 の方向は図に示した方向にとられている)，C_0 の電圧 e_C は

$$i_0=-E_0\sqrt{\frac{C_0}{L_0}}\sin\frac{t}{\sqrt{C_0L_0}} \qquad (16.17)$$

$$e_C = E_0 \cos \frac{t}{\sqrt{C_0 L_0}} \tag{16.18}$$

また，SCR の電流 i_{SCR} は負荷電流 $I_1(=I_d)$ と共振電流 i_0 の差で，これらの時間的変化を図示すると図 16.16 になり，$t=t_3$ で $i_{SCR}=I_d-i_0=0$ となるから SCR はオフする．

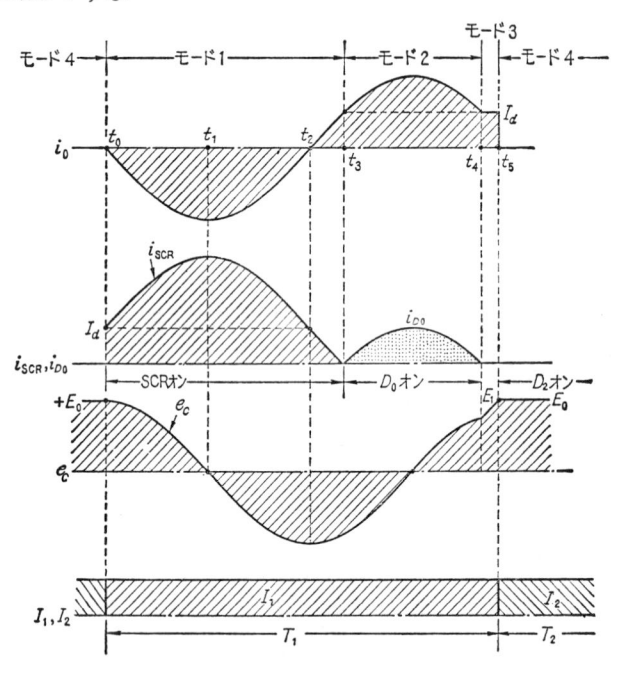

図 16.16

モード 2 SCR がオフすると i_0 は一部は $E_1-C_0-L_0-L-R$ を通って負荷電流 $I_1(=I_d)$ となり，残りはダイオード D_0 を通って流れ，$t=t_4$ で $i_{D0}=0$ となる．

モード 3 D_0 がオフすると負荷電流 I_d は $E_1 C_0 L_0$ を通って電源より供給され，これによって e_C は直線的に $(1/C_0)I_d t$ で立上って $t=t_5$ で E_1 に達し，D_2 をオンしてモード 4 に入る．

モード3の期間はきわめて短いから，i_0 が D_0 を流れているモード2の期間に，SCR はゲートの制御能を回復していなければならない（D_0 の順方向電圧降下が SCR に対する逆バイアスになっている）．

図 16.16 から以上のような動作が行なわれるための条件は，負荷電流の大小により多少変わるが，つぎのようになる．

$$I_d \ll E_0 \sqrt{\frac{C_0}{L_0}} \tag{16.19}$$

$$T_1 \lesssim 2\pi \sqrt{C_0 L_0} \tag{16.20}$$

$$T_1/2 > \text{SCR のターンオフ時間} \tag{16.21}$$

数値例　$E_1=100\,[\text{V}]$，$C_0=50\,[\mu\text{F}]$，$L_0=100\,[\mu\text{H}]$ とすると

$$I_d \ll 70\,[\text{A}]$$

$$T_1 \leq 0.44\,[\text{ms}]$$

SCR のターンオフ時間は普通 $10\sim30\,[\mu\text{s}]$ 程度であるから式 (16.21) を十分満足している．いま電圧を 1/3 にするためには $T_2 \fallingdotseq 2T_1$ とする必要がある．このときのスイッチングの周波数 f は

$$f = 1/(T_1+T_2) = 758\,[\text{Hz}]$$

となり，かなり高いものになる．この周波数をもっと下げるために，L_0 に可飽和リアクトルを用いる方法もあるが，本書ではこれには触れないことにする．

c．チョッパー回路例(II)（T_1, T_2 可変）

図 16.17(a) は電車モータの速度制御の回路の一例である．この図の点線に囲まれた部分のチョッパ回路につき説明する．

始動準備　パンタグラフを架線に接続すると，C_0 は $e_{C0}=E$ に充電される．

モード1　SCR_1 をオンすれば電動機には L_S—L_M—M—F—SCR_1 を通って電流 i_M が流れ，図 16.17 に示すように電流 i_M は上昇曲線をたどる．

モード2　i_M が許容電流値の上限に達すると，SCR_2 をオンする．すると C_0 の電荷は L_0 を通って放電し，$L_0 C_0$ の自由振動を起こし，まもなく C_0 は前

と逆極性に充電されて $e_{C0}=-E$ になり，振動電流 i_{01} は 0 になって SCR_2 はオフする．

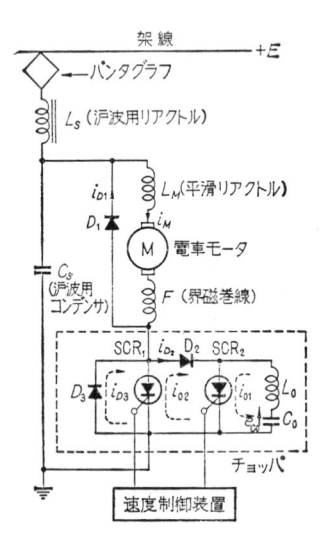

(a) 速度制御回路

(b)

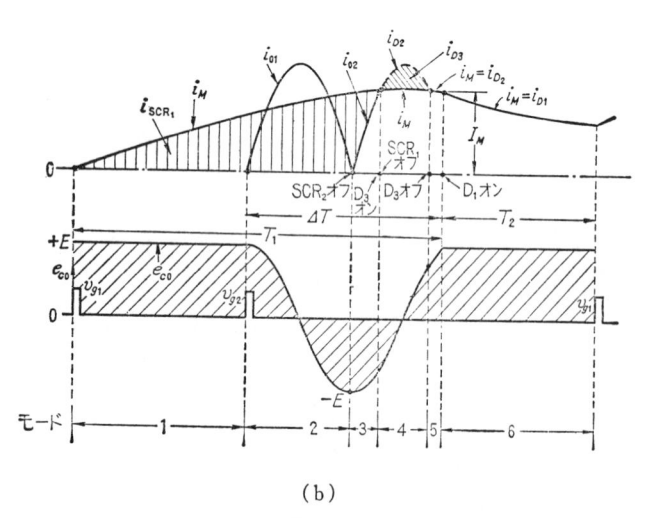

図 16.17

16.4 TRC による直流電圧制御

モード3 C_0 の電荷は SCR_1—D_2—L_0 を通って放電し,図の i_{02} の振動電流になる.SCR_1 の主電流はこの i_{02}(正弦波形)によって打ち消され,i_{02} の最大値が十分大きければついに 0 になり,この瞬時に SCR_1 はオフする.

モード4 SCR_1 がオフすると C_0 の電荷は D_3 を通って放電し,前の放電が継続される.このときの D_3 の電圧降下が SCR_1 に対する逆バイアスになる.

一方 i_M は SCR_1 がオフになったからといって L_M などのためにすぐに 0 にはなれないし,そうかといって D_1 がオンして D_1 と D_2 が同時に導通(電源短絡)になってしまうようなこともあり得ない.そこで D_1 はまだオンせずに i_M は D_2,L_0 を通り C_0 の充電電流の一部になる.したがって D_3 を通る電流は自由振動電流からこの i_M だけを差し引いたものになる.

モード5 D_3 がオフすると $i_{D2}=i_M=I_M$ となり,C_0 は I_M の一定電流で充電されるから e_{C0} は直線的に立上って E になるまで続く.

モード6 $e_{C0}=E$ に達すれば,D_1 は順バイアスされてオンし,電動機電流 i_M は L_M の電磁エネルギーの放出によって,L_M—M—F—D_1 の循環電流となって流れ続けて減少し,やがて許容電流の下限に達したとき SCR_1 をオンする.

以上述べたことをまとめると図16.17(b)になる.この図では見やすくするためにモード2,3,4,5 はモード 1,6 に比べて時間幅を著しく拡大しているが,実際には図に示した転流期間 ΔT はきわめて短い.T_1 はチョッパのオンの期間,T_2 はオフの期間である.普通 1 秒間に数百回オン,オフを繰り返して,電動機の電流や速度を電源電圧の変動に無関係に,任意の一定値に制御することができる.

以上は簡単のために図16.17(a)の L_s,C_s の存在を無視してきた.このような数百回/秒の高頻度のオンオフ制御では,架線からの流入電流が方形波状の断続電流になり,これが通信線や信号系統に誘導障害をひき起こす.L_s,C_s は架線からの流入電流を平滑化して,このような原因を緩和すると同時に,チョッパによって架線からの流入電流をしゃ断するとき,架線のインダクタンス効果によって高いサージ電圧が発生し,C_0 が過充電され,SCR に過電圧が

かかるのを防ぐことができる.

さてこのようにして速度制御ができると,従来の抵抗制御におけるような抵抗損もなく,しかもその操作がパルスで行なえて簡単になるので,電車,トロリーバスなどの駆動法として注目され,すでに地下鉄などには実用され,今後その普及は益々高まるであろう.

16.5 並列形方形波インバータ

a. インバータの種類

インバータの研究は格子付き水銀整流器が発明された当時からなされてきたが,性能・信頼性・経済性などの点において進歩し,その利用が飛躍的に拡大されたのはSCRが開発されてからのことである.これはSCR素子の優れた特性にもよるが,シリコンダイオードを併用して誘導性負荷のリアクテブパワーを電源側に帰還できるようにした回路的研究の成果も預かっている.

インバータには

- 転流に必要な無効電力の供給方式から $\begin{cases} 他励式(16.2節) \\ 自励式 \end{cases}$
- 周波数の決定方式から $\begin{cases} 他制式 \\ 自制式 \end{cases}$
- 転流コンデンサの位置から $\begin{cases} 直列形 \\ 並列形 \end{cases}$
- 転流時の過大電流を抑制するリアクトルの有無から $\begin{cases} 定電流形 \\ 定電圧形 \end{cases}$
- 出力波形から $\begin{cases} 正方波形 \\ 正弦波形 \end{cases}$ 出力の相数から $\begin{cases} 単相 \\ 三相 \end{cases}$

などなど非常に多く,本書ではその1つ1つを述べる紙数を持たない.

そこで,インバータにつきまとう基本的問題点とその対処の仕方の基礎的理解を意図して,次節以下に1つのインバータについてのみやや詳しく触れ,

b. 並列形方形波インバータの回路構成

(i) 負荷(純抵抗, 容量性, 誘導性)と電流波形　図 16.18(a) に示すようにインピーダンス Z に図(b)に示す方形波の交流電圧 v を加えた場合に流れる電流 i の波形は, 純抵抗負荷に対しては図(c)のように方形波の電流になる. また容量性負荷に対しては図(d), 誘導性負荷に対しては図(e)のようになる. 純抵抗, 容量性負荷の場合には $0 \sim \pi$ の期間は $i > 0$, $\pi \sim 2\pi$ の期間は $i < 0$ になって, その正負は v と同一であるが, 誘導性負荷の場合は $0 \sim \theta_1$, $\pi \sim \theta_2$ の期間は i と v とは異符号, そしてこの期間に電源に負荷のリアクティブパワーを帰還している.

図 16.18

(ii) 機械スイッチを用いた方形波インバータ　ここで方形波の交流電圧 v を直流電源からつくり出す方法を考えてみよう.

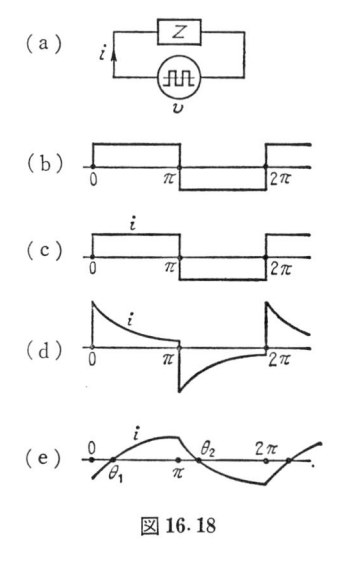

図 16.19(a) に示すように理想変圧器 T を介して直流電圧 E を接続し, 理想的な機械スイッチ S を等間隔で端子 1 と 2 に切り換えることにより, 2 次には方形波の電圧をつくることができる. すなわちスイッチ S が端子 1 に接続されている期間を正の半サイクル, 2 に接続されている期間を負の半サイクルとすると, 正の半サイクルには 2 次側に $e_2 = E$ の起電力が生じて電流 i_s が流れ, この AT を打ち消すために正の半サイクルでは端子 1 を通る電流 i_{p1} が, 負の半サイクルでは端子 2 を通る電流 $i_{p2}(=-i_s)$ が流れる. この場合機械スイッチはどちらの方向にも電流を流すことができるから, 負荷がたとえ誘導性負荷で $i_{p1} < 0$ となる $0 \sim \theta_1$ の期間でも一向にさしつかえない. このようにして機械スイッチを切り換えることにより直流電源から方形波の交流電圧を得ることができる.

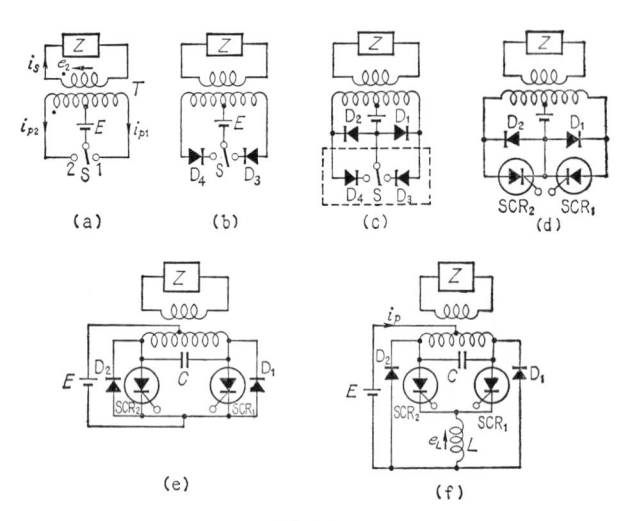

図 16.19

(iii) 機械スイッチを SCR で置換——インバータの構成

図 16.19(b) 機械スイッチが電流の方向性をもっているものとし，これを表わすため図(b)のようにダイオード D_3, D_4 を挿入しておこう．このときは正の半サイクルでは $i_{p1}>0$ なる電流しか流し得ない．したがって誘導性負荷の場合 $\theta=0\sim\theta_1$ の期間の電流は流れることはできないので，図(b)のようなスイッチの場合は負荷が純抵抗か，容量性負荷の場合にしか用いられない．

図 16.19(c) そこで誘導性負荷をも可能なようにするために，ダイオード D_1, D_2 を図 16.19(c) のように接続し，$\theta=0\sim\theta_1$ の期間の電流は D_1 を，$\theta=\pi\sim\theta_2$ の間は D_2 を通って流れるようにすれば，負荷はどんな負荷でもよいことになる．

図 16.19(d) 図(c)の点線で囲まれた電流の方向性をもった機械スイッチを，SCR でおきかえたのが図(d)で，この場合 SCR_1, SCR_2 のゲートにそれぞれ半周期ごとに交互にトリガパルスを入れてやれば，図(c)と同じようになると考えられがちである．SCR には消弧能力がないから，たとえば $\theta=\pi$ で SCR_2 をオンしても SCR_1 は消弧せず直流電源 E は短絡状態になり，SCR は破

16.5 並列形方形波インバータ

壊される.

図 16.19(e) そこである SCR をオンすると同時に今まで導通していた別の SCR をオフするために,図(e)に示すように,**転流コンデンサ**C を挿入する.そうするとたとえば SCR_1 が導通状態にある正の半サイクルの終わりで,C は左方が＋の極性で $2E$ の電圧に充電されている.このとき SCR_2 をオンにすれば,この充電電圧は SCR_1 に逆電圧として印加され,SCR_1 をオフすることができる.しかしこれでもまだ図(a)の機械スイッチが SCR で完全におきかえられたわけではない.それは SCR_1 がオフすれば直ちに D_1 がオンして C の電荷がほとんど瞬時的に放電して 0 になり,さらに逆方向に＋に充電される.この電圧がまだ制御能が回復されていない SCR_1 にかかることになるから,SCR_1 は再び導通してしまい転流の失敗になる.

図 16.19(f) そこで C の電荷の速やかな移動を阻止し,ターンオフ時間以上コンデンサ電圧 e_C で SCR を逆バイアスするために,図(f)のように数〔mH〕程度のリアクトル L を挿入する.

ここにおいて始めて図 16.19(a) の無方向性の理想的機械スイッチが SCR でおきかえられたことになって,実用的なインバータができ上ったわけである.ただここで注意したいことは誘導性負荷の場合,たとえば $\theta=0\sim\theta_1$,$\pi\sim\theta_2$ の期間は電流が SCR を通らずに電源 E,D_1 または D_2 を通って流れ,いったん導通を開始した SCR が再びオフになる.したがって $\theta=\theta_1$,θ_2 にきたとき導通すべき SCR が直ちに点弧するためには,$\theta=0\sim\theta_1$,または $\pi\sim\theta_2$ の期間にもまだゲートに電流を加えておかねばならない.このためにはたとえばゲート電流波形は方形波であればよい.

図 16.19(f) のようなインバータは 1962 年 McMurray などにより開発されたもので,比較的新しいものである.このインバータは転流の主役を果す転流用コンデンサ C が負荷と並列にはいっているから**並列形インバータ**,また波形が方形波に近いことから**方形波インバータ**などという.ただし周波数が上るにつれて転流期間が無視できなくなる.こうなると波形は方形波から漸次正弦波に近づいてくる.

c. 転流現象

負荷が純抵抗の場合,SCR₁ から SCR₂ への転流の場合,図 16.20(a)に示した各量の転流期間中の変化を示すと同図(b)になる.この理由を以下に調べる.

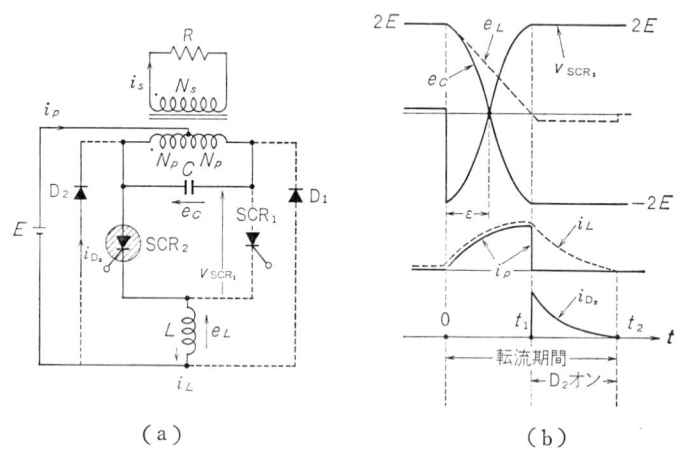

図 16.20

$t=0 \sim t_1$ の期間　　$t=0$ は SCR₂ がオンして SCR₁ がオフする時,$t=t_1$ は D₂ がオンになる時で,この期間は D₁ も D₂ もオフの状態にある.

いま,理想変圧器を仮定し,その巻数を上図(a)に示すように N_p, N_s とすると,電源側から見た等価回路は図 16.21(a)になる.この回路を解けば図 16.20(b)の波形は得られるが,やや計算が煩雑である.そこでいま簡単化するために SCR の保持電流よりわずかに大きい電流が流れる程度でほとんど無負荷($R' \approx \infty$, $i_p(t=0) \approx 0$)に近い場合につき,図 16.21(a)より $i_p(t)$ を求めると

$$i_p(t) = 2E\sqrt{\frac{C'}{L}}\sin \omega_0 t \tag{16.22}$$

ただし,　　$\omega_0 = 1/\sqrt{C'L}$

$$\therefore \ e_C = 2\,e_{C'} = 2\left(E - \frac{1}{C'}\int_0^t i_p(t)\right) = 2E(-1 + 2\cos \omega_0 t) \tag{16.23}$$

16.5 並列形方形波インバータ

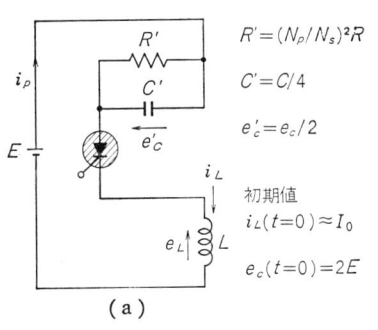

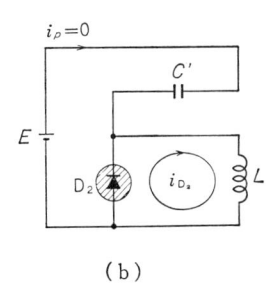

図 16.21

$\omega_0 t = \pi/2$ になる瞬時を t_1 とすると,$t=t_1$ では $i_p(t)$ は最大になり,$e_C(t)$ は $-2E$ になり転流は完了した.

$t=t_1\sim t_2$ の期間 この期間は図 16.21(b)になり,$i_p(t)=0$ で i_{D2} が L,D_2 を循環し,L の電磁エネルギーが消費つくされるまで続く.この損失エネルギーが1回の転流に伴うもので,出力周波数 f [Hz] のときの損失 W_e は

$$W_e = 2f\left(\frac{1}{2}Li_p^2(t=t_1)\right) = fCE^2 \quad [\text{W}] \qquad (16.24)$$

数値例 $f=100$,$C=5$ [μF],$E=100$ [V] のとき $W_e=5$ [W]

この W_e は,$t=0\sim t_1$ の間に電源から供給されたものである.すなわち

$$W_e = \left(E\int_0^{t_1} i_p(t)\,dt\right)2f \qquad (16.24)'$$

〔例題 16.4〕 $C=5$ [μF],$L=1$ [mH] のときの転流期間と逆バイアス時間 ε はいくらか.ただし無負荷時とする.

$$t_1 = \frac{\pi/2}{\omega_0} = \frac{\pi}{2}\sqrt{C'L} = \frac{\pi}{2}\sqrt{\frac{1}{4}\times 5\times 10^{-6}\times 1\times 10^{-3}} = 56\,[\mu\text{s}] \cdots\cdots\text{答}$$

$$\varepsilon = \frac{1}{2}t_1 = 28\,[\mu\text{s}] \cdots\cdots\text{答}$$

〔例題 16.5〕 式(16.24)で与えられる転流損を有効に活用する方法を考究せよ

〔解〕 Lの電磁エネルギーを D_2 を通し，電源に回収するために，図 16.22 のように D_2 の接続を工夫する．i_{D2} により生じた AT を打ち消すために，

$$i_p' = i_{D2} \cdot \frac{N_3}{N_p - N_3} < i_{D2} \tag{16.25}$$

なる電流が，図に示すような回路で流れ，電源にエネルギーの回収ができる．

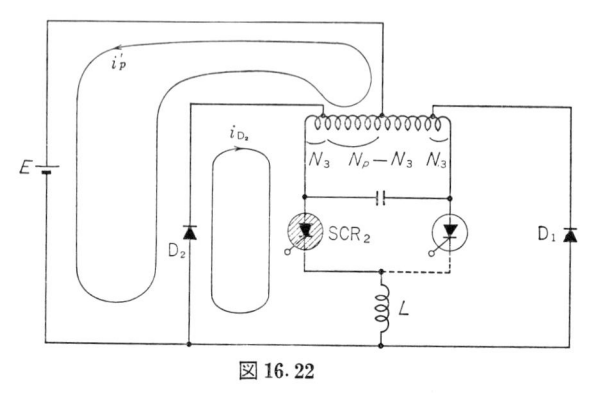

図 16.22

d. 波形の改善

出力波形が正弦波でなければならないような場合もしばしばある．このような場合は方形波の出力をフィルタを通すことによってかなりよい正弦波にすることができるが，低周波の場合はフィルタが大形になり不経済である．そこで図 16.23 に示す点線で囲まれた部分をさらに付加し，この働きで，図 16.24 に示すような波形の出力を直接得るようにする．この波形には第 3 高調波が含まれない．このように低次の高調波がなくなると，それだけフィルタが小形になる．

つぎにこの点線内の素子の動作を説明する．

SCR_1 がオンしている状態では，C_0, C_1 は図に示した極性で $2E$ に充電されている．このとき SCR_3 をオンすれば C_1 の電圧は L_0 にかかり，これが SCR_1 の逆バイアスとなり，SCR_1 をオフする．

SCR_1 オフ後は C_0 のエネルギーは変圧器を通って放電し，負荷に消費される 負荷が誘導性負荷で C_0 の放電後もまだリアクティブパワーが残っている

16.5 並列形方形波インバータ

図 16.23

図 16.24

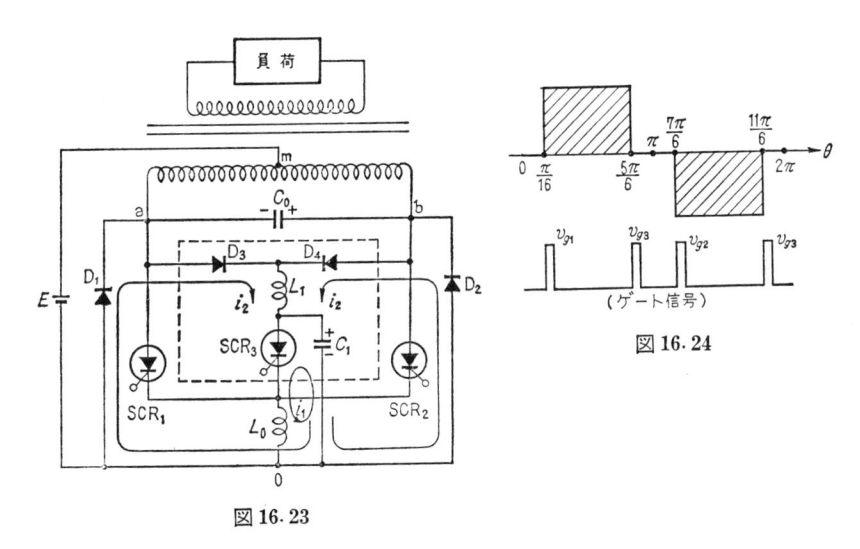

ときは，このリアクティブパワーは点 0―D_2―点 b―点 m を通って電源に帰還される．一方 C_1 のエネルギーは $C_1 L_0$ による振動電流 i_1 を形成し，この i_1 が 0 になるとき SCR_3 はオフする．またこの瞬時には，C_1 の電圧は反転し逆極性に $2E$ になっている．この C_1 のエネルギーは $C_1 L_1$ による自由振動により

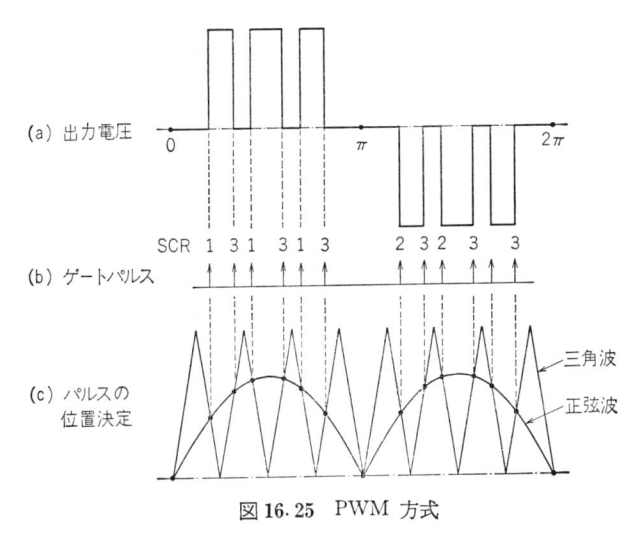

(a) 出力電圧

(b) ゲートパルス

(c) パルスの位置決定

図 16.25　PWM 方式

図に示した電流 i_2 となり，C_1 の電圧が SCR_3 がオンされる直前の状態の $+2E$ にもどるまで続く．かくして SCR_1 がオンの状態にあるとき，SCR_3 をオンするとその後のわずかの転流期間を経て C_0 の電圧（これは変圧器の1次電圧でもある）は0になるから図16.24に示すような波形を容易につくることができる．

PWM 法 図16.25(c)に示すように，三角波と希望の正弦波とを比較し，正弦波の大きい区間だけ，正の半サイクルでは SCR_1 を，負の半サイクルでは SCR_2 をオンするようにすれば，出力波形は図(a)のようになり，高調波含有量の一層少ない正弦波に近づく．この方法を **PWM 法**(Pulse Width Modulation)といい，しばしば用いられる．

演 習 問 題

(1) 図16.26で，変圧器を理想変圧器，SCR の点弧角を α としたときの直流電圧 e_d の平均値 $E_{d\alpha}$ を求めよ．

ただし負荷電流は連続するものとする．

答 $0.9\,\mathrm{V}\left(\dfrac{N_2}{N_1}+\dfrac{N_3}{N_1}\cos\alpha\right)$

図16.26

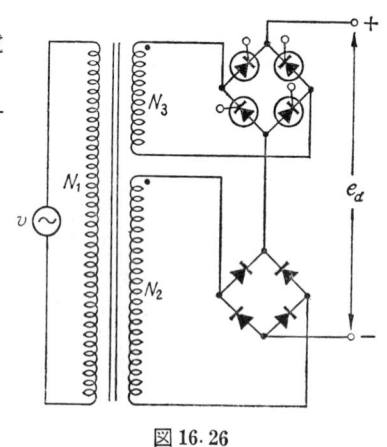

(2) 図 16.27 で, SCR の点弧角 α を 90° としたとき, 図に示す電流 i_{SCR}, i_d, i_{SR}, i_p の曲線を図示せよ. ただし負荷側に無限大の平滑用リアクトルが挿入されているものとする.

答 図 16.28

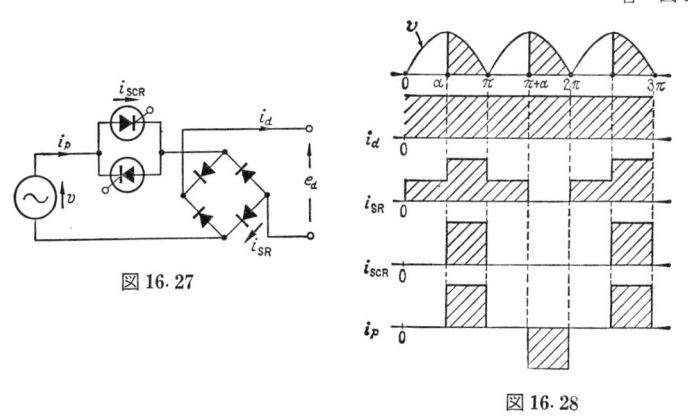

図 16.27

図 16.28

(3) 図 16.29(a) で 4 個の SCR の点弧位相は同図(b)に示されている. このときの直流電圧 e_d の波形の式を求め, かつその平均値を示せ.

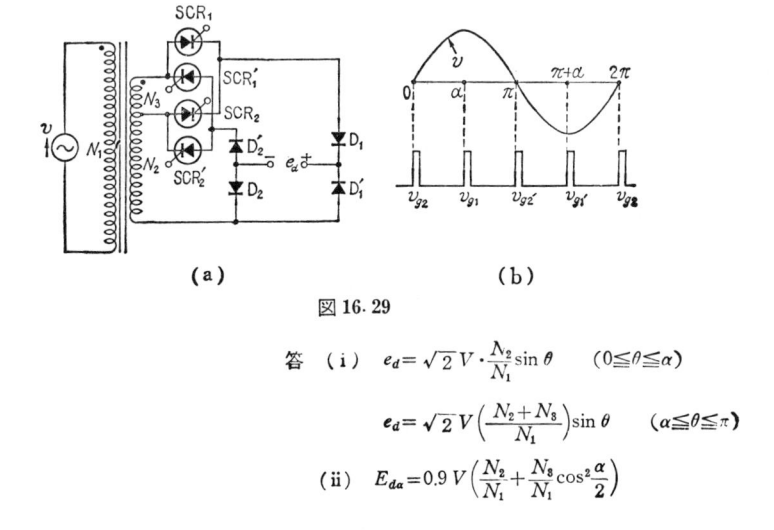

図 16.29

答 (i) $e_d = \sqrt{2}\, V \cdot \dfrac{N_2}{N_1} \sin\theta \qquad (0 \leqq \theta \leqq \alpha)$

$e_d = \sqrt{2}\, V \left(\dfrac{N_2 + N_3}{N_1} \right) \sin\theta \qquad (\alpha \leqq \theta \leqq \pi)$

(ii) $E_{da} = 0.9\, V \left(\dfrac{N_2}{N_1} + \dfrac{N_3}{N_1} \cos^2 \dfrac{\alpha}{2} \right)$

(4) 図16.1(b)で, $X_t=0$, $L=5$[H], $R=10$[Ω], SCRの点弧角30°のとき, i_dの平均値を計算せよ. ただしvは10[V](実効値), 100[Hz]の正弦波交流電圧とする.

答 0.85[A]

(5) 図16.9(a)の他励式インバータで, $R_L=0$, $(X_s=0)$, $V=100$[V], $E_c=78$[V]のときのインバータの点弧角αと1次力率$\cos\phi$を求めよ.

答 $\alpha=150°$, $\cos\phi=-0.78$

(6) 図16.13でスイッチSのオン, オフの期間がそれぞれ600[μs], 400[μs]であるときのi_1, i_2, i_1', e_2の平均値を求めよ. ただし$R=10$[Ω], $L=\infty$, $E_1=50$[V]とし, 整流器はすべて理想的なものとする.

答 $E_2=30$[V], $I_1=1.8$[A], $I_1'=1.2$[A], $I_2=3$[A]

(7) チョッパ回路がしばしば直流変圧器と呼ばれる理由を説明せよ. また, この場合の変圧器の巻数比に相当するものは何か

(8) 図16.30は図16.15とは異なるTRC回路である.

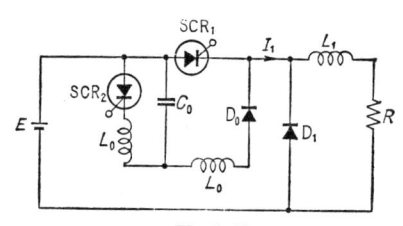

図 16.30

(i) この回路の動作を説明せよ.
(ii) $L_0=50$[μH], $C_0=50$[μF], $I_1=50$[A]のときSCR$_0$をオンしてからSCR$_1$がオフするまでに要する時間を計算せよ. ただし$E=100$[V]とする.

答 183[μs]

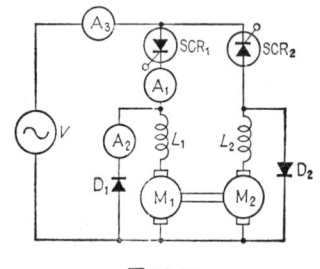

図 16.31

(9) 図 16.31 は相等しい 2 つの直流直巻電動機を機械的に直結し，これを交流電源の点弧角制御で駆動する一方式で，$V:200\,\mathrm{V}$，$50\,\mathrm{Hz}$，$L_1 L_2$：直巻界磁巻線，$A_1 A_2$：可動線輪形直流電流計，A_3：可動鉄片形交流電流計である．いま点弧角 $60°$ のときの出力は $2\,[\mathrm{kW}]$ であるという．このときの A_1，A_2，A_3 の指示はいくらか．ただし機械損は無視するものとし，電機子回路の時定数は電源の周期に比べて十分大きいものとする．

  答 $A_1 \fallingdotseq 4.94\,[\mathrm{A}]$，$A_2 \fallingdotseq 9.88\,[\mathrm{A}]$，$A_3 \fallingdotseq 12.1\,[\mathrm{A}]$

(10) 図 16.17(a) のチョッパの周波数を大にすると，どんな利点，欠点があるか．

  答 L_W，制御誤差を小さくすることができるが，効率がやや低下する．

(11) サイリスタを用いた三相ブリッジ結線整流回路がある．ブリッジの各辺には，ピーク繰返し逆電圧 $1\,200\,\mathrm{V}$，平均順電流 $300\,\mathrm{A}$ のサイリスタが 2 個直列に接続され，その負荷は純抵抗である．整流子および整流器用変圧器には損失がなく，また，リアクタンス降下は無視するものとして，下記を求めよ．

  (1) この整流回路を通して得られる平均直流電圧と平均直流電流の限度は，それぞれいくらか．ただし，位相制御角は零，サイリスタは電圧，電流とも定格の 1/2 以下で使用するものとし，また，2 個の直列に接続されたサイリスタ間の電圧分担比率は 5.5：4.5 とする．

  (2) (1) によって求めた電圧，電流値による直流の出力を得るために必要な整流器用変圧器の容量 $[\mathrm{kVA}]$ はいくらか．（昭 47. 主任技術者試験第一種）

  答 (1) $1\,040\,[\mathrm{V}]$，$450\,[\mathrm{A}]$
    (2) $491\,[\mathrm{kVA}]$

付録 1. 液体金属集電子を用いた単極機

最近原子力, プラズマ, MHD などの研究で強磁場が必要となり, これに応ずる直流電源として単極発電機が脚光を浴びてきた.

技術革新の現今, 特許庁に寄せられる莫大な特許申請案件の中でこれは素晴らしいと思われるものの中には, すでに 30 年も前に時効になってしまった内容のものが多いという. ただその当時はその idea を生かす附随的技術に欠けておったり, その技術の必要性が薄かったなどのために埋もれてしまった.

単極発電機も正にその一例といえよう. 単極機の欠陥となったブラシ集電装置に代って NaK を用いた液体金属集電装置が開発された. 常温で液状をなす金属としては Hg, Ga, NaK 合金があり, これらの物理的性質を示すと表 1.1 と図 1.1 の通りである.

表 1.1 液体金属の物理的諸特性

物質名 項　　目	水　銀 Hg	ガリウム Ga	ナトリウム・カリウム合金	
			NaK-44*	NaK-78*
融　　点 (℃)	−38.9	+29.8	+19	−12
沸　　点 (℃)	357	1983	824	782
密　　度 (g/cm³) at 100℃	13.35	6.04	0.887	0.848
粘　　度 (Centi poise)	1.21	1.56	0.54	0.64
比　　熱 (Cal/g・℃)	0.033	0.082	0.269	0.225
熱伝導率 (Cal/cm・sec・℃)	0.025	0.08	0.061	0.059
電気抵抗 (μΩ-cm)	103	32	41	45

* この数値はKの含有量を示している.

固定面と回転面との間に入って両者の電気的接続をするのが液体集電子で, 固定壁に接する液体の速度 ω は 0, 回転面に接する部分は回転体と同じ速度の ω_0 でなければならないので, ω の分布は図 1.2 のようになる. そこで液体が軽くてさらさらしていないと, 流体摩擦損が大になる. この見地から密度と粘

付録 1. 液体金属集電子を用いた単極機

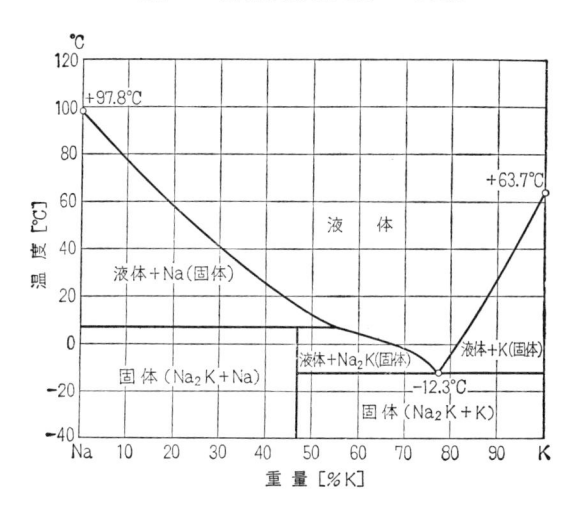

図 1.1 NaK 状態図

度の低い NaK が好適でその流体摩擦損は略水と同程度である．資料によると摩擦損の比は

NaK 1, Ga 5.5, Hg 11.0

NaK は原子炉の熱交換媒体として 1951 年初めて 1400 kW の高温中性子増殖炉に使われ，集電用としては 1957 年 Allis Chalmer 社が 80,000 A, 75 V, 3,600 rpm の単極機に用いたのが始まりで

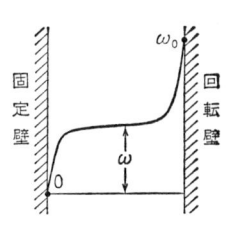

図 1.2 液体の速度分布曲線

ある．表 1.2 は従来の単極機に比較して，液体集電子を用いたものは効率の点

表 1.2 ブラシ集電と液体金属集電の単極機の比較

集電方式	ブラシ摺動による集電	液体金属 NaK による集電
電　流(A)	150,000	150,000
電　圧(V)	$7\frac{1}{2}$	67
回転数(rpm)	514	3,600
効　率(%)	75	98

で著しく有利であることを示している.

ただ NaK は化学的には極めて活性で,
 (1) 空気中で酸化し 115°C 以上で自然発火し,
 (2) 水と接触して H_2 を発生して水素爆発の危険性がある
 (3) CCl_4, CO_2 の消火剤にも烈しく反応するなどの危険性があるので,
  N_2, Ar などの不活性ガスの雰囲気中で取扱う
など,その取扱には細心の注意が必要である.

また最近は単極機による伝達機構,超電導界磁を用いた単極電動機などの研究が進んでいる.

付録2. 円線図法の基礎と三相誘導電動機の円線図

電気工学において，ある問題を説明したり，計算したりする場合に，等価回路や円線図がよく用いられてきた．最近電子計算機が普及し，いかに複雑な計算でも，極めて短時間にできるようになったため，円線図の必要性は少なくなったと考える向きもあるが，解析や考察の上の有力な武器であることに変わりはない．

電気機械，送配電，四端子回路網などの分野で，これを用いる場合
(1) 定性的にその変化の状態を一目瞭然たらしめる．
(2) 普通の計算の場合にくらべ，手数が省けて迅速である．
(3) 普通の計算において生じ勝ちな大きな誤りがないので，筆算の場合に，これを併用して筆算結果の検討に役立たせることができる．
など，他の方法では得られない幾多の長所がある．

2.1 円線図法の基礎

a. 円や直線で表示し得るベクトルの式
(i) 直線の式

$$\dot{W}(v) = \dot{A} + v\dot{B} \quad (\boxtimes 2.1) \qquad (2.1)$$

$\dot{A}, \dot{B}$：一定のベクトル

v：実変数

(ii) 原点を通る円の式

$$\dot{W}(v) = 1/(\dot{A} + v\dot{B}) \quad (\boxtimes 2.2) \qquad (2.2)$$

図2.2において，① $\dot{A}^* + v\dot{B}^* \equiv \dot{W}'^*(v)$（*は共役ベクトル）の軌跡は直線となり，これをXYとする．② 原点Oより直線XYに垂線OMをひく．③ OM上に点Cをとり，$\overline{OC} = k/\overline{OM}$ なるようにする．この場合 k は任意の定

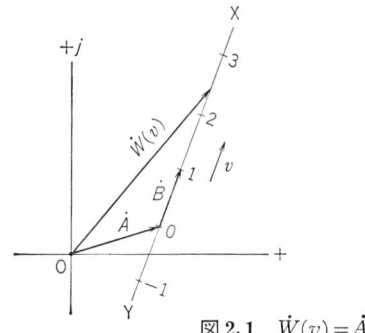

図 2.1　$\dot{W}(v)=\dot{A}+v\dot{B}$ の軌跡

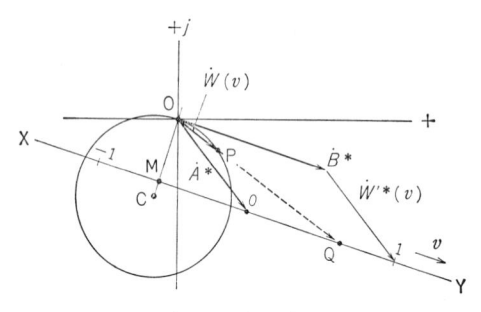

図 2.2　$\dot{W}=1/(\dot{A}+v\dot{B})$ の軌跡円

数†．④ C を中心とし，$\overline{OC}$ を半径とする円が $\dot{W}(v)$ の軌跡円になる．⑤直線 XY は $\dot{W'}(v)*$ の軌跡であるとともに，変数 v の目盛線で，点 Q で示される任意の v に対する $\dot{W}(v)$ は図の $\overrightarrow{OP}$ として求められる．

(iii)　原点を通らない一般円の式

$$\dot{W}(v)=\frac{\dot{C}+v\dot{D}}{\dot{A}+v\dot{B}} \tag{2.3}$$

$\dot{B}\neq0$ として上式を整理すると

$$\dot{W}(v)=\dot{E}+\frac{1}{\dot{F}+v\dot{G}} \tag{2.4}$$

---

† たとえば $W'*(v)$ がインピーダンスで k_1〔Ω/mm〕の尺度で示されているとき，$W(v)$ のアドミタンスを k_2〔℧/mm〕の尺度で示そうとすれば，$\overline{OC}=1/(k_1 k_2 \cdot \overline{OM})$〔mm〕にとる．

ただし，　　$\dot{E}=\dfrac{\dot{D}}{\dot{B}}, \quad \dot{F}=1\Big/\Big(\dfrac{\dot{C}}{A}-\dfrac{\dot{D}}{\dot{B}}\Big), \quad \dot{G}=1\Big/\Big(\dfrac{\dot{C}}{\dot{B}}-\dfrac{\dot{A}\dot{D}}{\dot{B}^2}\Big)$

となり，式(2.4)で示される $W(v)$ は明らかに円になる．

b. 変数の目盛線

円軌跡になることが明らかなベクトル式が与えられ，この円を決定するためにある特別の変数 $v=1, 0, \infty$ などを与えて，図2.3のように円が決まったとする．

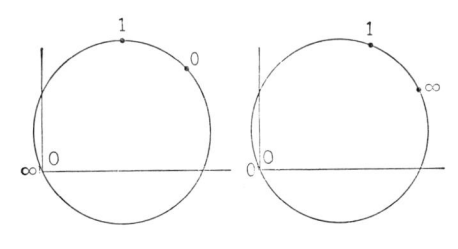

図2.3　$\dot{W}$ 円

この円を利用して，任意の v に対する $\dot{W}(v)$ を知るためには，変数 v の目盛線の設定が必要になる．この設定ができないと，せっかく円を画いてはみてもその効果はうすらぐ．そこで以下にこの設定法を述べる．

(i)　**垂直形目盛線**　図2.4(a)において，軌跡円が与えられ，$v=0$, $v=1$ $v=\infty$ に対する3点がそれぞれ，P_0, P_1, O (原点)が与えられているものとする．このような場合は，原点と円の中心Cを結ぶ線に直交する直線XYを，任意の位置にひくと，このXYが変数の目盛線になり，OP_0, OP_1 とXYとの交点を Q_0, Q_1 とすると，この目盛線上で Q_0 が $v=0$, Q_1 が $v=1$ の点とする等分目盛になる．任意の点 Q_v で示される v に対する $\dot{W}(v)$ は，図の $\overrightarrow{OP_v}$ で求められる(証明略)．

(ii)　**平行形目盛線**　$\dot{W}(v)=1/(\dot{A}+\dot{B}/v)$ は $1/v\equiv u$ として $\dot{W}(u)=1/(\dot{A}+u\dot{B})$ となる．そしてこの $\dot{W}(u)$ については，(i)と全く同じく図2.4(b)に示すように，変数 u についての等分目盛線 X'Y' が設定できる．しかしこの目盛線上に v の目盛を施こそうとすると，不等分目盛になる．できれば v につい

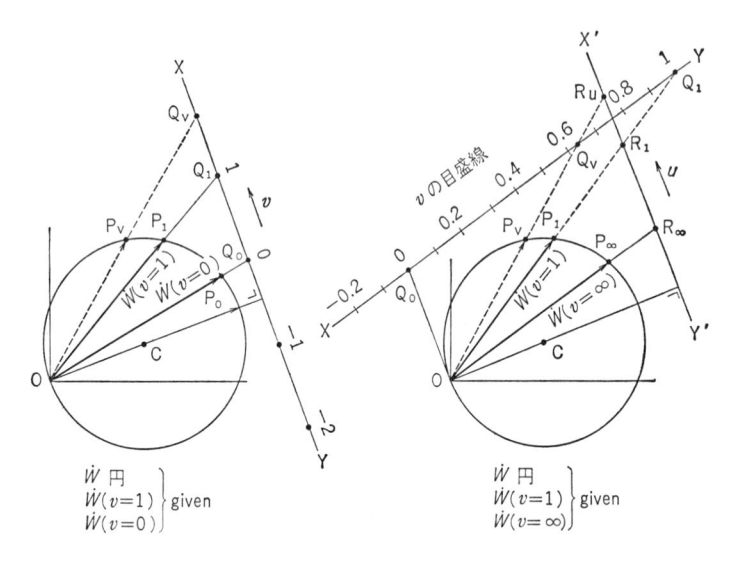

付録 2. 円線図法の基礎と三相誘導電動機の円線図

(a) 垂直形目盛線 (b) 平行形目盛線

図2.4 変数目盛線の設定

ても等分目盛線が別に欲しい.

これに対して $\dot{W}(v=\infty)=\overrightarrow{OP_\infty}$ に平行な直線 XY を任意の位置にひけば，この XY が v についての等分目盛線になる. この目盛線の $v=0$ の点は，原点 O からこの円に引いた切線との交点 Q_0 であり，$v=1$ の点は $\dot{W}(v=1)$ との交点 Q_1 である.

〔証明〕 Q_v で示きれる任意の v に対する $\dot{W}(v)$ を $\overrightarrow{OP_v}$ とする. また $\overrightarrow{OP_v}$ と X'Y' との交点を R_u とする.

$$\triangle Q_v Q_0 O \infty \triangle OR_\infty R_u \quad \therefore \quad \overline{Q_v Q_0}/\overline{OR_\infty}=\overline{Q_0 O}/\overline{R_\infty R_u}$$

$$\triangle Q_1 Q_0 O \infty \triangle OR_\infty R_1 \quad \therefore \quad \overline{Q_1 Q_0}/\overline{OR_\infty}=\overline{Q_0 O}/\overline{R_\infty R_1}$$

$$\therefore \quad \overline{OR_\infty}\cdot\overline{Q_0 O}=\overline{Q_v Q_0}\cdot\overline{R_\infty R_u}=\overline{Q_1 Q_0}\cdot\overline{R_\infty R_1}$$

$$\therefore \quad \frac{\overline{Q_v Q_0}}{\overline{Q_1 Q_0}}=\frac{\overline{R_\infty R_1}}{\overline{R_\infty R_u}}=\frac{B}{uB}=\frac{1}{u}=v \quad (\because \quad \overline{R_\infty R}=|B|,\ \overline{R_\infty R_u}=u|B|)$$

2.2 三相誘導電動機の円線図

円線図の中で最もよく用いられているのは三相誘導機の円線図で，JIS にも採用されている．JIS に採用されているのは，ハイランド氏法（甲種円線図）と鳳氏法（乙種円線図）で，この円線図の作製のための実験とその処理法までが規定されている．この円線図法を利用して，実負荷試験をすることもなく，負荷時の特性（速度，トルク，出力，力率，最大トルクなど）を図から読みとり，これで顧客との間で受け渡しをしようとするものである．ここではハイランド円線図法のみを説明する．

a．ハイランド円線図法の原理

この円線図は図 2.5 に示す等価回路から出発するもので，電流 $\dot{I}_1$ は

$$\dot{I}_1 = \dot{V}\dot{Y}_0 + \frac{\dot{V}}{r_1 + r_2'/s + jX} \tag{2.5}$$

上式において，変数はスリップ s だけで，$\dot{I}_1$ は円軌跡になることは明らかである．式(2.5)の第 2 項は図 2.5(a)の $\dot{I}_1'$ で，負荷電流成分である．この $\dot{I}_1'$ だけの軌跡円は，図 2.5(b)に示すように $r_2 + r_2'/s - jX$ （$-jX$ に注意）の軌跡 X'Y' に垂直な O'O'' を直径とする円になる．そして $\overrightarrow{O'O''} = \dot{V}/jX$ であることも容易に理解できる．さて，$\dot{I}_1$ の円軌跡を実験的にいかに決定するかが問題で，JIS ではつぎのように定めている．

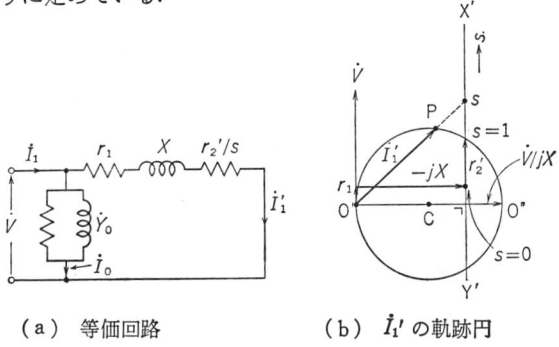

（a）等価回路　　　（b）$\dot{I}_1'$ の軌跡円

図 2.5

b. 円線図の作成

(i) 無負荷試験 定格周波数の三相定格電圧を印加して無負荷回転させる．このときの電動機のスリップはほとんど0と見なし得るほど小さいので，このときの入力電流は

$$\dot{I}_1(s=0) = \dot{I}_0 = \dot{V}\dot{Y}_0$$

(ii) 拘束試験(lock test) 回転子を拘束して，そのときの入力電流を $\dot{I}_s'$ とする．$\dot{I}_s'$ が定格電流付近になるように低い三相電圧 E_s' を加える．E_s' は低いためと拘束時 $(s=1)$ の式 (2.5) の第2項が第1項に比べて大きいために，I_s' は実際上の負荷電流成分と見なされる．そこで定格電圧 E を印加したときの静止時の負荷2次電流成分 $\dot{I}_{1\,s=1}$ は

$$\dot{I}_{1\,s=1} = \dot{I}_s'(E/E_s') \tag{2.6}$$

として計算される．

$\dot{I}_0$, $\dot{I}_{1\,s=1}$ がわかれば，図2.6に示した作図で円は容易に決定できる．

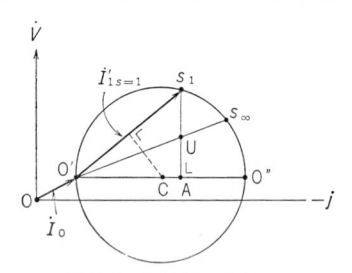

図2.6 円線図の作製

(iii) 1次抵抗の測定 ここで円が画けても，変数 s の目盛線はまだ決定できない．これがためには $\dot{I}_{1\,s=\infty}$ を知る必要があるが，これを実験で求めることはできないので，r_1 と r_2' を知る必要がある．r_1+r_2' は拘束試験の結果から計算によって求め得るから，r_1 のみを測定すれば，r_2' もわかる．r_1 に関しては，1次1相の抵抗を直流で測定し，この結果を75℃に換算したものを r_1 とすることがJISで定められている．

図2.6で，$\overline{s_1U}/\overline{UA} = r_2'/r_1$，なるように点Uを定める．このUと O' を結んで $s=\infty$ の点 (s_∞) が決定できる．

c. 円線図による特性表示

図 2.7 のスリップの目盛線 XY ($O's_\infty$ に平行) 上に任意の s を指定すれば，これに対する $\dot{I}_1$ は $\overrightarrow{OP}$ で示される．そしてこのとき

出力＝$\overline{PP_1}$，　トルク＝$\overline{PP_2}$，　入力＝$\overline{PP_4}$，　力率＝$\cos\theta$

効率＝$\overline{PP_1}/\overline{PP_4}$

で求められる．最大出力，最大トルクのすべり $s_{p\,\max}$, $s_{\tau\,\max}$ は円の中心 C より $O's_1$, $O'U$ に垂線を下して図示のように求められる．

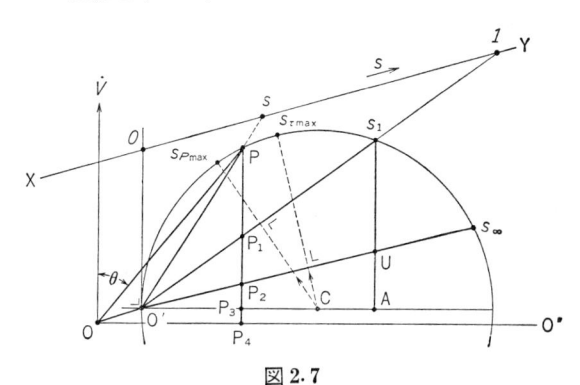

図 2.7

索　引

あ

- iBl 則 …………………………………… 1
- アバランシェ電圧 …………………… 227
- 油コンサベータ ………………………… 84

い

- イグナイトロン ……………………… 226
- 位相特性曲線（同期機の）………… 207
- 逸　走 …………………………………… 46
- イナーテア変圧器 ……………………… 84
- インバータ …………………………… 224
  - 並列形―― ………………………… 289
  - 方形波―― ………………………… 289
- インピーダンスボルト（変圧器の）… 94

え

- 永久コンデンサモータ ……………… 189
- SSS …………………………………… 264
- MHD 発電の原理 ……………………… 30
- MG 方式 ……………………………… 225
- LASCR ………………………………… 264

お

- オンオフ制御 ………………………… 267

か

- 界磁電流制御法（直流電動機）…… 42
- 外鉄形 …………………………………… 90
- 回転界磁形 …………………………… 194
- 回転電機子形 ………………………… 194
- 回転変流機 …………………………… 225
- 外部特性曲線 …………………………… 32
- 可飽和リアクトル ……………… 67, 226
- 乾式変圧器 ……………………………… 84
- 環流ダイオード ……………………… 235

き

- 機械角 …………………………………… 15
- 規格の種類 …………………………… 219
- 逆起電力 ………………………… 55, 86
- 逆　相 ………………………………… 161
- 逆電圧回復時間 ……………………… 257
- 逆変換装置 …………………………… 224
- ギャップ入り鉄心リアクトル ……… 114
- 許容最大点弧電圧 …………………… 260
- 許容使用温度（絶縁物の）…………… 85
- 許容尖頭逆耐電圧 …………………… 227

く

- 空心リアクトル ……………………… 115

くまとりコイル形·················· 156
　──単相誘導電動機·········· 158
　──電磁石···················· 131
グレエツ結線······················ 230
クレーマの原理···················· 249

け

けい素鋼··························· 87
結合係数（磁気回路）·············· 90
減磁作用·························· 200

こ

コイル辺··························· 11
交差磁化作用····················· 200
拘束試験·························· 172
効率（直流機の）·················· 22
交流条件·························· 237
交流整流子機······················ 50
呼吸作用（変圧器の）·············· 84
コンクリートリアクトル·········· 114
コンデンサ始動形電動機·········· 188

さ

最大点弧ゲート電圧··············· 260
最小点弧電圧····················· 262
差動復巻·························· 26
作用・反作用の法則··············· 53
三相結線
　Δ-Δ 結線················· 109
　Δ-Y 結線················· 108
　V 結線······················· 104
　Y-Δ 結線················· 102
　Y-Y 結線················· 109
三相対称座標法··················· 160
三相対称巻······················· 142
三相変圧器························ 83

3巻線変圧器······················ 80

し

磁化電流·························· 92
GTO ···························· 264
始動器···························· 44
周囲温度·························· 85
周波数変換器····················· 268
主磁束···························· 90
出力角······················ 147, 203
順変換··························· 224
仕　　様························· 217
使　　用························· 219
消　　弧························· 252
シリコン整流ダイオード·········· 226
　スタッド形──················ 226
　平形──······················ 226
自励式···························· 26
自励磁法························· 201

す

吸上変圧器························ 78
水銀整流器······················· 225
スイッチング損··················· 257
ストローク（電磁石の）··········· 133
スナバー回路····················· 259
すべり··························· 150

せ

静止レオナード···················· 42
正　　相························· 161
成　　層·························· 86
成層率（占積率）················· 100
整　　流························· 224
整流回路
　三相全波──··················· 230

索　引

　　三相半波—— ………………… 230
　　単相全波—— ………………… 229
　　単相半波—— ………………… 228
整流回路の種類………………… 275
整流子…………………………… 10
絶縁協調………………………… 89
絶縁物の耐熱区分……………… 85
絶縁変圧器……………………… 82
整合変圧器……………………… 77
接触変流機……………………… 226
線形リアクトル………………… 115
全日効率………………………… 99

そ

相間リアクトル………………… 243
増磁作用（同期機の）………… 200
相数変換………………………… 82
送油式…………………………… 84
損失（直流機の）……………… 22

た

他制式…………………………… 286
多段速度電動機………………… 216
脱　調…………………………… 146
他励式…………………………… 25
ターンオフ……………………… 252
ターンオフ時間………………… 257, 258
ターンオン……………………… 250
ターンオン時間………………… 256
単極発電機……………………… 3
段絶縁…………………………… 89
単相直巻交流整流子電動機…… 50
単相同期電動機………………… 148
ダンパー巻線（同期機）……… 211
単巻変圧器……………………… 79
短絡エミッタ形………………… 259
端絡環…………………………… 165

短絡試験………………………… 94
短絡比…………………………… 199

ち

柱上変圧器の特性……………… 102
直巻式（直流機）……………… 26
直流機定数……………………… 19
直流送電………………………… 87
チョッパ回路…………………… 281

て

TRC …………………………… 281
di/dt 特性 …………………… 257
定　格…………………………… 219
　　短時間—— ………………… 219
　　等価連続—— ……………… 220
　　反復—— …………………… 219
　　連続—— …………………… 219
定出力駆動……………………… 43
定速度電動機…………………… 40, 216
dv/dt 特性 …………………… 257, 258
定トルク駆動…………………… 42
鉄　損…………………………… 99
鉄損電流………………………… 92
電圧変動率……………………… 31
電気角…………………………… 15
電気角速度……………………… 15
電機子抵抗加減法……………… 43
電機子反作用
　　直流機の—— ……………… 32
　　同期機の—— ……………… 200
電気鉄板………………………… 99
点　弧…………………………… 250
点弧角…………………………… 252
電動発電機（MG）方式 ……… 225
転流回路………………………… 254
転流コンデンサ………………… 254

と

電流の重なり……………………… 240

同　期……………………………… 146
同期インピーダンス……………… 196
同期化力…………………………… 209
同期速度…………………………… 146
同期電動機………………………… 145
同期リアクタンス………………… 196
同期ワットのトルク……………… 175
特殊かご形誘導機………………… 177
ドラッグカップ形………………… 192
トルク角………………………147, 203

な

内鉄形……………………………… 90
内部相差角………………………… 203
内部誘導起電力…………………… 199
内分巻……………………………… 38

に

2回転磁界理論…………………… 140
二重かご形誘導機………………… 177
二相対称座標法…………………… 161
2値コンデンサモータ…………… 188

は

バイファイラー巻線……………… 90
ハイランド円線図………………… 305
パワーエレクトロニクス………… 267
反動トルク………………………… 147

ひ

非線形リアクトル………………… 115

PWM法…………………………… 294
百分率抵抗降下…………………… 97
百分率リアクタンス降下………… 97
比例推移…………………………… 176

ふ

ファラデーの法則……………… 5, 54
V曲線（同期機の）……………… 207
V結線…………………………… 104
vBl則…………………………… 2
風　損……………………………… 23
深みぞ形誘導機…………………… 178
負帰還制御………………………… 54
複巻式……………………………… 26
ブラシ損…………………………… 23
ブラシ保持器……………………… 10
Flip-Flop形スイッチ…………… 252
free wheeling diode …………… 236
ブレークオーバ電圧……………… 255
フレミング
　──の左手法則………………… 1
　──の右手法則………………… 2
分布巻係数………………………… 8
分巻式……………………………… 26

へ

並列鉄共振………………………… 123
変圧器油…………………………… 87
変速度電動機……………………… 216

ほ

方向性けい素鋼帯………………… 87
防食形……………………………… 223
飽和電圧…………………………… 66
飽和変圧器………………………… 70
保護方式（電動機の）…………… 222

索　引

水中形⋯⋯⋯⋯⋯⋯⋯⋯⋯⋯⋯ 222
防じん形⋯⋯⋯⋯⋯⋯⋯⋯⋯⋯ 222
防滴形⋯⋯⋯⋯⋯⋯⋯⋯⋯⋯⋯ 222
防まつ形⋯⋯⋯⋯⋯⋯⋯⋯⋯⋯ 222
保護形⋯⋯⋯⋯⋯⋯⋯⋯⋯⋯⋯ 222
保持電流⋯⋯⋯⋯⋯⋯⋯⋯⋯⋯ 250

ま

巻数比⋯⋯⋯⋯⋯⋯⋯⋯⋯⋯⋯74
巻線形電動機⋯⋯⋯⋯⋯⋯⋯⋯ 176
巻線軸⋯⋯⋯⋯⋯⋯⋯⋯⋯⋯⋯12
巻鉄心変圧器⋯⋯⋯⋯⋯⋯⋯⋯88

み

右ねじ系⋯⋯⋯⋯⋯⋯⋯⋯⋯⋯ 5

む

無整流子電動機⋯⋯⋯⋯⋯⋯⋯ 216
無負荷試験
　三相誘導電動機の――⋯⋯⋯ 172
　変圧器の――⋯⋯⋯⋯⋯⋯⋯94
無負荷飽和曲線
　三相同期発電機の――⋯⋯⋯ 144
　直流機の――⋯⋯⋯⋯⋯⋯⋯19

め

目盛線（変数の）⋯⋯⋯⋯⋯⋯ 303
　垂直形――⋯⋯⋯⋯⋯⋯⋯⋯ 303
　平行形――⋯⋯⋯⋯⋯⋯⋯⋯ 303

も

モールド形変圧器⋯⋯⋯⋯⋯⋯84
漏れ変圧器⋯⋯⋯⋯⋯⋯⋯⋯⋯95

ゆ

有効巻数（直流機）⋯⋯⋯⋯⋯14
UJT ⋯⋯⋯⋯⋯⋯⋯⋯⋯⋯⋯ 262
誘導電動機⋯⋯⋯⋯⋯⋯⋯⋯⋯ 149
油入式⋯⋯⋯⋯⋯⋯⋯⋯⋯⋯⋯84
油入変圧器⋯⋯⋯⋯⋯⋯⋯⋯⋯84

よ

よさ係数⋯⋯⋯⋯⋯⋯⋯⋯⋯⋯ 192

り

リアクショントルク⋯⋯⋯⋯⋯ 147
利用率（変圧器の）⋯⋯⋯⋯⋯ 104
リラクタンストルク⋯⋯⋯⋯⋯ 147
臨界抵抗⋯⋯⋯⋯⋯⋯⋯⋯⋯⋯34

る

ル・シャテリーの定律⋯⋯⋯⋯54

れ

冷却方式（変圧器の）⋯⋯⋯⋯83
励磁電圧⋯⋯⋯⋯⋯⋯⋯⋯⋯⋯92
励磁電流
　――の高調波成分⋯⋯⋯⋯⋯ 106
　変圧器の――⋯⋯⋯⋯⋯⋯⋯92
零　相⋯⋯⋯⋯⋯⋯⋯⋯⋯⋯⋯ 161
レオナード法⋯⋯⋯⋯⋯⋯⋯⋯41

わ

和動複巻式⋯⋯⋯⋯⋯⋯⋯⋯⋯26
ワードレオナード法⋯⋯⋯⋯⋯42

著者の略歴
東京工業大学名誉教授
昭和 20 年　東京工業大学電気工学科卒
昭和 32 年　工学博士
昭和 53 年　東京工業大学定年退官
昭和 56 年　電気学会会長
昭和 57 年　東京電機大学総合研究所長
昭和 59 年　東京電機大学工学部長
　主な著作
エネルギー変換工学入門　上，下（丸善）（電気学会著作賞受賞）
大学講義　パワーエレクトロニクス（丸善）（電気学会著作賞受賞）
大学講義　電気・機械エネルギー変換工学（丸善）
基礎パワーエレクトロニクス（丸善）

大学講義
最新電気機器学　改訂増補

昭和 42 年 10 月 25 日　発行
昭和 54 年 2 月 20 日　改訂増補版発行
平成 30 年 12 月 30 日　第 34 刷発行

著作者　　宮　入　庄　太

発行者　　池　田　和　博

発行所　　丸善出版株式会社
　　　　　〒101-0051 東京都千代田区神田神保町二丁目17番
　　　　　編集・電話(03)3512-3265／FAX(03)3512-3272
　　　　　営業・電話(03)3512-3256／FAX(03)3512-3270
　　　　　https://www.maruzen-publishing.co.jp

© Shota Miyairi, 1979

組版印刷・株式会社タカラ／製本・株式会社星共社

ISBN 978-4-621-08089-4 C3054　　　　Printed in Japan

本書の無断複写は著作権法上での例外を除き禁じられています。